한국의 보전생물학

현황과 과제

한국의 보전생물학 현황과 과제

대표저자 | 신현철

인쇄 | 2009년 11월 2일
발행 | 2009년 11월 10일

편집 · 표지디자인 | 박지혜
발행인 | 박선진
발행처 | 도서출판 월드사이언스

등록 | 1987년 12월 24일 제3-136호
주소 | 서울특별시 서초구 방배동 864-31 월드빌딩 1층
TEL | 02) 581-5811~3
FAX | 02) 521-6418
E-mai | worldscience@hanmail.net
URA | http://www.worldscience.co.kr

정가 15,000원
ISBN 978-89-5881-145-9

이 도서의 국립중앙도서관 출판시 도서목록 (CIP)은 e-CIP 홈페이지
(http://www.nl.go.kr/cip.php)에서 이용하실 수 있습니다.
(CIP 제어번호: CIP2009003559)

한국의 보전생물학

현황과 과제

대표저자 신현철

월드 사이언스
www.worldscience.co.kr

공동집필

저자 (가나다 순)

신현철 (순천향대학교 생명과학과)

김도성 (경북대학교 응용생명과학부)

김명철 (SOKN자연환경보전연구소)

김철환 (전북대학교 생명과학과)

구연봉 (국립생물자원관 생물자원총괄과)

노태호 (한국 환경정책평가연구원)

방인철 (순천향대학교 해양생명공학과)

이성진 (한국환경산업기술원 녹색기술개발실)

이은주 (서울대학교 생명과학과)

한상훈 (국립생물자원관 척추동물연구과)

현진오 (동북아식물연구소)

Contents

7장 멸종위기어류 복원 사례 : 미호종개

8장 외국의 멸종위기종 복원프로그램 현황과 시사점

9장 우리나라 서식지외보전기관

화보

10p 그림 1-4

11p 그림 1-5

〈사진 1〉 2003년 1차 복원한 풍란으로 임시 라벨을 부착함.

〈사진 2〉 2003년 1차 복원한 풍란에 라벨을 교체함.

〈사진 3〉 2004년 2차 녹원한 풍란으로 임시 라벨을 부착함.

〈사진 4〉 2004년 2차 복원한 풍란의 라벨을 교체함.

〈사진 5〉 2005년 3차 복원한 풍란. 부착할 때부터 반영구 라벨을 사용함.

〈사진 6〉 2005년 3차 복원한 풍란. 부착할 때부터 반영구 라벨을 사용함.

97p 그림 5-5

복원 풍란 기록표

No.	06-002			위치				
좌표	N ° ′ ″			S ° ′ ″		날짜		
기주	수종	DBH	수고	가장 인접한 풍란 복원 기주 No. : 06-003				
		cm	m	수종		방향	100°	거리 450cm

방향에 따른 인접한 수종과의 거리	동쪽	수종		서쪽	수종		남쪽	수종		북쪽	수종	
		거리	cm		거리	cm		거리	cm		거리	cm

복원된 풍란	No.	06-002-01	06-002-02	06-002-03	06-002-04
	높이	410cm	380cm	340cm	290cm
	방향	330°	290°	320°	360°
	포트수				

비고

No. 06-002-01 조사일 20060409

비고

No. 06-002-01 조사일 20060527

비고

No. 06-002-02 조사일 20060409

비고

No. 06-002-02 조사일 20060527

비고

No. 06-002-03 조사일 20060409

비고

No. 06-002-03 조사일 20060527

비고

No. 06-002-04 조사일 20060409

비고

No. 06-002-04 조사일 20060527

98p 그림 5-6

121p 그림 6-3

123p 그림 6-4

123p 그림 6-5

127p 그림 6-6

127p 그림 6-7

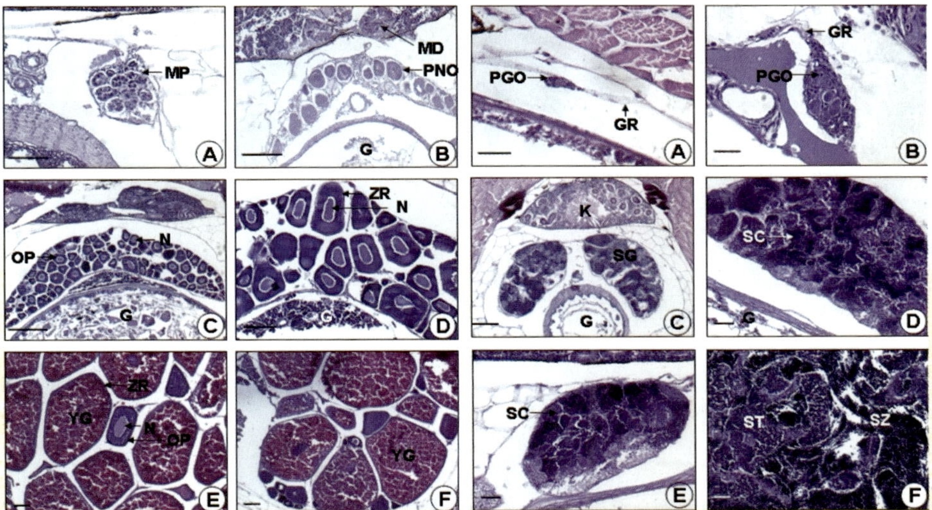

146p 그림 7-9

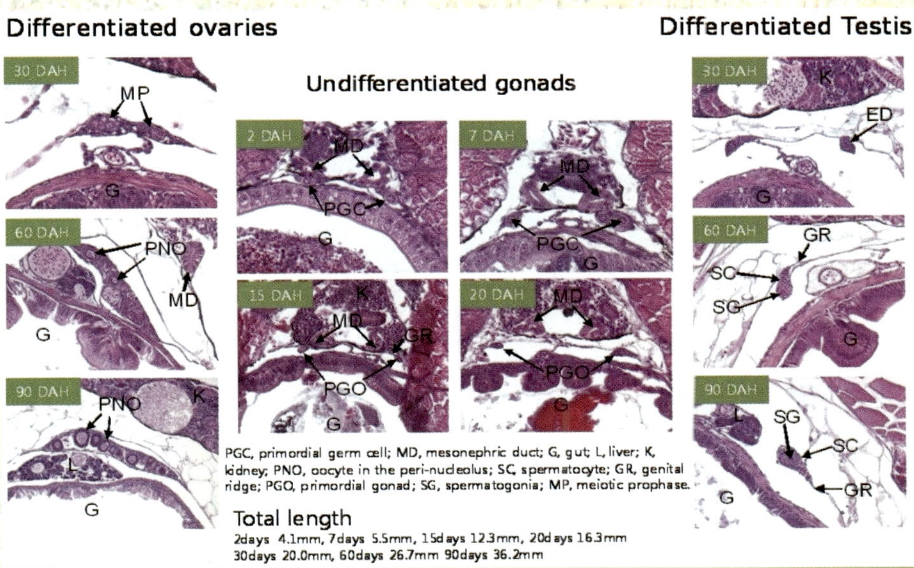

153p 그림 7-14

165p 그림 7-24

165p 그림 7-25

220p 그림 10-1

220p 그림 10-2

233p 그림 11-1

234p 그림 11-2

234p 그림 11-2

235p 그림 11-3

책을내며

이 책은 한국보전생물학회 창립을 기념하는 마음으로, 학회 창립에 동의하는 사람들의 의지를 모아서 만들었다. 수 년 전부터 몇몇 사람들이 파괴되어가는 생태계 속에서 어렵사리 생명을 유지하는 생물들을 바라보면서, 어떤 일을 해야 하지 않을까라는 생각만 하였을 뿐, 행동으로 옮기지는 못하였다. 최근 많은 사람들이 더 이상 미루어서만은 안 될 것이라고 생각하였고, 이러한 뜻을 모아 한국보전생물학회를 창립하기로 하였다. 또한, 학회를 창립하면서, 한국보전생물학회가 어떤 일을 하겠다고 공공연히 주장하는 것도 좋지만, 조그만 실천을 통하여 학회의 의미를 되새겨 보자고 하여, 이 조그만 책을 발간하게 되었다. 이 책은 앞으로 한국보전생물학회에서 발간하게 될 한국보전생물학총서의 첫 번째가 될 것이다.

이 책은 모두 12편의 논문으로 구성되어 있다. 제1장은 이 책의 서론에 해당하는 내용으로, 생물다양성 보전을 위한 보전생물학적 접근에 대하여 설명하였고, 2장과 3장은 우리나라에서 법적으로 지정된 멸종위기 야생동식물의 현황에 대하여 설명하였다. 제4장은 환경기술진흥원에서 연구 지원한 멸종위기 생물의 증식, 복원과 관련된 과제들을 설명하였으며, 5장부터 7장까지는 국내에서 진행된 멸종위기종 복원 사업에 대하여 설명하였다. 제5장은 멸종위기종인 풍란을 대상으로, 6장은 멸종위기종인 반달가슴곰을 대상으로, 그리고 7장은 멸종위기종인 미호종개를 대상으로 수행된 복원 사업에 대한 전반적인 내용을 설명하였다. 제8장은 외국에서의 멸종위기종 복원프로그램을 설명하였고, 9장은 멸종위기종을 보전하기 위한 서식지외보전기관 실태와 역할을 설명하였다. 그리고 10장과 11장은 최근 지구온난화에 따른 생물종의 위협 정도를 파악하기 위한 내용으로, 10장에서는 나비의 분포 양상을 지구온난화와, 11장에서는 북방계 식물의 분포 양상과 지구온난화와의 관계에 대하여 설명하였다. 제 12장에서는 1장부터 11장까지의 내용을 토대로 한국에서 진행된 보전생물학 관련 사례들로부터 파악된 현황과 앞으로의 과제에 대하여 논의하였다.

제1장은 우리나라 멸종위기종인 매화마름의 생태적 연구를 수행하였던 서울대학교 이은주 교수가 집필하였으며, 2장은 국립공원을 대상으로 멸종위기 식물의 분포와 그에 대한 대안 모색을 지속적으로 해 온 전북대학교 김철환 교수가, 그리고 3장은 곤충의 생태적 연구를 통하여 멸종위기종의 선정과 보전 대책 수립에 남다른 관심을 지니고 있던 SOKN 자연환경보전연구소 김명철 박사가 집필하였다. 멸종위기종 복원 사업과 관련된 4장부터 7장까지 역시 해당 분야의 전문가로 알려진 분들이 집필하였는데, 4장은 한국환경산업기술원에서 멸종위기종 복원 연구 사업을 총괄 관리하고 있는 이성진 박사가 집필하였고, 5장과 12장은 멸종위기종인 풍란을 현지외 복원을 시도한 순천향대학교 신현철 교수가, 6장은 오랜 동안 반달가슴곰과 야외에서 생활하였던 국립생물자원관 한상훈 박사가, 7장은 멸종위기 어류인 미호종개와 어름치를 현지외 복원하였던 순천향대학교 방인철 교수가 각각 집필하였다. 제8장은 다년간 외국에서 수행된 멸종위기종 복원프로그램에 대하여 관심을 가지고 있던 한국환경정책평가연구원의 노태호 박사가, 9장은 우리나라 서식지외보전기관과 관련된 업무를 담당하면서 지속적으로 멸종위기종 연구에 매진한 국립생물자원관 구연봉 박사가 집필하였다. 마지막으로, 지구온난화와 생물 종의 분포와 관련된 10장은 다년간 나비의 분포를 조사한 경험과 연구 성과를 지닌 경북대학교 김도성 박사가, 11장은 우리나라 멸종위기 식물 조사에 남다른 열정을 지닌 동북아식물연구소 현진오 박사가 집필하였다.

멸종위기에 처한 생물들에 대한 조사나 연구를 수행하는 사람들은, 또는 멸종위기 생물들의 복원 필요성에 공감하는 사람들은 누구나 할 것 없이, 자신들은 죽더라도, 자신들의 흔적은, 비록 호랑이처럼 가죽을 남기는 것은 아니겠지만, 야생 상태에서 겨우 살아남아 생명을 유지하는 멸종위기 생물들에게 남게 될 것이다. 이 책은 우리나라 멸종위기생물 보전에 기초를 마련한 것으로 생각되는데, 연구를 수행하면서, 원고를 집필하면서 느꼈던 어려움들은 또 다른 멸종위기에 처한 생물들을 보전하는 밑바탕이 되리라 생각된다. 또한 보이지 않은 곳에서 어렵사리 생명을 유지하고 있는 우리들의 영원한 친구, 멸종위기종들에게 조그만 도움이 되었으면 하는 바람이다. 어려운 책을 기꺼이 출판해 주신 월드사이언스 사장님과 편집자들에게 감사드립니다.

2009년 10월

한국보전생물학회 창립준비위원장 신 현 철

1장

한반도 생물다양성과 보전생물학 역할

이은주[1)]

들어가는 말

태양계 중에서 오직 지구만이 생명체를 가지고 있다. 그렇다면 왜 다른 행성에서는 생명체가 나타나지 않을까? 그것은 지구만이 물을 가지고 있고 므든 환경 자체가 생명체 유지에 적합한 조건을 가졌기 때문이다. 약 38억 년 전 최초의 생명체가 지구 바다 속에서 생긴 이후, 생물체들은 계속되는 지구의 환경 변화 속에서 자연 선택을 통해 끊임없이 적응하고 종분화를 해서 오늘날엔 천만 종 이상의 생물이 지구상에 살고 있다. 인간이 자연 속의 다른 생물들을 본능적으로 좋아하고 사랑하는 것은 바로 이러한 자연과 인간과의 상호의존적인 진화의 결과이며, 이렇게 만들어진 인간의 심성을 하버드 대학의 윌슨 교수(E. D. Wilson)는 "생명의 애착(Biophilia)"이라 불렀다.

현재 지구상의 생물 진화의 요람이었던 숲의 면적은 원래의 절반으로 줄어들었다. 지구 생물종의 2분의 1은 지구 육지 면적의 6%에 불과한 열대림에 살고 있지만, 이 열대림이 3년 마다 한반도 면적 하나만큼씩 줄고 있는 것이다. 이로 인해 지구상 생물은 매일 50-100종씩 사라지고 있다(이 외, 1994). 이것은

1) 서울대학교 생명과학과 / ejlee@plaza.snu.ac.kr

6,500만 년 전 중생대 말기 공룡이 사라진 이후 가장 빠른 속도로 일어나고 있는 생물의 멸종 사건이다. 농경 시대가 시작된 약 1만 년 전에 지구상 인구는 불과 수백만이었으나, 서기 기원 당시에는 1억 5천만으로, 서기 1800년경에는 10억으로, 1930년경에는 20억으로, 오늘날에는 약 65억으로 늘어났다. 이와 같은 인구증가로 인해 자연은 파괴되고 오염을 가져왔다. 따라서 앞으로도 급속한 인구증가와 경제발전에 따라 지구상의 생물종 다양성은 빠른 속도로 감소할 것이다.

1. 생물다양성이란?

생물다양성의 개념과 용어 정립의 역사는 매우 짧아 겨우 1986년 미국 워싱턴에서 열린 미국 생물다양성 토론회(National Forum on Biodiversity)에서부터 이다. 생물다양성(Biodiversity)은 생물학적 다양성(biological diversity)의 준말로 그 내용은 다음과 같다. 보통 생명체는 ①생물군집, ②종, ③생태계의 세 가지 수준에서 존재하는데 생물다양성이란 바로 이러한 생명체들이 각각의 수준에서 나타내는 다양함, 즉 종류의 많고 적음을 의미한다(이, 2000). 생물다양성을 입체적으로 분류해 볼 때 지구상 생물계가 나타낼 수 있는 다양성은 실로 훨씬 더 다양하다. 예를 들어 지구상의 나비류는 약 17,00종이 알려져 있는데(Robbins and Opler, 1997) 이들을 유전자, 개체군, 종 수준으로 보면 몇 배 이상으로 증가한다. 유전자와 개체군 수준에서 보면 한 종마다 지역에 따라 보통 두 가지 이상의 타입이 있기 때문이다.

생물다양성은 우리에게 어떤 의미가 있을까? 생물다양성(Biodiversity)은 생명의 원천이며 인간 생존의 기반으로 자연 생태계의 역할과 인간의 물질적 요구를 뒷받침하고 경제 발전과 국민 복지는 생물다양성 보전을 통해 성취될 수 있다(이 외, 1994). 따라서 생물다양성의 손실은 자연 생태계와 경제 발전의 기초를 파괴하는 것이며 인간 생태계의 기능의 존속을 위협하는 일이다. 생물다양성의 손실과 멸종은 실제로 기술 문명의 발전, 인구의 급속한 증가 및 이에 따른 경제 발전의 영향으로 인하여 야기되는 것으로 이는 궁극적으로 지구의 환경 문제이다.

2. 한반도의 생물다양성

우리나라의 생물다양성은 어떠할까? 현재까지 우리나라의 생물종 수는 미생물을 제외한 식물 8,271종, 동물 18,029종, 균류 1,625종, 원생동물 736종, 원핵생물 1,167종 등 도합 29,828종이 조사되었다. 이들 종수는 우리와 비슷한 국토 면적을 가진 선진국(영국과 일본)에 비해 훨씬 적은데, 이는 아직 한국의 생물종에 대해 체계적으로 조사되지 않았기 때문이다. 이병훈 박사는 1994년까지 보고된 종수가 실제 한반도의 야생에 서식하는 종수의 1/4에 불과하고, 따라서 이웃 일본과 영국의 경우를 비교하여 볼 때 실제 종수는 10만 종에 육박함을 암시하였다(이, 2000).

한국의 국가 자원으로서의 생물다양성에 대한 연구는 분류학자들의 노력으로 많은 연구가 진행되었다. 또한 최근에 국립생물자원관이 설립되어서 조금 더 체계적으로 우리나라의 생물종 다양성에 대한 조사와 연구가 진행되고 있음은 바람직하다고 하겠다. 하지만 매우 다양한 생물군에 대한 연구를 수행하기에는 전국 대학 및 국공립 연구기관의 연구 인력이 턱없이 부족하여 생물군에 따라 밝혀진 종의 비율이 상당히 다르며 특히 각 종의 서식지 및 생태에 관한 연구는 아직 미약한 편이다. 이것이 국가적 차원에서의 생물종의 조사와 생태계 다양성의 조사가 신속히 필요한 이유이다.

지금까지 밝혀진 한국의 생물다양성은 다양하며 세계 생물지티학적으로 구북극구의 생물다양성의 한 부분을 구성하고 있다. 한반도의 남부는 일본과 중부중국의 생물다양성과 유사하고 북부의 생물상은 북중국, 즉 만주, 시베리아 및 일본 홋카이도와 러시아 사할린의 생물다양성과 비슷하다(이 외, 1994). 한국의 생물다양성 조사는 척추동물과 현화식물을 제외하고는 대부분 생물상이 상세히 알려져 있지 않다. 예를 들면, 곤충류는 11,153종이 기재되어 있는데, 이는 예상되는 한국의 곤충다양성의 16-20%에 불과한 것이며, 4,422종이 알려진 무척추동물(곤충과 거미류 제외)은 전 세계의 무척추 동물상에 비해 겨우 0.011% 밖에 되지 않는다. 그럼에도 불구하고 이렇게 미진한 생물다양성이 급격히 파괴되고 있으며 많은 종들이 사라지고 있다. 더 사라지기 전에 조사와 보전 전략이 필요한 시점이다.

한반도는 예로부터 삼천리 금수강산으로 알려져 있다. 이는 한국의 자연 풍광의 아름다움을 적절히 나타내는 말이다. 그 만큼 하천, 산, 들, 바다 등 자연 생태계가 다양하며 그 각각의 생태계 속에 살아가는 생물들이 다양함을 의미한다. 그러나 현재 한반도는 좁은 국토에 7천만의 사람이 살고 있어 인구밀도가 매우 높은 국가이며, 전 국토는 급속히 도시화와 공단 및 주거 단지로 전환되고 있다. 따라서 자연 생태계의 기본적인 자원인 동식물과 미생물들은 빠른 속도로 감소되고 있으며 생태계의 기능은 점차로 약해지고 있다. 우리 세대와 우리의 후손 세대가 경제적인 번영을 지속하며 깨끗한 환경에서 살 수 있도록 하기 위해서는 국토가 새로운 의미에서 금수강산으로 회복되어야 하며, 이러한 것을 이루는 가장 중요한 전략이 바로 생물다양성의 보전이며 이를 효과적으로 진행되게 하는 것이 보전생물학의 역할이다.

이를 위하여 우리나라의 생물다양성을 빨리 파악하고 그 총괄적인 생물종과 생태계 보전 계획을 세우는 것이 시급한 과제이다. 생물다양성 보전은 단순히 몇 종의 멸종 위기에 있는 동식물을 보전하는 것이 아니다. 이는 생태계 구성 요소인 모든 생물을 보전하고 나아가서는 인간 생태계의 기능을 보전하는 것이어서 궁극적으로는 최고의 미래 환경 보전의 전략인 것이다. 이러한 생물다양성 보전 연구는 결코 한두 사람이나 몇 분야의 관련자들이 모여서 해결될 수 없으며, 따라서 다양한 학문과 다수의 전문가가 참여하는 체계적인 학제간(interdisciplinary) 연구가 절실히 필요한 시점이다.

3. 보전생물학이란

1) 보전생물학의 정의

보전생물학은 살아 숨 쉬는 생물종과 생물다양성을 연구하고 다양한 서식지와 그 속에 살아가는 생물종의 보호를 추구하는 학문 분야이다. 전 세계 생물다양성 감소라는 경고에 대응하여 지난 25년 동안 부각되어 온 새로운 학제간 연구 분야이다. 보전생물학(Conservation Biology)은 생물종과 이들이 살아가는 생태계를 보존하고 싶은 많은 과학자들로부터 발달한 학제간 통합과학이다. 보전생물학은 세 가지 명백한 목표를 가지고 있는데, 첫째로 지구상의 생물다양성에 대한 모든 정보를 기록하는 것, 둘째로 생물종, 생물군집, 생태계에 대한 인간 간섭을 조사 연구하는 것, 셋째로 생물종 절멸을 방지하고, 생물종 내의 유전적 다양성을 유지하고, 생물군집과 관계하는 생태계 기능을 보호하고 복원하는 것이다. 브라질에서 바다거북 보전에 관련한 다음 사례에서 보는 것처럼, 전 세계 많은 국가에서 보전생물학자들이 보전 문제에 도전하고 있다.

생물다양성에 대한 여러 가지 위협들은 브라질의 마코앵무새의 멸종 같은 최근에 알려진 사건들처럼 모두 생생한 사건들이다. 보전생물학에 대한 관심이 폭발적으로 증가한다는 증거는 급속히 증가하고 있는 생물다양성학회(The Society for Conservation Biology)의 회원 수, 수많은 관련 학술잡지, 소식지 및 서적들의 간행을 통해 알 수 있다. 미국에서는 인텔(Intel) 회사 창립자의 한 사람이 기부한 기금으로 응용생물다양성연구센터(Center for Applied Biodiversity Science)가 설립되고, 국제적인 보전 노력들을 조정하는 온라인 정보원으로서 지구생물다양성 정보기구(Global Biodiversity Information Facility)가 설치되었다. 이들 기구의 연구들은 구체적으로 생물종과 생물군집이 직면하고 있는 절멸 위기에 대하여 그리고 어떻게 그러한 절멸 위기를 멈추게 할 수 있을까에 대하여 보다 많은 정보를 주는 것을 목표로 한다. 보전생물학에 대한 관심은 이제 선택이 아니라 필수이다. 우리나라에서 보전생물학이 대학 강좌로 도입되기 시작한 것은 1994년경으로 국제 사회에서는 생물다양성협약이 태동하기 위한 이해당사국 간의 협의가 본격적으로 진행되고 있던 시기였다(김 외 2006).

2) 보전생물학의 학제간 접근: 바다거북에 대한 사례 연구

보전생물학적으로 생물종을 성공적으로 보전한 사례가 있다. 바다거북에 대한 사례 연구를 통해서 대학, 연구소, 주민, 정부가 어떻게 서로 협조하며 학제간 협력이 성공적으로 이루어지도록 했는지 살펴 볼 필요가 있다.

아름다운 모습을 가지고 있는 바다거북은 최근 여러 가지 이유로 개체군 크기가 줄어들고 있는 보호가 필요한 생물종이다. 전 세계 많은 국가에서 바다거북

개체군은 본래 개체군 크기의 1% 이하의 크기로 감소했다. 감소 이유는 연안지역 개발에 따른 서식처 파괴, 식량으로 거북과 알 남획, 그리고 고기잡이 도구에 뒤엉킴에 따른 높은 사망률 등이고, 개체군은 황폐화되었다. 브라질에서 바다거북을 구하기 위한 노력은 성공적인 보전생물학의 학제간 연구의 좋은 사례이다 (Primack, 2004; 김 외, 2006).

바다거북(그림 1-1)은 암컷이 바다에서 좀 떨어진 모래해안에 알을 낳기 위해 상륙하는 것 이외에는 일생을 바다에서 보내는 거북이다. 브라질 정부가 바다거북의 보전 계획을 세웠을 때 아무도 브라질에 얼마나 많은 거북이 사는지, 어디에 살고 있는지, 그리고 주민들이 어떻게 바다거북에 영향을 미치는지 모르고 있었다. 보전에 필요한 기초 자료의 부족을 극복하기 위해 브라질 정부는 'TAMAR 프로젝트'라고 불리는 바다거북 보전 국가계획을 수립했다. 이 프로젝트는 2년간에 걸쳐 청문조사, 보트와 말, 그리고 도보를 통해 브라질 6,000km의 해안을 조사하는 것부터 시작했다. TAMAR의 수중탐사대는 물속에서 바다거북 개체군에 표식해서 방사 후 모니터링을 하는 일에 동참했다. 조사 연구에서 해안선 1,100km를 따라 거북이가 알을 산란하는 주요 해안지대 세 곳을 발견했는데 (그림 1-2), 그곳에서 바다거북(*Careta careta*)이 많이 나타났고, 청거북(*Chelonia mydas*)은 브라질 해안에서만 산란하는 종인 것을 알게 되었다.

그림 1-1. 바다거북(http://turtlecity.com/2008/11/29/caretta-carettas-in-dangerous-waters/에서 재인용)

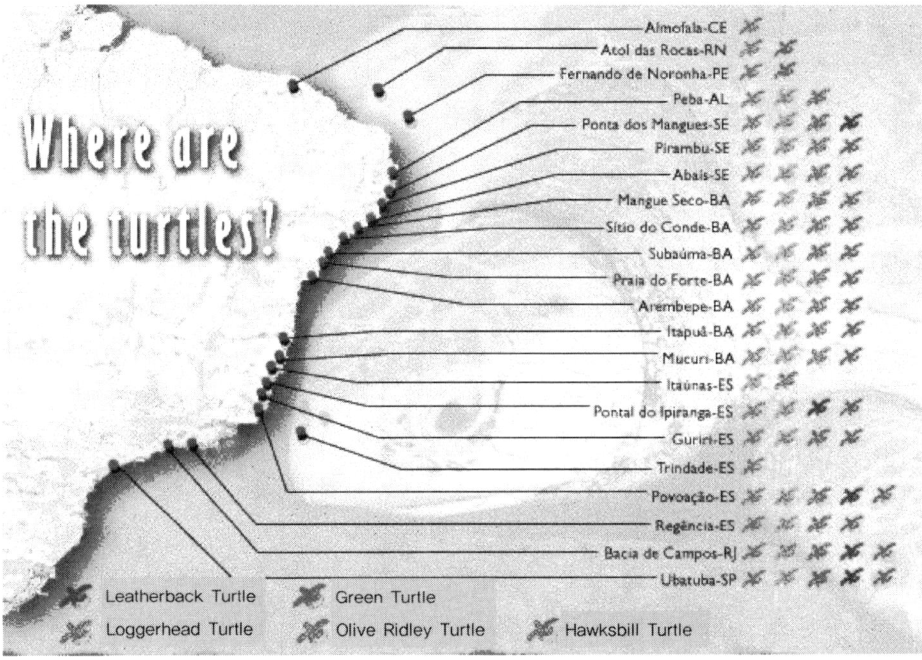

그림 1-2. 브라질 해안에서 발견된 바다거북 종류의 분포도(http://ospiti.peacelink.it/zumbi/org/tamar/eng/im-where.html 에서 재인용)

바다거북의 감소 원인을 파악해 보니 지나친 알 남획, 경우에 따라서는 100% 남획, 리조트 개발로 인한 거북이 산란장소의 파괴와 축소였다. 또한 빌딩 그늘에 의해 만들어진 그늘진 사구의 온도 변화는 거북의 성별 비율에 변화를 주었다. 즉 개발이 된 그늘진 모래사장에는 대부분 수컷만 생육하였고, 밤 동안의 빌딩 불빛은 부화한 어린 거북이의 방향을 잃게 만들었다. 또한 바다로 간 거북은 어부들의 그물에 걸려 질식해 죽었다. 1986년 통과된 법에 의하여 보전 프로젝트 초기에 얻어진 기초 생태 자료에 근거하여 산란장소로 이용되는 모래사장을 보호하기 위해 두 군데 새로운 생물보전지구와 한 군데 해상국립공원이 탄생되었다.

국가적인 차원의 생물보호구역의 설정도 중요했지만, 지속적인 적절한 관리 활동 또한 필요했다. 브라질 바다거북의 보호 방법은 다음과 같다. 첫째로 산란 주요 지역 21곳에 보전 센터를 설치했다. 이들 장소들에 대해서는 TAMAR에게 해안 모래사장에 대한 감독과 완전한 책임을 주었다. 각 센터에는 관리자 1명, 여러 대학 인턴 여러 명, 그리고 지역출신의 고용인들이 일하고 있었다(그림 1-3). 400명의 현지 고용인 중 85% 이상이 거북이 보전에 필요한 지식을 가지고 있으며, 또한 이를 제공할 수 있는 전직 어부들이었다. 현지 고용인들은 바다거북에 대하여 보호자가 되었다. 이는 보전 프로그램이 관광 사업을 통해 직장을 창출하였고, 바다거북의 생존과 존재에 직결되도록 했기 때문이다. 또한 기술적으로 TAMAR는 어부들에게 거북이 잡히는 것을 피할 수 있도록 디자인된 어구와 바다거북의 중요성에 관한 정보를 제공해 주었다. 바다거북이 증가함으로써 돌아오는 혜택과 새로운 법률에 대하여 계몽한 덕택에 어부들은 이러한 정책에 매우 협조적이었다. 많은 지역에서 TAMAR는 지역민을 위한 일차적인 수입원이며, 종종 어린이 보호시설과 소규모 의료와 치과 시술소를 제공하여 주민들에게 실질적인 도움을 주었다. 마을 사람들은 관광객에게 판매하게 될 바다거북을 테마로 한 상품을 만드는 데에 고용되었다. TAMAR 프로젝트는 교육 프로그램 속에 차세대의 바다거북 보전활동가를 키우기 위하여, 학생들에게 살아 숨 쉬는 실제 바다거북에 대한 보전 프로그램을 몸소 체험할 수 있는 좋은 기회를 제공하기도 하였다.

TAMAR 프로젝트는 수천 마리의 성체 거북과 수만 개의 보금자리, 그리고 수백만 마리의 유생을 보호함으로써 극적인 개체군 감소를 막을 수가 있었다. 이 프로젝트는 또한 해안 마을 사람들과 브라질 사회 전반에 걸쳐서 사람들의 태도를 변화시켰다. 브라질 TAMAR 프로젝트는 바다거북과 이들 거북을 보전하는 데에 관계해 온 지역민들의 미래를 밝게 만들었다.

그림 1-3. TAMAR 연구 장소(http://www.brazil-ecotravel.com/publique/cgi/cgilua.exe/sys/start.htm?infoid=42&sid=29에서 재인용)

3) 강화도 매화마름 군락지 보전 사례

멸종위기식물 매화마름(*Ranunculus kadzuensis*)은 1960년대까지만해도 서울 영등포에서 채집될 정도로 흔한 미나리아재비과에 속하는 수생식물이다. 꽃은 물매화와 비슷하고 잎은 붕어마름을 닮아 매화마름이라 부르고 있다. 흰색의 작은 꽃은 4-5월에 피며 꽃가루가 물 위로 나와서 그 꽃대 끝에 지름 약 1㎝의 꽃이 핀다. 꽃잎과 꽃받침은 다섯 개이고 수술과 암술은 여러 개가 있다. 점차 줄어가는 매화마름을 보호하기 위해 환경부는 1998년 2월 매화마름을 멸종위기식물로 지정하였다. 1998년 5월, 한국내셔널트러스트 조사 분과위원회는 인천시 강화군 길상면 초지리 일대 논에서 서식하는 멸종위기식물 매화마름 군락지를 발견하고 보고하였다(그림 1-4). 발견된 당시 초지리 일대의 매화마름은 주민들의 민원으로 경지정리가 예정되어 자생지가 사라질 위기에 처했다. 한국내셔널트러스트는 매화마름이 멸종위기식물이라는 점과 절박한 훼손의 위험을 감안하여 보전 대상지로 선정하였다. 그 후, 경지정리 시기의 연기와 매화마름 군락지를 확보하기 위해 주민 간담회와 자치단체장 협의를 진행하며 협조를 구하였다. 이런 일련의 활동과정에서 매화마름이 서식하는 농지를 소유하고 있던 지역주민 사재구 님이 매화마름 보전 의사를 밝히면서 본격적인 매입활동에 착수하게 되었다. 그리고 2002년, 시민모금을 통해 총 3,009㎡ 중 2,640㎡를 매입 하였고 369㎡를 소유주인 사재구 님으로부터 기증받아 보전하게 되었다. 그리고 2008년 10월, 람사르협약(Ramsar Convertion on Wetland)에 의해 논 습지로서는 국내에서 유일한 람사르 사이트로 지정되어 보전, 관리되고 있다.

주민들의 참여도 매화마름 군락지에서 친환경 쌀 생산을 통해 이루어졌다. 강화군 초지리에 있는 내셔널트러스트 시민유산 1호, 매화마름 군락지에서 지난 2005년 생산한 쌀을 판매하게 된 것이다. 매화마름 쌀은 멸종위기식물인 매화마름의 보존을 고려하여 생태 지식을 바탕으로 매화마름 꽃이 질 때까지 기다린 후 6월경에 모내기를 하고, 친환경 우렁이농법으로 무농약 재배하여 10월 수확하는 친환경 쌀이다. 이 과정에서 매화마름이 씨앗을 퍼트린 후에, 6월에 모내기가 시작되기 때문에 매화마름 서식지의 논은 매화마름이 서식하지 않는 논보다 모내기가 늦게 이루어진다. 그만큼 매화마름의 씨앗이 많이 떨어질 수 있게 배려해 주는 것이다. 매화마름 논에는 친환경 유기질 비료가 뿌려지고, 모내기 준비가 다 되고 처음 맞는 토요일에 가족단위 손모내기 자원봉사가 진행된다. 주민과 매화마름 보호자들이 못 줄을 따라 길게 늘어서 일사불란하게 모를 심는다. 최근 전국 곳곳에서 매화마름 군락지가 발견되고 있지만 개발 압력으로 시민들의 힘으로 영구 보전될 강화마름 군락지처럼 오랜 기간 안정적으로 보전될 수 있으리라 장담하기 어렵다. 그 이유는 다른 지역은 매화마름이 서식하는 지역의 서식환경 변화와 인간에 의한 훼손의 가능성이 도사리고 있기 때문이다.

그림 1-4. 강화도에서 자라는 멸종위기식물 매화마름

이와 더불어 학계에서도 매화마름 보전과 서식지 보호 연구도 함께 이루어지고 있다. 구(2006)는 매화마름의 보전을 위한 기초조사를 하였는데, 강화도에서부터 전북 고창까지 26개 지역에서 서식하는 매화마름의 분포에 대해 보고하였고 대부분 현재 경작 중인 논에 서식하며 섬이나 간척한 곳에 서식하고 있음을 밝혔다. 또한 매화마름의 피도가 50% 이상으로 높은 지역은 겨울에 물을 채우며 생태적으로 매화마름은 가을에 수확이 끝난 후 발아하기 시작하여 월동하기도 하나 대부분 봄에 발아하여 모내기 전까지 생육하여 종자발아에 의해 번식하며 일년생임을 보고했다. 또한 매화마름은 자생지에서 발아는 양호하며 4월 중순부터 모내기 전까지 개화와 결실이 이어지고 있어 개체군 유지에 지장이 없는 것으로 판단했다. 모든 매화마름 생육지가 논이거나 논 옆 수로로 벼농사와 관련이 있었

다. 현지 조사에 의하면 매화마름이 서해안을 따라 넓은 분포 범위에서 나타나며 농사와 관련된 지역에서 자란다는 사실은 중요한 발견이었다. 봄 조사 시에 모내기를 위해 논을 갈았거나 모내기를 끝낸 논에서는 매화마름을 더 이상 발견하기 어려움을 보고하였다(그림 1-5). 논물관리와 농법에 따른 매화마름의 현지 내 보전과 관리에 관한 연구는 한국내셔널트라스트의 의뢰로 이와 조(2008)에 의해 수행되었다.

그림 1-5. 논관리에 따른 매화마름 서식지 모습 (왼쪽 논갈이 안한 논, 오른쪽 논갈이 해준 논)

매화마름은 수생식물이지만 물 밖에서도 생육하는데, 육상과 수중에서 서로 다른 잎의 형태를 가지고 있다. 매화마름과 같이 물 속과 물 밖에서 모두 생육 가능한 식물로서, 다른 형태의 잎을 가지고 있는 것으로 *Cabomba*속과 *Ranunculus*속의 아속인 *Batrachium*이 잘 알려져 있다. 1990년대 이전 국내에서 흔하게 발견되었던 매화마름은 1990년대에 들어 멸종된 것으로 알려지기도 하였으나, 서해안 근처의 논에 군락을 이루어 분포하는 것으로 확인되었으며(구, 2006), 최근 경기도 안산시 대부도 일대와 화성시 마도면 일대에서 대규모 군락지가 발견되기도 하였다(환경운동연합, 2007). 그러나 오염과 논의 감소, 수로 콘크리트화 등으로 그 서식처가 꾸준히 감소하고 있는 실정이다. 특히 매화마름의 경우, 종에 대한 정보 부족으로 많은 피해를 입고 있으며, 멸종 속도가 전반적으로 빨라 일본 등 주변국에서도 멸종위기 식물로 인식되고 있다.

그러나 국내 매화마름의 생태적 특성에 대한 연구는 거의 전무한 실정으로 멸종위기식물인 매화마름의 체계적인 보존 및 관리를 위한 방안마련에 어려움이 있다. 매화마름이 속해 있는 *Batrachium* 아속의 종들에 대한 생육 특성 연구는 외국에서 이미 많이 진행되어 있다. 이와 조(2008)의 연구에서는 매화마름과 같은 수생식물의 생장에 영향을 끼치는 다양한 환경 변수들을 고려하여 이러한 물리화학적 환경요인의 변화에 따른 생태적 변화를 연구함으로써 매화마름의 생장 특성 및 관리 방안을 찾고자 하였다. 이 식물의 생장에 영향을 끼치는 다양한 변수들 중 매화마름의 생태적 특성을 조사하기 위하여 강화도 일대 매화마름 서식지 조사 및 매토 종자 실험을 수행하였고, 수심, 차광, 온도, 빛의 유무, 염분, 제초제 등이 생장 및 발아에 끼치는 영향을 조사하였다. 이러한 연구를 통하여 매화마름의 생장에 영향을 끼치는 다양한 생리생태학적 요인들을 조사하고 매화마름이 멸종위기에 이르게 된 원인구명 및 현지 내 보전에 대한 대안을 찾고자 하였다.

2007년과 2008년 연구 결과, 매화마름의 피도 및 생물량이 높은 지역은 겨울동안 물을 채워 두는 논이며, 가을에 추수가 끝난 뒤, 논갈이를 하여 물을 채워 둘 경우 더 높은 피도로 매화마름이 생육함을 확인할 수 있었다. 초지리 매토 종자 발아실험에서도 논갈이를 한 논에서 매화마름의 피도가 더욱 높게 나타난 것으로 미루어 볼 때, 논갈이를 한 뒤, 물을 채워 둘 경우 땅 속 매화마름의 종자가 지표면으로 올라오거나, 굳은 땅이 물러져서 매화마름이 쉽게 토양을 뚫고 발아할 수 있는 것으로 생각된다.

차광에 의한 매화마름의 생육 변화를 살펴 본 결과 차광 정도가 커질수록 매화마름의 키가 작아지고, 개화시기도 늦어짐을 확인할 수 있었다. 수심에 따른 매화마름의 생육 변화를 살펴본 결과, 육상에서 자란 개체에 비해 수중에서 자란 매화마름의 키와 잎의 길이가 증가함을 확인할 수 있었다. 그러나 수심에 따라서는 매화마름의 생육에 있어서 큰 차이가 없었다. 다만 겨울 동안 수심 차에 따른 생장량을 조사한 결과, 수심이 50㎝정도 유지 되었을 때 수면이 얼어도 수중에서 생육하는 데 큰 문제가 없는 것으로 보인다.

물을 채워 둘 경우 대부분의 식물의 발아와 생육이 억제 되는데, 저온의 수중에서도 발아가 가능한 매화마름은 겨울 동안 물을 채워 두는 논에서 다른 종에 비해 유리한 생태적 지위를 가진다고 볼 수 있다. 다만 잡초 제거 혹은 거름용으로 볏짚을 그대로 논에 덮어 두는 경우, 물을 채워 두더라도 매화마름의 피도가 유의하게 감소하였다.

종자 크기, 온도 차, 광처리 유무, 염분 농도 및 제초제 농도 구배에 따른 발아율을 살펴본 결과 종자의 크기에 상관없이 모든 경우 80%이상의 높은 발아율을 보였으며, 20℃이상으로 처리를 했을 경우 발아가 잘 일어나지 않았다. 여름철 매화마름이 발아한 개체를 현장에서 볼 수 없는 것은 높은 온도에 의해 발아가 억제되기 때문으로 풀이된다. 염분도는 1%에서 발아율이 크게 감소하였다. 알려진 매화마름의 주 서식지가 서해안 일대의 논이지만, 매화마름의 발아에 있어 높은 염분도는 발아에 저해가 된다. 제초제 처리에 따른 발아 실험 결과 butachlor나 molinate에 비해 sulfonylurea계 제초제인 bensulfuron methyl과 pyrazosulfuron ethyl 등의 제초제에 의해 발아가 크게 억제 되었다.

몇 년간의 집중적인 현지 및 실내 보전생물학적 연구 결과, 매화마름을 현지 내에서 보다 잘 보호할 수 있는 방안을 찾을 수 있었다. 매화마름은 발아, 생장, 결실까지 모든 과정을 육상과 수중에서 거칠 수 있는 독특한 식물이다. 우리나라에서는 대부분의 자연 연못이나 하천이 정비되어 수변부의 얕은 굴에 서식하는 매화마름과 같은 식물이 살 수 있는 지역이 한정되어 있다. 매화마름의 경우는 다행히, 논 습지에 적응하여 추수가 끝난 뒤부터 모내기가 이루어지기 전까지의 기간 동안 빠른 속도로 생장하여 결실을 맺는다. 다만 우리나라의 매화마름 주 서식지역은 다른 지역과 마찬가지로 겨울 온도가 영하로 떨어지기 때문에 내한성이 강한 매화마름이어도 육상에서 월동 생존력은 떨어질 수밖에 없다. 따라서 물을 50㎝이상 적당히 채워 두어 물 수면이 얼더라도 매화마름이 수중에서 겨울동안 생장할 수 있도록 적당한 수심을 유지하는 것이 매화마름의 생육에 도움이 될 것이라고 생각한다. 최근 볏짚의 활용이 예전에 비해 많이 줄면서 논 표면에 덮인 채로 남아 있어 매화마름의 발아율을 감소시키므로 매화마름의 보존을 위해서는 논 표면의 볏짚을 제거해 주는 것이 바람직하다고 판단된다. 논을 갈았을 경우 토양 속에 묻혀 있던 종자가 밖으로 빠져 나오거나 토양을 구르게 하여 발아를 도왔을 가능성 이외에 논갈이가 지면의 지푸라기를 땅속으로 엎어 놓아 지면의 볏짚 피복을 제거하는 역할도 했을 것으로 생각된다. 따라서 매화마름의 보존을 위해서 겨울에 물을 채워 놓는 것 이외에 가을갈이를 하는 것도 매우 중요하다고 판단된다. 또한 sulfonylurea계 제초제를 비롯한 독성이 높은 제초제들은 매화마름의 발아를 저해하므로 매화마름 보존을 위한 서식지에서는 매화마름의 발아시기 및 생육시기에 이들 제초제보다 독성이 약한 제초제를 선별하여 사용할 필요가 있다.

최근 벼농사의 경제성이 감소하면서 많은 논이 밭으로 전환되거나 용도 변경되는 곳이 늘어나고 있다. 매화마름의 발아율이 높고, 아직 높은 피도로 발견되는 논들이 있지만, 논의 절대 수 감소와 저수지 확충으로 인한 겨울 담수 논의 감소로 매화마름의 서식처는 꾸준히 줄어들고 있다. 따라서 매화마름의 효율적인 보존과 관리를 위해서는 매화마름 서식처 논의 유지와 관리를 위한 지속적 연구와 지자체의 정책적인 노력, 지역 주민의 적극적인 관심과 배려가 멸종위기식물 매화마름 보전에 필수적임을 알 수 있었다.

4. 맺음말

보전생물학의 목표는 새로운 지식의 탐색 뿐 아니라, 그 지식을 이용하여 생물다양성을 보호하는 것이다(Primack, 2004). 목표를 달성하기 위하여 보다 넓은 시각으로 더 효과적인 보전 프로그램을 개발하고, 지속할 필요가 있다. 많은 경우 일시적인 위협이 아닌 연속적인 위협과 다양한 요인들에 의해 절멸의 위기에 처해 있다. 보전생물학자가 해야 할 일은 이런 연관 관계를 이해하고 현실적인 대안을 찾는 것이다. Primack(2004)이 제안한 보전생물학자가 해야 할 역할을 정리해 보면 다음과 같다.

첫째, 강의실 뿐 아니라 일반 대중들의 인식을 변화시키기 위한 노력을 해야 한다. 광범위한 사람들에게 교육할 필요가 있는데 이를 통해 일반 국민의 마음가짐을 바꾸고 일반 대중의 관심과 보전 노력을 바탕으로 더 효율적으로 보호할 수 있다. 둘째, 보전생물학자들은 본인의 연구뿐만 아니라 국가 정책입안자 및 지자체장들을 설득하는데 노력해야 한다. 셋째, 보전생물학자들은 동료들 사이에 보전생물학에 관한 흥미를 자극함으로써, 전문가 집단을 늘려야 한다. 넷째, 지역적 보전 프로그램은 이를 지지할 지역 주민에게 인센티브를 제공하는 방법에 대해 고민해야 한다. 다섯째, 보전 프로그램의 책임감 있는 경영자가 되어야 한다. 현지 연구의 육체적인 어려움을 극복하고, 지역 주민과 대화하고 연구해야 한다. 이러한 노력이 합쳐질 때 진정한 한반도 생물다양성을 보호할 수 있는 위치에 당당하게 서게 될 것이다.

참고문헌

구연봉. 2006. 한국의 멸종위기식물 섬시호, 둥근잎꿩의비름, 매화마름의 유전 다양성과 개체군 분화. 인하대학교 박사학위논문.

김종원, 박용목, 이은주, 주기재, 최기룡. 2006. 보전생물학의 입문. 월드사이언스.

이병훈. 2000. 자연사박물관과 생물다양성. 사이언스북스.

이은주, 조인수. 2008. 매화마름의 생태적 특성 연구. 한국내셔널트러스트.

이인규, 김계중, 조재명, 이도원, 조도순, 유종수. 1994. 한국의 생굴다양성 2000. 민음사.

조인수. 2009. 멸종위기종 매화마름의 생태적 특성. 서울대학교 석사학위논문.

환경운동연합. 2007. 멸종위기식물 매화마름 국내 최대규모 군락지 발견(http://www.kfem.or.kr/kbbs/bbs/board.php?bo_table=statement&wr_id=4067&page=20)

Primack, R.B. 2004. A primer of conservation biology, 3rd ed. Sinauer.

Robbins, R.K. and P.A. Opler. 1997. Butterfly diversity and a preliminary comparison with bird and mammal diversity. In: Reaka-Kudlm, M.L., D.E. Wilson and E.O. Wilson (eds.), Biodiversity II. 1997. Pp.69-82.

2장

멸종위기 야생동·식물 지정 변천 : 식물

김철환[1)]

들어가는 말

국내 법정 현행 멸종위기야생식물과 관련된 범주는 박(1975)에 의해 최초로 구체화되었다. 그는 국내에 생육하고 있는 식물을 대상으로 절멸종 또는 위기종의 종류를 파악하고, 그 원인을 규명하여 그에 관한 근본 대책을 마련하자는 취지에서 절멸, 위기 및 희귀종 등 3개의 범주를 이용하였고, 암매와 개느삼 등을 비롯한 99종을 제시하였다. 그 후, 여러 전문가들(이, 1981, 1990; 이, 1987; 이 등, 1990; 이와 이, 1996; 김과 김, 2001; 현, 2002)은 이러한 범주를 재검토하거나 또는 여러 식물종들을 자신들이 생각하는 범주에 포함시켜 왔다. 그러나 각 식물종에 대한 내외적인 빈약한 정보로 인하여 각 범주의 명칭[희귀종, 절종종, (멸종)위기종, 취약종, 고유종, 특산종(식물), 특정야생식물, 감소추세종, 위약종, 보호야생식물, 멸종위기 후보종 등] 중 일부 범주를 제외하고, 학술적이고 과학적인 개념 부재와 더불어 명칭의 난립을 가져왔다.

산업혁명 이후, 산업화 및 도시화에 따른 서식지 파괴로 인하여 멸종해 가는 생물이 급증함에 따라, 세계적으로 생물종의 멸종 및 절멸의 위협 요인을 막고자

1) 전북대학교 생명과학과 / plantaxa@hanmail.net

국제자연보전연맹(IUCN; International Union for Conservation of Nature and Natural Resources)과 같은 국제기구와 생물다양성협약(CBD; Conservation on Biological Diversity)을 비롯한 여러 협약이 조인되고 있는 실정이다. 국내에서도 하루하루가 다르게 악화되는 환경조건을 보전하기 위하여 1980년 1월 대통령령에 의해 환경부의 전신인 환경청이 발족되었다.

1. 멸종위기 야생식물 지정

1989년, 당시 환경청은 앞에서 언급한 바와 같이 여러 범주의 난립과 각 식물종에 관한 정보 부족에도 불구하고 처음으로 멸종위기에 처하거나 보호해야 할 식물종을 자연환경보전법에 의거 여러 전문가들의 견해를 수용하여 '특정야생식물'이라 지칭하여 법적으로 보호하게 되었다. 그 후, 현행 법정 멸종위기야생식물에 준하는 범주의 보호종은 자연환경보전법과 야생동 · 식물보호법에 의거 현재까지 3차례(1993, 1998, 2004)에 걸쳐 개정되어 왔다. 그러나 김과 김(2001) 그리고 현(2002)이 지적한 바와 같이 법 개정 시에 식물종의 분류학적 실체에 대한 규명이 미흡하거나 식물종의 분포와 생육정보가 부족할 뿐만 아니라 멸종위기 야생식물의 범주에 대한 개념 및 가공할 수 있는 기본 정보가 빈약하여 법 개정 때마다 객관성의 유무에 대한 논란이 있어 온 것도 사실이다. 심지어 초창기에 외래식물로 흰 꽃이 피는 등심붓꽃까지도 국내 법정 멸종위기야생식물의 범주에 포함되는 등 적지 않은 문제점을 드러내기도 하였다.

2. 특정야생식물 지정

국내 최초의 법정 보호식물로 환경청(1989)에서 지정한 특정야생식물은 광릉요강꽃과 풍란을 비롯하여 59종이며, 표 2-1에 제시한 바와 같다. 당시 특정야생식물이라 함은 자연환경보전법에 의거, 그 종이 학술적으로 보호할 가치가 있거나 멸종위기에 처할 우려가 있는 야생식물로서 자연생태계의 균형유지와 그 종이 멸종위기에 처하는 것을 방지하기 위하여 지정, 고시하는 식물을 의미하였다.

그 후, 환경처(1993)는 법정 특정야생식물에 4개의 범주, 즉 멸종위기종, 감소추세종, 한국특산종 및 희귀종 등으로 구분하고, 각각 16종, 20종, 41종 및 49종을 지정하여 모두 합하여 126종류를 법적 근거 내에 두었다(표 2-2).

표 2-2에서 보는 바와 같이 자연환경보전법에 의해 4개의 범주로 구분된 특정야생식물의 각 범주의 법적 정의는 다음과 같다. 첫째, 가시연꽃과 섬말나리를 비롯한 16종의 멸종위기종(endangered)은 인간의 활동으로 인해 생육지와 그 수가 급격히 감소하거나 생존과 생식이 위험한 상태에 처해 있어 보호조치가 없으면 생존이 어려운 종, 즉 자연생태계의 훼손과 무분별한 채취 및 포획으로 멸종위기에 처한 종을 의미하였다. 둘째, 관중과 도깨비부채를 포함하는 20종의 감소추세종(vulnerable)은 널리 분포하지만 감소하고 있거나 생육지의 전부 또는 일부 감소로 희귀해 질 수 있는 종, 즉 무분별한 채취 및 포획 등으르 개체수가 급격히 줄어들고 있는 종으로 인식하였다. 셋째, 갈퀴현호색과 개느삼을 비롯한 41종의 한국특산종(endemic)은 세계적으로 국내에만 서식 또는 자생하는 종을 지칭하였다. 마지막으로 개상사화와 고란초를 비롯한 49종의 희귀종(rare)은 출현빈도가 낮아 사라질 위험이 있거나 국지적으로 한정되어 분포하거나 또는 개체군이 적어 생존유지가 불안한 종, 즉 개체수가 아주 희소하고, 학술적으로 연구가치가 높은 종으로 취급하였다.

표 2-1. 환경청(1989)이 지정한 특정야생식물 종 목록(가나다순으로 배열)

범주	야생식물종
특정야생식물 (59 종)	가시연꽃, 갈퀴현호색, 개상사화, 개족도리, 갯취, 고추냉이, 광릉요강꽃, 구름송이풀, 금강애기나리, 금강제비꽃, 금강초롱꽃, 금새우난, 끈끈이귀개, 끈끈이주걱, 나도풍난, 난장이붓꽃, 난장이현호색, 노란팽나무, 노랑돌쩌귀, 노랑무늬붓꽃, 대청부채, 등대시호, 땃두릅나무, 만리화, 만주바람꽃, 먹넌출, 모데미풀, 백양꽃, 백운란, 부채붓꽃, 사철난, 산개나리, 삼백초, 섬말나리, 새우난초, 설악눈주목, 섬남성, 섬천남성, 솔나리, 솔잎란, 솜다리, 시로미, 암매, 약난초, 여름새우난, 왕자귀나무, 왕제비꽃, 점현호색, 지이바꽃, 천마, 층층둥굴레, 큰연령초, 풍란, 한계령풀, 홍월귤, 황근, 흑난초, 흰각시붓꽃, 흰등심붓꽃

표 2-2. 환경처(1993)가 지정한 특정야생식물 종 목록(각 범주별 가나다순 배열)

범주	야생식물종
멸종위기종 (16종)	가시연꽃, 개종용, 깽깽이풀, 나도풍란, 노랑돌쩌귀, 백량금, 삼지구엽초, 섬말나리, 섬시호, 섬자리공, 순채, 시로미, 초종용, 풍란, 흑난초, 흰등괴불
감소추세종 (20종)	관중, 끈끈이귀개, 끈끈이주걱, 도깨비부채, 땅귀개, 땅나리, 만주송이풀, 보춘화, 연잎꿩의다리, 이삭귀개, 자라풀, 조름나물, 천마, 층층둥굴레, 큰새우난, 통발, 한라장구채, 해오라비난초, 헐떡이풀, 홍만병초,
한국특산종 (41종)	갈퀴현호색, 개느삼, 개족도리, 갯취, 고추냉이, 국화방망이, 금강봄맞이, 금강애기나리, 금강제비꽃, 금강초롱꽃, 나도승마, 난장이현호색, 노란팽나무, 노랑무늬붓꽃, 도라지모시대, 두메대극, 등대시호, 땃두릅나무, 만리화, 모데미풀, 백양꽃, 분취, 산개나리, 설악눈주목, 설앵초, 섬남성, 섬새우난, 섬현삼, 세뿔투구꽃, 솜다리, 여우꼬리풀, 왕둥굴레, 왕자귀나무, 자란초, 자주솜대, 점현호색, 지이바꽃, 참고추냉이, 한라돌창포, 함양원추리, 홍도서덜취
희귀종 (49종)	개상사화, 고란초, 광릉요강꽃, 구름송이풀, 구상난풀, 금새우난, 기생꽃, 나도제비난, 난장이붓꽃, 대성쓴풀, 대암사초, 대청부채, 대흥란, 된장풀, 만주바람꽃, 매화마름, 먹넌출, 무엽란, 미치광이풀, 백서향, 백운란, 부채붓꽃, 비로용담, 사철난, 삼백초, 새우난초, 석곡, 섬천남성, 솔나리, 솔잎난, 암매, 약난초, 어리병풍, 여름새우난, 옙란, 왕제비꽃, 왕초피, 으름난초, 제주큰물통이, 큰솔나리, 큰연령초, 한계령풀, 홍월귤, 황근, 흑오미자, 흰각시붓꽃, 흰그늘용담, 흰등심붓꽃, 흰진달래
계	126종

3. 멸종위기야생식물과 보호야생식물 지정

환경부(1998)는 과거에 사용했던 법적 명칭, 즉 특정야생식물의 사용을 포기하고, 자연환경보전법에 의거하여 멸종위기에 처한 정도에 따라 크게 '멸종위기야생식물과 보호야생식물'로 구분하여 사용하였다(표 2-3). 표 2-3에서 보는 바와 같이 멸종위기야생식물은 광릉요강꽃과 나도풍란을 비롯하여 6종이고, 보호야생식물은 가시오갈피나무와 개가시나무를 비롯하여 52종으로 모두 합하여 58종이 법적 보호종으로 취급되었다.

표 2-3. 환경부(1998)가 지정한 멸종위기 및 보호야생식물(각 범주별 가나다순 배열)

범주	야생식물종
멸종위기 야생식물(6종)	광릉요강꽃, 나도풍란, 매화마름, 섬개야광나무, 암매, 한란
보호야생식물 (52종)	가시오갈피, 개가시나무, 개느삼, 개병풍, 갯대추나무, 고란초, 고추냉이, 기생꽃, 깽깽이풀, 끈끈이귀개, 나도승마, 노랑만병초, 노랑무늬붓꽃, 대청부채, 대흥란, 둥근잎꿩의비름, 만년콩, 망개나무, 무주나무, 물부추, 미선나무, 박달목서, 백운란, 산작약, 삼백초, 섬시호, 섬천남성, 손현삼, 세뿔투구꽃, 솔나리, 솔잎란, 솜다리, 순채, 애기등, 연잎꿩의다리, 왕제비꽃, 으름난초, 자주솜대, 죽백란, 죽절초, 지네발란, 진노랑상사화, 천마, 큰연령초, 털복주머니란, 파초일엽, 풍란, 한계령풀, 홍월귤, 황근, 황기, 히어리
계	58종

자연환경보전법 제2조 6과 7항에 의하면, 멸종위기야생식물이라 함은 자연적 또는 인위적 위협요인으로 인한 주된 생육지, 도래지의 감소 및 생육환경의 악화 등에 따라 개체수가 현저하게 감소되고 있어 현재의 위협요인이 제거되거나 완화되지 아니할 경우, 멸종위기에 처할 우려가 있는 야생식물로서 대통령령이 정하는 것을 지칭한다. 그리고 보호야생식물이라 함은 학술적 가치가 높은 야생식물이거나 국제적으로 보호가치가 높은 야생식물을 의미하며, 우리나라의 고유한 야생식물 또는 개체수가 감소되고 있는 야생식물로서 대통령령이 정하는 것을 의미하고 있다.

그러나 2004년에 개정된 현행 법정 멸종위기야생식물은 자연환경보전법 대신에 법적으로 보다 강화된 야생동·식물보호법에 의거하여 1998년도의 법적 명칭인 보호야생식물을 포기하고, 멸종위기야생식물 I급과 II급으로 구분하여 사용되고 있다(표 2-4).

표 2-4. 환경부(2004)가 지정한 멸종위기야생식물 I급과 II급식물(각 범주별 가나다순 배열)

종류	범주	야생식물종
관속식물류	멸종위기 야생식물 I급(8종)	광릉요강꽃 *Cypripedium japonicum* 나도풍란 *Aerides japonicum* 만년콩 *Euchresta japonica* 섬개야광나무 *Cotoneaster wilsonii* 암매 *Diapensia lapponica* var. *obovata* 죽백란 *Cymbidium lancifolium* 풍란 *Neofinetia falcata* 한란 *Cymbidium kanran*
	멸종위기 야생식물 II급(56종)	가시연꽃 *Euryale ferox* 가시오갈피나무 *Eleutherococcus senticosus* 개가시나무 *Quercus gilva* 개느삼 *Echinosophora koreensis* 개병풍 *Astilboides tabularis* 갯대추 *Paliurus ramosissimus* 기생꽃 *Trientalis europaea* var. *arctica* 깽깽이풀 *Jeffersonia dubia* 끈끈이귀개 *Drosera peltata* var. *nipponica* 나도승마 *Kirengeshoma koreana* 노랑만병초 *Rhododendron aureum* 노랑무늬붓꽃 *Iris odaesanensis* 노랑붓꽃 *Iris koreana* 단양쑥부쟁이 *Aster altaicus* var. *uchiyamae* 대청부채 *Iris dichotoma* 대흥란 *Cymbidium macrorrhizum* 독미나리 *Cicuta virosa* 둥근잎꿩의비름 *Hylotelephium ussuriense* 망개나무 *Berchemia berchemiaefolia* 매화마름 *Ranunculus kadzusensis* 무주나무 *Lasianthus japonicus* 물부추 *Isoetes japonica* 미선나무 *Abeliophyllum distichum* 박달목서 *Osmanthus insularis* 백부자 *Aconitum koreanum* 백운란 *Vexillabium yakushimensis*

표 2-4. 계속

종류	범주	야생식물종
관속식물류	멸종위기 야생식물 II급(56종)	산작약 *Paeonia obovata* 삼백초 *Saururus chinensis* 선제비꽃 *Viola raddeana* 섬시호 *Bupleurum latissimum* 섬현삼 *Scrophularia takesimensis* 세뿔투구꽃 *Aconitum austrokoreense* 솔나리 *Lilium cernuum* 솔잎란 *Psilotum nudum* 솜다리 *Leontopodium coreanum* 순채 *Brasenia schreberi* 애기등 *Milletia japonica* 연잎꿩의다리 *Thalictrum coreanum* 왕제비꽃 *Viola websteri* 으름난초 *Galeola septentrionalis* 자주땅귀개 *Utricularia yakusimensis* 자주솜대 *Smilacina bicolor* 제주고사리삼 *Mankyua chejuense* 조름나물 *Menyanthes trifoliata* 죽절초 *Sarcandra glabra* 지네발란 *Sarcanthus scolopendrifolius* 진노랑상사화 *Lycoris chinensis* var. *sinuolata* 층층둥글레 *Polygonatum stenophyllum* 큰연령초 *Trillium tschonoskii* 털복주머니란 *Cypripedium guttatum* 파초일엽 *Asplenium antiquum* 한계령풀 *Leontice microrrhyncha* 홍월귤 *Arctous ruber* 황근 *Hibiscus hamabo* 황기 *Astragalus membranaceus* 히어리 *Corylopsis gotoana* var. *coreana*
해조류	멸종위기야생식물 II급(1종)	삼나무말 *Coccophora langsdorfii*
계		64종(관속식물류), 1종(해조류)

야생동·식물보호법에서 규정하고 있는 '멸종위기야생식물'이라 함은 다음 각 항목에 해당되는 식물종을 말하며, 그 정도에 따라 I급과 II급으로 나누어서 육상 관속식물류 64종, 해조류 1종 등 모두 65종이 지정되어 있다. 멸종위기야생식물 I급은 자연적 또는 인위적 위협요인으로 개체수가 현저하게 감소되어 멸종위기에 처한 야생식물로서 관계 중앙행정기관의 장과 협의하여 환경부령이 정하는 종을 말하며, 광릉요강꽃과 나도풍란을 비롯한 육상 관속식물류 8종이 지정되어 있다. 그리고 멸종위기야생식물 II급은 자연적 또는 인위적 위협요인으로 개체수가 현저하게 감소되고 있어 현재의 위협요인이 제거되거나 완화되지 아니할 경우, 가까운 장래에 멸종위기에 처할 우려가 있는 야생식물로서 관계 중앙행정기관의 장과 협의하여 환경부령이 정하는 종을 말하며, 이에는 가시연꽃과 가시오갈피나무를 비롯한 육상 관속식물류 56종과 해조류인 삼나무말 1종 등 모두 57종이 지정되어 있다(표 2-4).

4. 맺음말

현재까지 국내 법정 멸종위기야생식물과 관련된 범주의 명칭은 희귀종, 절종종, (멸종) 위기종, 취약종, 고유종, 특산종(식물), 특정야생식물, 감소추세종, 위약종, 보호야생식물, 멸종위기 후보종 등과 관련이 있다. 그러나 명칭 중, 학술적 용어, 고유종(특산종)을 제외하고는 각 명칭이 갖는 범주의 개념이 학술적 또는 과학적으로 명확하게 제시되어 있지 않으므로 이에 대한 학문적인 고민이 있어야 하며, 개념이 명확하게 제시되었다 할지라도 어느 범주가 우선적으로 보호되어야 하는 지 고민해야 할 것이다.

그리고 이미 앞에서 여러 보호종 목록에서 법 개정 때마다 보호종의 구성원 및 수가 달라졌음을 살펴보았다. 이는 법 개정 때마다 각각 다른 전문가의 식견 또는 경험에 의존하기 때문에 일어나는 현상으로 향후, 이러한 문제점을 최소화하기 위해서 각 식물종의 분류학적 실체 및 내외적으로 객관적인 원 정보(raw information)가 무엇보다 절실하다. 각 식물종에 대한 원 정보가 없는 한, 개념 적용은 주관적으로 이루질 수 밖에 없기 때문이다.

참고문헌

김철환, 김용식. 2001. 멸종위기야동 · 식물 및 보호야생동 · 식물의 지정현황 분석 및 개선방안에 관한 연구 -식물-. 한국자연보전협회 연구보고서 Pp.149-162.

박만규. 1975. 한국식물 중 절멸 또는 그 위기에 있는 것과 희귀종에 관한 조사연구. 자연보존 8: 3-24.

이방흔, 배정오, 정무웅, 고강석, 김은식, 김동호, 허인애, 이준배, 차병진, 이창복, 정영호, 이우철, 이정석, 김삼식, 이은복, 김재봉. 1990. 특정야생동식물 보존대책연구(I). 국립환경연구원보 12: 237-254.

이영노. 1981. 한국의 희귀 및 위기동식물 -식물-. 한국자연보존협회.

이영노. 1990. 한국의 희귀 및 위기동식물 실태조사연구 -식물-. 한국자연보존협회.

이유미, 이원열. 1996. 희귀 및 멸종위기 식물도감. 산림청 임업연구원 중부임업시험장, 서울.

이창복. 1987. 우리나라 희귀식물의 분포현황과 보존대책. 자연보존 59: 15-21.

현진오. 2002. 한반도 보호식물의 선정과 사례연구. 순천향대학교 박사논문.

환경부. 1998. 멸종위기야생동 · 식물 및 보호야생동식물. 대통령령 제15639호.

환경부. 2005. 야생동 · 식물보호법 시행규칙. 환경부령 제183호.

환경처. 1994. 특정야생동 · 식물 화보집. 웃고문화사, 과천.

환경청. 1989. 특정야생동 · 식물 지정 고시 제89-5.

3장

멸종위기 야생동·식물 지정 변천 : 동물

김명철[1)]

들어가는 말

우리나라의 야생동 · 식물 보호관리는 각기 개별법에 따라 천연기념물은 문화재보호법에 의거 문화재청에서, 그리고 자연환경보전법에 의거 환경부에서는 자연생태계의 균형유지와 그 종이 멸종위기에 처하는 것을 방지하기 위하여 멸종위기야생동물로 지정하여 이들의 포획 등을 금지하고 있다. 환경부에서는 1991년 "특정야생동물"을 지정하였으나 객관적 기준이 부족하여 1998년 개정된 자연환경보전법을 통하여 우선 종에 대한 위협정도에 따라 "멸종위기야생동 · 식물"과 "보호야생동 · 식물"로 구분하게 된다. 이후 2005년 법정보호종으로서 멸종위기야생동식물 I급과 II급을 지정하여 현재까지 운영하여 오고 있다. 문화재청에서 지정한 천연기념물은 고유한 한국의 자연을 원형대로 보존하고 기념물적 성격의 자연물을 보전 · 보호하기 위해 제정된 '문화재보호법'에 따라 문화재위원회에서는 1963년 98점을 천연기념물로 지정하였고, 2009년 현재 천연기념물로 지정된 동물은 서식지 및 번식지를 제외하고 49점정도이다.

현재 법적인 특정야생동물 중 포유류는 22종, 조류 61종, 양서류 2종, 파충

1) SOKN자연환경보전연구소 / eco119@empal.com

류 4종, 어류 18종, 곤충 20종, 그리고 무척추동물 29종이 멸종위기야생동식물 I급과 II급으로 지정되어 있으며, 천연기념물은 포유류 9종, 조류 34종(번식지 및 서식지 제외), 어류 4종, 그리고 곤충 2종이 지정되어 있다. 두 가지 체계의 지정형태 중 천연기념물의 지정종에 비하여 멸종위기야생동식물의 지정종이 많으며 천연기념물의 대부분은 멸종위기종에 포함되어져 있다. 다른 분류군들에 비하여 양서류 및 파충류, 그리고 무척추동물이 천연기념물로 지정되어져 있지 않은 상태이며 이러한 실태는 포유류 및 조류 등의 다른 분류군들의 실태와 분포 조사가 상대적으로 많이 활성화되어 멸종위기의 상황을 파악하기 용이하였던 점에 그 원인이 있으리라 판단된다.

1. 포유류 지정현황 분석

우리나라의 포유류에 대한 보호종 지정현황은 1968년 사향노루와 산양이 천연기념물로 지정된 이후 현재 9종이 천연기념물로 지정되어 있으며(표 3-1), 1989년에 한국자연환경보전협회에 의하여 희귀 및 위기종으로 18종이 지정되기도 하였다(표 3-2). 또한 환경부에서 1997년 18종을 멸종위기종 및 보호종으로 지정하였고(표 3-3), 이후 2005년에 4종을 추가하여 현재 멸종위기야생동식물 I급과 II급이 22종 지정되어져 있다(표 3-5). 2001년에는 한국자연보전협회에서 멸종종, 위급종 등 7가지의 범주로 구분하여 법적보호종의 후보종을 제시하기도 하였다(표 3-4). 천연기념물은 한반도 지역 및 고유종 특성에 따라 멸종위기종에서는 지정되지 않은 진돗개, 제주마, 그리고 삽살개가 지정되어 있다.

우리나라에서 학술적인 근거하에 보호종을 세분화한 것은 표 3-2의 한국자연보전협회(1989년)에서 처음 시도되었으며, 1997년의 환경부 지정 보호종들에서는 박쥐류가 축소되고 대륙목도리담비 및 고슴도치가 비지정된 대신 물범류 2종이 추가된다. 2005년 개정된 환경부 보호종은 1997년에 비하여 4종이 추가되는데, 시라소니, 대륙사슴, 토끼박쥐, 작은관코박쥐, 무산쇠족제비가 새로이 지정되고 그 대신 흰띠백이 물범과 고리무늬 물범이 물범류로 통합 처리된다. 박쥐류는 한국자연환경보전협회에서 1989년 지정한 4종에 비하여 그 이후 환경부에서 지정한 보호종은 붉은박쥐 1종만이 지속적으로 보호종으로 유지되고 있으며 붉은박쥐는 황해도 해주(1924년 6월)에서 처음 채집된 이래 1980년 손성원의 한국산 박쥐의 채집목록 등에서 기재되고 있다.

표 3-1. 포유류의 천연기념물 지정현황(문화재청)

지정년도	국 명
1962년	진도의 진돗개
1968년	사향노루, 산양
1982년	수달, 반달가슴곰, 물범, 하늘다람쥐
1986년	제주의 제주마
1992년	경산의 삽살개

표 3-2. 희귀 및 위기 동식물(한국자연환경보전협회, 1989)

범 주	국 명
희귀종(7종)	붉은 박쥐, 토끼박쥐, 긴가락박쥐, 뿔박쥐, 하늘다람쥐, 바다사자, 물범
취약종(3종)	고슴도치, 삵, 대륙목도리담비
위기종(7종)	늑대, 여우, 곰, 표범, 수달, 사향노루, 산양
절종종(1종)	호랑이

표 3-3. 자연환경보전법상의 포유류 선정(환경부, 1997)

범 주	국 명
멸종위기종(10종)	붉은박쥐, 늑대, 여우, 표범, 호랑이, 수달, 바다사자, 반달가슴곰, 사향노루, 산양
보호대상종(8종)	삵, 담비, 물개, 큰바다사자, 물범, 흰띠백이물범, 고리무늬물범, 하늘다람쥐

표 3-4. 법정 보호대상종 포유류 후보종(한국자연환경보전협회, 2001)

범 주	국 명
멸종종	호랑이, 늑대
위급종	표범, 여우, 곰
위기종	사향노루, 수달
취약종	산양, 담비, 물범
준멸종위기종	붉은박쥐, 삵, 하늘다람쥐, 토끼박쥐
정보부족종	바다사자, 고리무늬물범, 흰띠백이물범, 물개, 큰바다사자, 시라소니, 갈밭쥐, 흰배윗수염박쥐, 긴날개박쥐, 작은관코박쥐
지역개체군	족제비(제주도), 오소리(제주도), 제주땃쥐

표 3-5. 멸종위기 야생동 · 식물 I · II급으로 지정된 포유류(2005)

범 주	국 명
멸종위기야생동식물 I급(12종)	붉은박쥐, 늑대, 여우, 표범, 호랑이, 시라소니, 수달, 바다사자, 반달가슴곰, 사향노루, 대륙사슴, 산양
멸종위기야생동식물 II급(10종)	삵, 담비, 물개, 큰바다사자, 물범, 물범류, 하늘다람쥐, 토끼박쥐, 작은관코박쥐, 무산쇠족제비

2. 조류 지정현황 분석

우리나라의 조류에 대한 보호종 지정현황은 1968년 크낙새, 따오기 등이 천연기념물로 지정된 이후 현재 번식지 및 서식지 등을 제외하고 32종이 천연기념물로 지정되어 있으며(표 3-6), 1989년에 한국자연환경보전협회에 의하여 희귀 및 위기종으로 54종이 지정되기도 하였다(표 3-7). 또한 환경부에서 1997년 59종을 멸종위기종 및 보호종으로 지정하였고(표 3-8), 이후 2005년에 2종을 추가하여 현재 61종이 지정되어져 있다(표 3-10). 한국자연환경보전협회에서는 2001년 79종에 대하여 위급-, 위기-, 취약-멸종위기종 및 저위험-보호종을 제시하기도 하였다(표 3-9).

표 3-6. 조류의 천연기념물 지정현황(문화재청)

지정년도	국 명
1968년	크낙새, 따오기, 황새, 먹황새, 백조(고니, 큰고니, 혹고니), 두루미, 재두루미, 팔색조, 저어새(저어새, 노랑부리저어새), 느시, 흑비둘기
1970년	흑두루미
1973년	까막딱따구리, 수리류(독수리, 검독수리, 참수리, 흰꼬리수리)
1982년	부엉이류(올빼미, 수리, 솔, 칡, 쇠부엉이, 소쩍새, 큰소쩍새), 기러기류(개리, 흑기러기), 검은머리물떼새, 원앙
1988년	노랑부리백로

표 3-7. 희귀 및 위기 동식물(한국자연환경보전협회, 1989)

범 주	국 명
희귀종(31종)	알락해오라기, 먹황새, 저어새, 흑기러기, 개리, 혹고니, 큰고니, 고니, 물수리, 검독수리, 참매, 털발말똥가리, 큰말똥가리, 검은머리물떼새, 쇠부리도요, 알락쇠오리, 흑비둘기, 검은등뻐꾸기, 수리부엉이, 올빼미, 금눈쇠올빼미, 청호반새, 까막딱따구리, 큰오색딱따구리, 아물쇠딱따구리, 뿔종다리, 물때까치, 호여새, 되지빠귀, 섬개개비, 북방쇠찌르레기
위기종(23종)	노랑부리백로, 황새, 노랑부리저어새, 따오기, 원앙사촌, 원강, 가창오리, 붉은가슴흰쭉지, 호사비오리, 흰꼬리수리, 참수리, 독수리, 머, 두루미, 흑두루미, 재두루미, 알락뜸부기, 느시, 넓적부리도요, 쇠청다리도요사촌, 뿔쇠오리, 크낙새, 팔색조

표 3-8. 자연환경보전법상의 조류 선정(환경부, 1997)

범 주	국 명
멸종위기야생 조류(13종)	노랑부리백로, 황새, 노랑부리저어새, 저어새, 흑고니, 흰꼬리수리, 참수리, 검독수리, 매, 두루미, 크낙새, 넓적부리도요, 청다리도요사촌
보호야생조류 (46종)	아비, 쇠가마우지, 알락해오라기, 덤불해오라기, 흑기러기, 큰기러기, 개리, 큰고니, 고니, 가창오리, 호사비오리, 물수리, 벌매, 솔개, 참매, 털발말똥가리, 조롱이, 큰말똥가리, 말똥가리, 항라머리검독수리, 흰죽지수리, 독수리, 잿빛개구리매, 알락개구리매, 개구리매, 새홀리기, 쇠황조롱이, 비둘기조롱이, 느시, 흑두루미, 재두루미, 뜸부기, 검은머리물떼새, 삼광조, 흰목물떼새, 알락꼬리도요, 검은머리갈매기, 적호갈매기, 뿔쇠오리, 수리부엉이, 긴점박이올빼미, 올빼미, 까막딱따구리, 아물쇠딱따구리, 삼광조, 뿔종다리

표 3-9. 법정 보호대상종 조류 후보종(한국자연환경보전협회, 2001)

범 주	국 명
위급-멸종 위기종(3종)	따오기, 저어새, 크낙새
위기-멸종 위기종(5종)	노랑부리백로, 붉은배해오라기, 황새, 청다리도요사촌, 시베리아흰두루미
취약-멸종 위기종(22종)	검은머리갈매기, 고대갈매기, 개리, 흰이마기러기, 가창오리, 붉은가슴흰죽지, 호사비오리, 참수리, 흰죽지수리, 검독수리, 항라머리검독수리, 독수리, 재두루미, 흑두루미, 두루미, 느시, 넓적부리도요, 검은머리물떼새, 뿔쇠오리, 알락쇠오리, 팔색조, 무당새
저위험-보호종 (49종) 저위험-보호종 (49종)	큰덤불해오라기, 노랑부리저어새, 먹황새, 흑고니, 큰고니, 고니, 큰기러기, 흰기러기, 흑기러기, 원앙, 흰목물떼새, 큰부리도요, 알락꼬리마도요, 큰꺅도요, 검은목두루미, 뜸부기, 솔개, 흰꼬리수리, 물수리, 벌매, 개구리매, 잿빛개구리매, 알락개구리매, 붉은배새매, 조롱이, 새매, 차매, 왕새매, 말똥가리, 큰말똥가리, 털발말똥가리, 매, 헨다손매, 비둘기조롱이, 쇠황조롱이, 새홀리기, 수리부엉이, 긴점박이올빼미, 큰소쩍새, 올빼미, 솔부엉이, 칡부엉이, 쇠부엉이, 양비둘기, 흑비둘기, 뿔종다리, 홍여새, 삼광조, 쇠검은머리쑥새

표 3-10. 멸종위기 야생동 · 식물 Ⅰ · Ⅱ급으로 지정된 조류(2005)

범 주	국 명
멸종위기 야생동 · 식물 Ⅰ급(13종)	노랑부리백로, 황새, 노랑부리저어새, 저어새, 흑고니, 흰꼬리수리, 참수리, 검독수리, 매, 두루미, 넓적부리도요, 청다리도요사촌, 크낙새
멸종위기 야생동 · 식물 Ⅱ급(48종)	큰덤불해오라기, 붉은해오라기, 먹황새, 흑기러기, 큰기러기 흰이마기러기, 개리, 큰고니, 고니, 가창오리, 붉은가슴흰죽지, 호사비오리, 물수리, 벌매, 솔개, 참매, 조롱이, 털발말똥가리, 큰말똥가리, 말똥가리, 항라머리검독수리, 흰죽지수리, 독수리, 잿빛개구리매, 알락개구리매, 개구리매, 새홀리기, 쇠황조롱이, 비둘기조롱이, 검은목두루미, 시베리아흰두루미, 흑두루미, 재두루미, 뜸부기, 느시, 검은머리물떼새, 흰목물떼사, 알락꼬리마도요, 검은머리갈매기, 적호갈매기, 뿔쇠오리, 수리부엉이, 긴점박이올빼미, 올빼미, 까막딱따구리, 팔색조, 뿔종다리, 삼광조

천연기념물에서는 따오기, 먹황새, 흑비둘기, 소쩍새 등 일부 부엉이류, 원앙 등이 환경부 보호종인 멸종위기보호종과 달리 지정이 되어 있으며 1997년의 환경부 지정보호종의 아비, 쇠가마우지, 알락해오라기, 덤불해오라기, 아물쇠딱따구리가 삭제되고 2005년에는 큰덤불해오라기, 붉은해오라기, 먹황새, 붉은가슴흰죽지, 검은목두루미, 시베리아흰두루미, 그리고 팔색조가 추가되었다.

원병오 등(1977)은 한국에 도래하는 두루미류의 실태를 보고한 것을 기점으로, 1979년 두루미류의 월동에 관한 연구를, 1978년에는 조류의 천연기념물 실태에 관한 보고서를 출간하였다. 더불어, 크낙새에 관한 관찰기록도 1975년부터 설명되어지고 있다. 황새는 1980년에 실태조사 및 보호방안이 논의되었으며 이후 백조류 등을 포함하여 1982년 함규황에 의한 딱따구리류의 생태학적 연구 등 절멸위기 야생조류에 관한 논문 및 보고서들이 출간되었다.

3. 양서·파충류의 지정현황 분석

우리나라의 양서 · 파충류에 대한 보호종 지정현황은 1989년에 한국자연환경보전협회에 의하여 희귀 및 위기종으로 12종이 지정되기도 하였다(표 3-11). 양서류 및 파충류는 천연기념물로 지정되어져 있지 않은 상태이며 환경부에서는 1994년 한국특산종, 감소추세종, 희귀종, 그리고 멸종위기종의 범주로 24종을 선정하였으며(표 3-12), 1997년 5종을 멸종위기종 및 보호종으로 지정하였다(표 3-13). 2001년 한국자연환경보전협회에 의하여 28종이 위급종, 위기종, 및 취약종의 법적후보종으로 제시되기도 하였다(표 3-14). 이후 2005년에 새로이 개정된 보호종에서는 까치살모사가 삭제되고 표범장지뱀과 비바리뱀이 추가되어 전체적으로 현재 6종이 지정되어져 있다(표 3-15).

표 3-11. 희귀 및 위기 동 · 식물로 선정된 양서 · 파충류(한국자연환경보전협회, 1989)

범 주	국 명
희귀종(6종)	물두꺼비, 금개구리, 도마뱀, 도마뱀부치, 대륙유혈목이, 까치살모사
취약종(5종)	꼬리치레도롱뇽, 남생이, 구렁이, 능구렁이, 실뱀
위기종(1종)	맹꽁이

표 3-12. 자연환경보전법상의 양서 · 파충류 선정(환경부, 1994)

범 주	국 명
한국특산종(4종)	도롱뇽, 물두꺼비, 수원청개구리, 금개구리
감소추세종 (12종)	꼬리치레도롱뇽, 두꺼비, 맹꽁이, 아무르산개구리, 산개구리, 줄장지뱀, 표범장지뱀, 능구렁이, 무자치, 쇠살모사, 살모사, 까치살모사
희귀종(4종)	도마뱀, 미끈도마뱀, 실뱀, 비바리뱀
멸종위기종(4종)	자라, 남생이, 구렁이, 대륙유혈목이

표 3-13. 자연환경보전법상의 양서 · 파충류 선정(환경부, 1997)

범 주	국 명
멸종위기종(1종)	구렁이
보호종(4종)	맹꽁이, 금개구리, 남생이, 까치살모사

표 3-14. 법정 보호대상종 양서 · 파충류류 후보종(한국자연환경보전협회, 2001)

범 주	국 명
위급종(7종)	수원청개구리, 꼬리치레도롱뇽, 구렁이, 도마뱀붙이, 자라, 남생이, 비바리뱀
위기종(11종)	맹꽁이, 금개구리, 물두꺼비, 두꺼비, 도마뱀, 미끈도마뱀, 장지뱀, 표범장지뱀, 줄장지뱀, 까치살모사, 실뱀
취약종(10종)	계곡산개구리, 북방산개구리, 제주도롱뇽, 도롱뇽, 능구렁이, 살모사, 쇠살모사, 대륙유혈목이, 무자치, 누룩뱀

표 3-15. 멸종위기 야생동 · 식물 Ⅰ · Ⅱ급으로 지정된 양서 · 파충류(2005)

범 주	국 명
멸종위기야생동 · 식물 Ⅱ급(1종)	구렁이
멸종위기야생동 · 식물 Ⅱ급(5종)	맹꽁이, 금개구리, 남생이, 표범장지뱀, 비바리뱀

4. 어류 지정현황 분석

우리나라의 어류에 대한 보호종 지정현황은 1962년 열목어가 천연기념물로 지정된 이후 현재 4종이 천연기념물로 지정되어 있으며(표 3-16), 1989년에 한국자연환경보전협회에 의하여 희귀 및 위기종으로 29종이 지정되기도 하였다(표 3-17). 1991년 전상린은 "한국산 희귀담수어의 실태"라는 연구지를 통하여 담수어종의 20종에 대한 희귀종, 위기종, 취약종을 구분하였고, 1995년 김익수에 의하여 "한국 위기 담수어류의 서식현황과 보존"의 논문에서 위기대상종 중 취약종 10종, 희귀종 20종 등을 구분하였다. 환경부에서는 1997년 11종을 멸종위기종 및 보호종으로 지정하였다(표 3-18). 2001년 한국자연환경보전협회에 의하여 38종이 위급종, 위기종, 취약종, 그리고 지역종의 법적후보종으로 제시되기도 하였다(표 3-19). 이후 2005년 환경부 보호종에서는 두우쟁이, 부안종개, 좀수수치, 꺽저기가 삭제되고 칠성장어, 묵납자루, 임실납자루, 가는돌고기, 꾸구리, 돌상어, 모래주사, 가시고기, 둑중개, 한둑중개, 잔가시고기가 추가되어 전체적으로 현재 18종이 지정되어져 있다(표 3-20).

표 3-16. 어류의 천연기념물 지정현황(문화재청)

지정년도	국 명
1962년	열목어
1967년	황쏘가리
1978년	어름치, 무태장어

표 3-17. 희귀 및 위기 동 · 식물(한국자연환경보전협회, 1989)

범 주	국 명
희귀종(17종)	산천어, 새미, 가는돌고기, 점몰개, 두우쟁이, 꾸구리, 돌상어, 금강모치, 연준모치, 눈불개, 강준치, 꼬치동자개, 가시고기, 둑중개, 꺽저기, 좀구굴치, 황복
취약종(8종)	무태장어, 열목어, 어름치, 감돌고기, 흰수마자, 버들가지, 미호종개, 부안종개
위기종(3종)	철갑상어, 칼상어, 통사리
절종종(1종)	서허납줄갱이

표 3-18. 멸종위기 야생동 · 식물 및 보호야생동 · 식물로 지정된 어류(환경부, 1997)

범 주	국 명
멸종위기종(5종)	감돌고기, 흰수마자, 미호종개, 꼬치동자개, 퉁사리
보호종(6종)	다묵장어, 모래주사, 두우쟁이, 부안종개, 좀수수치, 꺽저기

표 3-19. 법정 보호대상종 어류 후보종(한국자연환경보전협회, 2001)

범 주	국 명
위급종(5종)	미호종개, 퉁사리, 얼룩새코미꾸리, 남방동사리, 좀수수치
위기종(10종)	어름치, 모래주사, 흰수마자, 꾸구리, 돌상어, 버들가지, 꼬치동자개, 한둑중개, 열목어, 감돌고기
취약종(17종)	칠성장어, 다묵장어, 점몰개, 새미, 두우쟁이, 부안종개, 가시고기, 잔가시고기, 큰가시고기, 좀구글무치, 드렁허리, 납줄개, 꺽저기, 임실납자루, 가는돌고기, 강주걱양태, 둑중개
지역종(6종)	고성남강과 금강의 금강모치, 거제도 및 남해도의 쉬리, 낙동강 종개, 거제도, 남해도, 및 금오도의 자가사리, 고성남강과 송현천의 산천어, 남해도의 눈동자개

표 3-20. 멸종위기 야생동 · 식물 Ⅰ · Ⅱ급으로 지정된 어류(2005)

범 주	국 명
멸종위기야생동 · 식물 Ⅰ급(6종)	감돌고기, 흰수마자, 얼룩새코미꾸리, 미호종개, 꼬치동자개, 퉁사리
멸종위기야생동 · 식물 Ⅱ급(12종)	칠성장어, 다묵장어, 묵납자루, 임실납자루, 가는돌고기, 꾸구리, 돌상어, 모래주사, 가시고기, 둑중개, 한둑중개, 잔가시고기

5. 곤충류 지정현황 분석

우리나라의 곤충류에 대한 보호종 지정현황은 1968년 장수하늘소가 천연기념물로 지정된 이후 현재 2종이 천연기념물로 지정되어 있으며(표 3-21), 장수하늘소의 보전 등에 대한 연구자료는 1976년 김창환 등에 의하여 "장수하늘소의 실태조사"란 연구지 형태로 처음 제시되었다. 김창환 등(1981)은 한국산 반딧불이의 실태조사 및 보호에 관한 연구결과를 제시함과 더불어 나비류에 대한 희귀종 7과 11종, 위기가능종으로 3과 3종을 발표하게 된다. 그후 1990년 신유항은 "곤충: 한국의 희귀 및 위기동식물 실태조사 연구"에서 23종에 대한 희귀종과 1종의 위기종을 제시하기도 하였다. 더불어, 나비 이외에 딱정벌레목을 대상으로 1991년 10과 18종의 보호대상종이 제시되었으며 권용정 등(1996)은 곤충 중 우선조사대상종으로 48종을 선별하였다. 1989년에 한국자연환경보전협회에 의하여 희귀 및 위기종으로 24종이 지정되기도 하였다(표 3-22). 환경부 보호종으로 1989년 18종, 그리고 1993년 10종의 곤충들이 지정되기도 하였으며(표 3-23), 보다 최근에는 1997년에 고려집게벌레 및 꼬마잠자리에 대한 분포 등의 연구결과가 보고되기도 하였다. 또한 환경부에서 1998년 19종을 멸종위기종 및 보호종으로 지정하였고(표 3-24), 2001년 한국자연환경보전협회에 의하여 73종이 절멸위기종, 위급종, 위기종, 그리고 취약종의 법적후보종으로 제시되기도 하였다(표 3-25). 이후 2005년에 애기뿔소똥구리 1종을 추가하여 현재 20종이 지정되어져 있다(표 3-26).

표 3-21. 곤충류의 천연기념물 지정현황(문화재청)

지정년도	국 명
1968년	장수하늘소
1982년	반딧불이

표 3-22. 희귀 및 위기 동식물(한국자연환경보전협회, 1989)

범 주	국 명
희귀종(23종)	상제나비, 깊은산부전나비, 북방까마귀부전나비, 쌍꼬리부전나비, 큰주홍부전나비, 바둑돌부전나비, 큰홍띠점박이푸른부전나비, 암어리표범나비, 산은줄표범나비, 제삼줄나비, 홍줄나비, 중국황세줄나비, 갈구리신선나비, 신선나비, 쐐기풀나비, 산굴뚝나비, 가락지나비, 큰수리팔랑나비, 독수리팔랑나비, 늦반딧불이, 애반딧불이, 비단벌레, 울도하늘소
위기종(1종)	장수하늘소

표 3-23. 보호종으로 지정된 곤충류(환경부)

지정년도/종수	국 명
1989년/18종	비단벌레, 톱사슴벌레, 큰풍뎅이, 장수풍뎅이, 알락수염붉은산꽃하늘소, 범하늘소, 알락수염하늘소, 우단하늘소, 반날개하늘소, 상제나비, 깊은산부전나비, 쌍꼬리부전나비, 큰홍띠점박이푸른부전나비, 물결부전나비, 제주왕나비, 유리창나비, 어리세줄나비, 산굴뚝나비
1993년/10종	주홍길앞잡이, 큰조롱박먼지벌레, 소똥구리, 왕소똥구리, 수염풍뎅이, 소나무비단벌레, 청띠제비나비, 왕은점표범나비, 왕오색나비, 대왕팔랑나비

표 3-24. 멸종위기 야생동 · 식물 및 보호야생동·식물로 지정된 곤충류(환경부, 1998)

범 주	국 명
멸종위기종(5종)	두점박이사슴벌레, 수염풍뎅이, 장수하늘소, 상제나비, 산굴뚝나비
보호종(14종)	꼬마잠자리, 고려집게벌레, 물장군, 닻무늬길앞잡이, 주홍길앞잡이, 멋조롱박딱정벌레, 소똥구리, 큰자색꽃무지, 비단벌레, 울도하늘소, 붉은점모시나비, 깊은산부전나비, 쌍꼬리부전나비, 왕은점표범나비

표 3-25. 법정 보호대상종 곤충 후보종(한국자연환경보전협회, 2001)

범 주	국 명
절멸가능종 -멸종위기종(1종)	소똥구리
위급-멸종위기종 (10종)	대모잠자리, 주홍길앞잡이, 수염풍뎅이, 장수하늘소, 붉은점모시나비, 큰홍띠점박이푸른부전나비, 산부전나비, 고운점박이푸른부전나비, 북방점박이푸른나비, 큰수리팔랑나비
위기-멸종위기종 (23종)	꼬마잠자리, 고려집게벌레, 물장군, 닻무늬길앞잡이, 왕소똥구리, 두점박이사슴벌레, 사슴벌레부치, 제주그물검정풍뎅이, 부산풍뎅이, 큰자색꽃무지, 알락풍뎅이, 비단벌레, 세욱노랑뒷날개나방, 왕흰줄태극나방, 작은녹색부전나비, 산꼬마부전나비, 봄어리표범나비, 암어리표범나비, 산꼬마표범나비, 홍줄나비, 가락지나비, 산굴뚝나비, 은줄팔랑나비
취약-멸종위기종 (39종)	여치, 개야길앞잡이, 강변길앞잡이, 멋조롱박딱정벌레, 검정뿔소똥구리, 애기뿔소똥구리, 뿔소똥구리, 사슴벌레, 왕사슴벌레, 제주풍뎅이, 늦반딧불이, 애반딧불이, 청과뢰, 울도하늘소, 사무라이개미, 이빨개미, 참뒤영른잎노랑뒷날개나방, 애호랑나비, 멧노랑나비, 남방남색꼬리부전나비, 깊은산부전나비, 남방녹색부전나비, 쌍꼬리부전나비, 큰주홍부전나비, 큰점박이푸른부점나비, 담색어리표범나비, 금빛어리표범나비, 왕은점표범나비, 제삼줄나비, 중국황세줄나비, 어리세줄나비, 오색나비, 수노랑나비, 밤오색나비, 왕오색나비, 함경산뱀눈나비, 봄처녀나비, 시골처녀나비, 돈무늬팔랑나비

표 3-26. 멸종위기 야생동·식물 Ⅰ·Ⅱ급으로 지정된 곤충류(환경부, 2005)

범 주	국 명
멸종위기야생동식물 Ⅰ급(5종)	장수하늘소, 두점박이사슴벌레, 수염풍뎅이, 상제나비, 산굴뚝나비
멸종위기야생동식물 Ⅱ급(15종)	꼬마잠자리, 고려집게벌레, 물장군, 주홍길앞잡이, 닻무늬길앞잡이, 멋조롱박딱정벌레, 소똥구리, 애기뿔소똥구리, 큰자색호랑꽃무지, 비단벌레, 울도하늘소, 붉은점모시나비, 깊은산부전나비, 쌍꼬리부전나비, 왕은점표범나비

6. 무척추동물류 지정현황 분석

우리나라의 무척추동물류에 대한 보호종 지정현황은 1997년에 환경부에 의하여 멸종위기 야생동·식물 및 보호야생동·식물로 24종이 지정되기도 하였다(표 3-27). 무척추동물은 천연기념물로 지정되어져 있지 않은 상태이며 2001년 한국자연환경보전협회에 의하여 129종이 멸종위기종, 보호종, 그리고 관찰대상종의 법적후보종으로 제시되기도 하였다(표 3-28). 이후 2005년에 새로이 개정된 보호종에서는 대칭이가 삭제되고 귀이빨대칭이, 남방방게, 칼세오리옆새우, 참달팽이, 갯게, 붉은발말똥게가 추가되어 현재 29종이 지정되어져 있다(표 3-29).

표 3-27. 멸종위기 야생동 · 식물 및 보호야생동 · 식물로 지정된 무척추동물류(환경부, 1997)

종 수	국 명
24종	나팔고둥, 대칭이, 두드럭조개, 별혹산호, 측맵시산호, 망상맵시산호, 둔한진총산호, 착생깃산호, 깃산호, 흰수지맨드라비, 밤수지맨드라미, 연수지맨드라미, 자색수지맨드라미, 검붉은수지맨드라미, 유착나무돌산호, 잔가지나무돌산호, 진홍나팔돌산호, 해송, 장수삿갓조개, 대추귀고둥, 기수갈고둥, 긴꼬리투구새우, 선침거미불가사리, 의염통성게

표 3-28. 법정 보호대상종 무척추동물 후보종(한국자연환경보전협회, 2001)

범 주	국 명
멸종위기종(27종)	큰논우렁이, 공재첩, 공주재첩 거문도좀혹달팽이, 두타산입술대고둥아재비, 거제외줄달팽이, 울릉도달팽이, 내장산띠달팽이, 검정해변해면, 보라바퀴해면, 회색해변해면, 제주새우아재비, 밀집벌레게붙이, 범게, 흰해삼속살이게, 붉은발말똥게, 메르귀게, 객게, 남방방게, 갯고사리게, 나팔고둥, 두드럭조개, 대칭이, 큰산호붙이히드라, 산호붙이히드라, 반향측입이끼벌레, 염주알다슬기
관찰대상종(19종)	곤봉하드라, 관히드라, 혹히드라, 가로테히드라, 육각이끼벌레, 광주리이끼벌레, 세모섬유이끼벌레, 작은조두체이끼벌레, 총담이끼벌레, 육콩이끼벌레, 넓적부리이끼벌레, 다형이끼벌레, 방패연잎성게, 구덩연잎성게, 분홍성게, 붉은멍게, 우렁쉥이, 이가보야개멍게, 릿데르개멍게

표 3-28. 계속

범 주	국 명
보호종(83종)	칼조개, 도끼조개, 곳체두드럭조개, 아리니아깨알달팽이, 모래고둥, 북한산달팽이, 왼돌이배꼽털달팽이, 충무띠달팽이, 동양달팽이, 진도발톱해면, 울릉보라해면, 해로동굴해면, 긴꼬리투구새우, 방울이끼벌레, 속살이끼벌레, 볼록염주발갯지렁이, 등촉수염주발갯지렁이, 청동미갑갯지렁이, 수염집갯지렁이, 큰산호붙이, 산호붙이, 측맴시산호, 망상맵시산호, 둔한진총산호, 착생깃산호, 깃산호, 흰수지맨드라미, 연수지맨드라미, 자색수지맨드라미, 검붉은수지맨드라미, 유착나무돌산초리산호, 잔가지나무돌산호, 진홍나팔돌산호, 해송, 회초리산호, 태양폴립산호, 등색관산호, 니노컵돌산호, 긴다리돌산호, 미립리분지돌산호, 선침거미불가사리, 의염통성게, 파동측강성게, 브로지연잎성게, 거진꼬리해삼, 파우선모조해삼, 둥근닻해삼, 보라바퀴해삼, 구도짝구슬미더덕, 칼세오리옆새우, 민가시예소옆새우, 제주새뱅이, 두두럭징거미새우. 매끈이딱총새우, 해로새우, 사슴게, 양마밤게, 톱날꽃게, 임포옆길게, 장님진흙살이게, 높은등엽길게, 눈콩게, 펄콩게, 큰애기비단게, 긴종아리풀게, 꼬마사각게, 긴집게발게, 대추귀고둥, 왕전복, 장수삿갓조개, 잔뿔소라, 월계관납작소라, 날개뿔고둥, 해가리비, 큰입술갈고둥, 기수갈고둥, 점갯고둥, 뾰족개오지붙이, 산호살이진주조개, 우즐기, 울릉도모래고둥, 섬입술대고둥

표 3-29. 멸종위기 야생동·식물 I·II급으로 지정된 무척추동물류(환경부, 2005)

범 주	국 명
멸종위기야생동식물 I급(5종)	나팔고둥, 귀이빨대칭이, 두드럭조개, 남방방게, 칼세오리옆새우
멸종위기야생동식물 II급(24종)	별혹산호, 측맵시산호, 망상맵시산호, 둔한진총산호, 착생깃산호, 깃산호, 흰수지맨드라미, 밤수지맨드라미, 연수지맨드라미, 자색수지맨드라미, 검붉은수지맨드라미, 유착나무돌산호, 잔가지나무돌산호, 진홍나팔돌산호, 해송, 장수삿갓조개, 대추귀고둥, 기수갈고둥, 참달팽이, 긴꼬리투구새우, 갯게, 선침거미불가사리, 의염통성게, 붉은발말똥게

7. 맺음말

우리나라의 동물군에 대한 보호종 지정현황은 천연기념물과 멸종위기종의 중복된 종을 제외하고 살펴보면, 포유류 25종(14%), 조류 71종(41%), 양서 · 파충류 6종(3%), 어류 22종(13%), 곤충류 21종(12%), 그리고 무척추동물 29종(17%)이다(표 3-30).

표 3-30. 각 분류군별 천연기념물 및 멸종위기 야생동물 지정 현황

	천연기념물	멸종위기종	합 계
포유류	9(19%)	22(14%)	25(14%)
조류	32(69%)	61(39%)	71(41%)
양서 · 파충류	0(0%)	6(4%)	6(3%)
어류	4(8%)	18(12%)	22(13%)
곤충류	2(4%)	20(13%)	21(12%)
무척추 동물	0(0%)	29(19%)	29(17%)
합 계	48종	156종	174종

전체적으로 조류의 대한 지정비율이 다른 분류군들에 비하여 상대적으로 높음을 확인할 수 있으며, 이는 조류의 서식처 또는 번식지까지 산정할 경우에는 더욱 높은 점유율을 보일 수 있을 것이다. 2008년 기준 국제자연보존연맹(IUCN)의 적색목록(red list)에 의하면, 포유류는 5,488종(17%), 조류 9,990종(31%), 양서 · 파충류 7,645종(24%), 어류 3,481종(11%), 곤충류 1,259종(4%), 그리고 무척추동물류가 3,947종(12%)를 차지하고 있다. 곤충류에 비하여 포유류 및 조류의 지정현황이 크다는 것과 더불어 우리나라의 경우 양서 · 파충류의 지정비율이 전체 분류군의 수가 적은 특성과 함께 천연기념물에는 전혀 포함되지 않고 있으며 멸종위기종의 지정 또한 매우 낮음을 알 수 있을 것이다. 포유류의 경우 서식확인에 논란이 큰 호랑이, 늑대 등이 멸종위기종으로 포함되어 있는 문제가 있으며 어류에서는 두 가지의 지정체계에 한 종도 중복된 종이 나타나지 않고 있다.

결과적으로, 각각의 지정기관에 따라 차이가 큰 평가기준의 적용이 진행되는 것과 함께 일부 종들에 대하여 아직 객관적인 기준의 적용이 이뤄지지 못하다는 것을 반증하는 것이다. 이러한 점에는 서식현황에 대한 정량적인 자료의 부족, 보호종 적용범위의 문제점 등의 여러 문제에 기인한다고 볼 수 있으며, 최근 보호종에 대한 기준안 작성 및 재선정에 대한 논의를 포함한 일부의 노력이 시작되고 있으며, 그에 부응하여 보호종 지정에 있어 일관성과 객관성을 확보하기 위해서는 분류군 별로 다양한 전문가들로 구성된 협의체의 구성을 통하여 다양한 의견과 정보가 수렴되어져야 할 것이다.

참고문헌

김익수. 1981. 한국의 희귀 및 위기동식물. 고려서적(주).

김익수. 1995. 한국 위기 담수어류의 서식현황과 보존. '95 한국생태학회, 한국어류학회 공동 심포지움 강연록: 31-43.

김창환, 윤일병, 남상호. 1976. 장수하늘소의 실태조사. 자연보존 11: 5-16.

김창환. 1981. 곤충: 한국의 희귀 및 위기동식물. 한국자연보존협회. Pp. 30-153.

김창환, 남상호. 1981. 한국산 반딧불의 실태조사와 그의 보호 및 관리에 관한 연구. 자보연보 3: 311-328.

박진영. 2001. 법정야생동물의 서식실태와 제도개선에 관한 연구. 한국자연보존협회 20: 35-50.

양서영 편저. 2000. 한국산 양서류 총설

원병오, 함규황, 구태회. 1979. 절멸위기에 처해 있는 조류의 실태조사와 그의 보호 및 관리에 관한 연구. 한국자연보존협회 1: 167-216.

이상돈, 박용하, 서정수. 1998. 멸종위기 동식물의 보호방안. 한국환경정책평가연구원 연구보고서

전상린. 1991. 한국산 희귀담수어의 실태. 한국자연보존. 73: 11-15.

최기철. 1990. 한국의 희귀 및 위기동식물 실태조사 연구: 어류(최기철). 한국자연보존협회 10: 113-144.

한국자연보전협회. 2001. 멸종위기야생동식물 및 보호야생동식물의 지정현황 분석

및 개선방안에 관한 연구.
환경부. 2005. 야생동 · 식물보호 기본계획 수립을 위한 연구.

4장

차세대 핵심환경기술개발사업을 통한 생물 증식·복원기술 개발 연구 현황

이성진[1), 김재석, 류재용, 문상기,
문정숙, 오동익, 윤영훈, 이성풍

들어가는 말

환경부에서는 1990년대에 진행된 G-7 환경기술개발사업(1992-2001)을 계승 · 발전시키고 국가 환경산업 경쟁력을 강화시키기 위한 체계적인 환경기술개발을 위하여 2001년부터 2010년까지 10년간의 차세대 핵심환경기술개발사업(이하 차세대사업)2)을 기획하였으며(한국환경기술진흥원, 2002), 궁극적으로 "환경과 경제의 통합을 통한 지속가능한 발전(Sustainable Development)의 실현"을 위한 핵심환경기술 연구 · 개발을 촉진하고자 하였다. 1단계 사업에서는 '맑고 안전한 공기' 등 12개 단위사업으로 추진되었으며, 이러한 사업구도는 2단계에 들어 3개의 단위사업으로 변경되었다(그림 4-1). 이러한 변화는 사업성과관리의 효율성 제고를 통한 전략적 변화로 기존의 12개 단위사업의 내용들은 2단계 사업에서 환경기술 대분야로 계승되어 사업의 지속성을 유지하였다(한국환경기술진흥원, 2007).

---

1) 한국환경산업기술원 녹색기술개발실 / sjlee@keiti.re.kr

2) 차세대사업에서 지원하는 과제의 유형에는 하나의 연구기관에 의하여 수행되는 단위과제와 다수의 연구기관이 공동적인 주제에 대하여 분담하여 연구하는 통합형 과제가 있다. 통합형 과제의 경우는 그 특성상 여러 단위과제가 묶여 있는 것으로 보이기도 하나, 궁극적으로 공통적인 연구목표 및 주제에 대한 연구이므로 하나의 과제로 처리하였다.

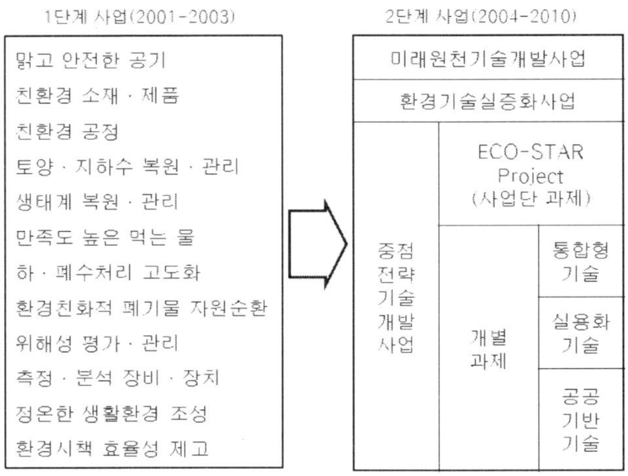

그림 4-1. 차세대사업의 전략적 사업구도 변화(차세대 핵심환경기술개발사업 2단계 성과분석 및 3단계 연구기획 중에 있는 그림 1-4를 변형하였음).

생물자원의 증식복원 및 보전과 관련한 기술개발은 차세대사업 대분야 중 생태계복원 · 관리 기술 분야에 속하며, 이 분야는 "생태계 복원 및 관리기술 개발을 통하여 삶의 질 향상을 도모하고 자연과의 공생을 구현하기 위한 기술개발 사업" 이라 규정되어 있다. 1단계 사업에서 중점추진 영역으로는 크게 생태계 복원기술개발, 생태계 관리기술개발, 그리고 생태계 이용기술개발의 세 영역을 제시하였으며[3], 여기에는 70여 가지의 요소기술들이 개발 또는 연구되어야 할 것으로 제시되었다. 그 중에서 생물복원 연구와 직접적으로 연관이 있는 요소기술로는 '생물자원의 증식기술'과 '서식지 관리 기술'을 고려할 수 있다. 간접적인 연관성까지 고려한다면 '생물자원 발굴 및 이용의 적정성 및 자원화 기술'을 비롯한 5가지 요소기술을 더 고려할 수 있다. 아울러 이러한 요소기술에 대한 연구의 필요성은 차세대사업 10개년 종합계획에서부터 유지되어온 것이므로 생물자원의 증식기술 및 이를 통한 생물 복원에 대한 연구지원은 차세대사업의 초창기부터 계획된 것이라 하겠다.

---

3) 2단계 사업부터 생태계 관리기술개발과 생태계 이용기술개발은 생태환경의 이용 및 관리기술개발 중분야로 통합되며, 생태계 복원기술개발 영역은 훼손된 자연생태계의 복원기술 중분야로 전환되었다.

따라서 생물의 보전 및 복원을 주요 논제로 하는 보전생물학회의 창립에 즈음하여 생태연구와 관련하여 가장 규모가 큰 사업 중 하나인 차세대사업을 통하여 생물자원의 증식 · 복원 연구에 대한 정부의 지원이 실제로 어느 정도 이루어졌는지 그리고 그 성과는 어떠한지를 살펴보는 것은 의미 있을 것이다. 이에 본 장에서는 차세대 사업 중 생태계 복원 · 관리 대분야 내에서 생물자원 증식 · 복원과 관련한 연구과제에 대한 지원현황을 세부기술 수준 및 요소기술 수준에서 살펴보고 또한 지원된 과제를 통하여 도출된 성과를 학술적 성과와 사업화 성과로 구분하여 살펴볼 것이다. 이를 통하여 연구지원의 효율성, 문제점 파악, 그리고 생물보전 및 복원을 위한 보전생물학회의 역할을 제시하고자 한다.

1. 생물자원 관련 기술 위치[4] 및 과제유형

현재 차세대사업은 크게 11개 대분야로 구분되며, 500여 가지가 넘는 요소기술들이 포함되어 있다. 이 중 '생태계 복원 · 관리' 대분야에는 67개의 요소기술이 제시되어 있으며(그림 4-2), 이는 '만족도 높은 먹는 물' 대분야(77개 요소기술)에 이어 두 번째로 다양한 요소기술이 제시되어 있는 것이다.

생물자원 증식 및 복원과 관련된 요소기술에는 '희귀 동식물 증식기술', '생물자원의 서식지 관리기술' 등이 있으며, 세부기술 수준에서 '생물다양성 관리기술'로 구분되고 '생태환경 이용 및 관리기술' 중분야에 포함되어 있다(표 4-1). 생태계 복원 · 관리기술 대분야는 크게 '훼손된 자연생태계 복원기술'과 '생태환경 이용 및 관리기술'인 2개 중분야로 구분된다. '훼손된 자연생태계 복원기술' 중분야에서는 생태계 유형에 따라 3개 세부기술을 제시하고, 각 세부기술 내에 훼손 유형 및 복원에 있어 고려할 특성 등의 요인에 따라 총 19개 요소기술을 구분하였다.

4) 차세대 핵심환경기술개발사업의 세부적인 구조는 각 단계별 기획과정에서 다소 변형이 있었는데, 여기에서는 2009년 현재의 요소기술을 중심으로 하였다.

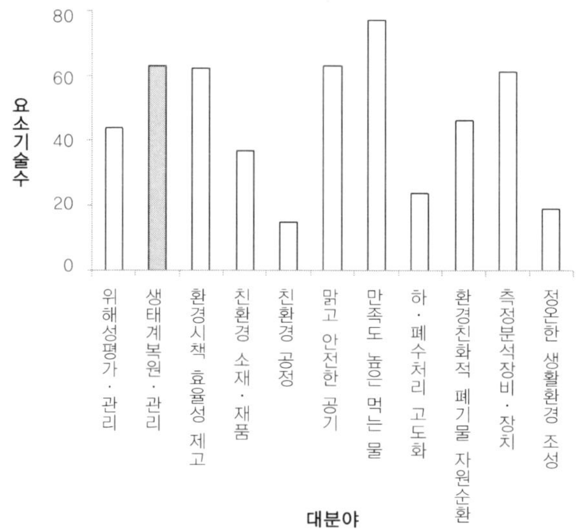

그림 4-2. 대분야 별 요소기술 수

표 4-1. 생태계 복원 · 관리 분야 요소기술 목록 및 과제 수행여부

중분야	세부기술	요소기술	수행여부
훼손된 자연 생태계 복원 기술	대규모 침식 등 자연적으로 훼손된 생태계의 복원을 위한 기법 · 기술 개발	산림토양의 복원을 위한 토양 및 녹화용 소재의 기술 개발	
		자연친화적인 식생구조(산림) 복원녹화의 기술개발	○
		산림 훼손지(한라산 등)의 생태복원 녹화 및 관리기술 개발	
		산사태, 집중강우 등 대규모 훼손지의 환경복원 녹화 및 관리기술 개발	○
		산불에 의한 생태계 훼손지의 생태복원 녹화기술	○
		사구의 생태복원녹화 기술	○
		해안습지 등의 해양생태계훼손지구 복원 및 관리기술 개발	○
	인공생태계의 생태적 건강성 향상을 위한 기법 · 기술 개발	도로비탈의 훼손지의 생태복원녹화 및 관리기술 개발	○
		경석장 등 대규모 훼손지의 녹화기술 개발 등	○
		도심녹지공간 및 개발에 따른 생태적 고립화 방지기술 개발	○
		폐탄광, 매립지 등 개발지의 복원녹화 및 관리기술 개발	○
		댐 건설지 생태복원녹화 및 관리기술 개발	
		택지개발지 생태복원녹화 및 관리기술 개발	○

표 4-1. 계속

중분야	세부기술	요소기술	수행 여부
훼손된 자연 생태계 복원 기술	훼손된 자연 생태계의 복원 및 관리 기법·기술 개발	하천의 자연정화 기능 및 생태계 관리 기법 개발	○
		대체습지 조성기술 개발	○
		하천을 포함한 경관 생태적으로 인접한 수변의 복운 기법과 지침 개발	○
		제방, 도로, 농지, 주거지 등 이전의 인접한 인위적 시설과의 경관·생태적 연계기법 개발	○
		유수지의 생태보전 기능 규명	
		갯벌의 가치평가 및 생태계 수치화 기술 개발	○
생태환경 이용 및 관리기술	생물 다양성 관리기술 개발	생물자원 발굴 및 이용의 적정성 및 자원화 기술	○
		생물다양성 유지를 위한 생물복원 위해종 관리기술	○
		생물자원 유전자 Bank 구축	○
		생물자원 조사 및 변화 모니터링	○
		생물자원의 서식지 관리 기술	○
		생물자원 발굴기술개발(분류 전문가 양성)	○
		희귀 동식물 증식기술 개발	○
	생태계 모니터링 및 통합 상태 관리기술 개발	원격탐사이용 생태계 모니터링	
		모니터링 관리·운영	○
		생태계 조사구축 체계	
		네트워크 관리	
		생태계 보호지역 지정 및 관리	
		생태계 유역 구분 및 관리	○
		생태계 연결망 구축 및 관리	○
		서식처별 모니터링 기술개발	
	지구환경변화에 따른 생태계 관리 기술	생태계 변화예측 모형	○
		연안생태 모니터링	
		대기오염에 따른 생태계 영향 조사	
		해안습지 등의 훼손지구 복원 및 관리	○
		생태영향평가	
		환경변화와 생태계 관리	
		기후변화, 산성비, 사막화 등에 따른 생태계 관리기술	

표 4-1. 계속

중분야	세부기술	요소기술	수행 여부
생태환경 이용 및 관리기술	지속가능한 생태계 이용 기술개발	생태도시공간 정비기술 개발	○
		도시 자연생태계 거점지역 설치기술 개발	
		전 국토의 생태적 연결체계구축 기술 개발	
		도시 녹지 및 수변공간의 생물네트워크 회복기술 개발	
		도로, 건물 등 도시시설의 친환경적 설비기술 개발	○
		생태관광지 조성기술 개발	○
		지역 생태공간 조성 및 확대기술 개발	
		생태관광산업의 경쟁력 개발	○
		생태교육 기반시설 기술개발	
		생태계 관련 지역 활성화기술	
	생태계 평가 · 분해 · 용량 기술 개발	생태계 기반 지표 평가기술 개발	○
		생태계 및 토지이용 적정관리 모델 개발	○
		동물부양 능력 평가기술 개발	
		생태계 수용능력 평가기술 개발	
		생태수용 역량확대 기술개발	
		인간이용 부담지수 평가기술 개발	
		생태계 사회적 · 경제적 평가기술 개발	○
		생물자원 이익배분 기술 개발	
		생태계 보전 강도에 따른 구획화 기술 개발	
		생태계 질적관리 목표 개발	
		생태계 건강성 척도평가 기술개발	○
	교육 · 홍보 기술 개발	교육 및 홍보 프로그램 기술개발	
		환경과 공존하는 생활 프로그램의 정착	
		생태적 생활양식 정착	
		민간 환경단체 활동 강화 방안 수립	
		지역공동체 환경성 회복운동 확립	

'생태환경 이용 및 관리기술' 중분야는 '생물다양성 관리기술'을 비롯한 6개 세부기술에 총 48개의 요소기술로 구성되어 있으며, 특히 보전생물학회의 주요 논의사항이 될 생물자원 증식 및 복원과 관련한 내용은 '희귀 동식물 증식기술' 요소기술로 분류되고 있다. 생물자원의 복원과 직접적으로 연관된 또 다른 요소기술로는 '생물자원의 서식지 관리기술'이 있다[5]. 참고로 '생물다양성 관리기술' 분야의 요소기술들은 대부분 간접적으로 생물자원 보전 및 복원과 관련이 있는 기술들이라 하겠다.

현재까지 과제 수행여부를 살펴보면 총 67개 요소기술에 대하여 절반가량인 35개 요소기술에 대해서는 1회 이상 연구되었으나, 나머지 32개 요소기술에 대해서는 연구되지 않은 것으로 나타났다. 다행스럽게도 본 원고의 주 대상인 '희귀 동식물 증식기술'과 '생물자원의 서식지 관리기술'의 경우는 차세대사업을 통하여 연구된 바 있으며, 아울러 간접적으로 관련이 있는 '생물다양성 관리기술' 세부기술 분야의 다른 요소기술들도 적어도 1회 이상 연구된 바 있는 것으로 나타났다.

2. 차세대사업을 통한 생물자원 증식·복원 연구지원 현황

2008년도까지 차세대사업에 의하여 지원된 연구과제수는 1,137개 과제이며 정부지원금은 약 6,785억 원으로 정부투자계획(1조원) 대비 약 68% 수준이다. 이 중 기획과제 및 사업단과제를 제외한 나머지 사업에 투자된 총 지원 금액은 약 5,300억 원이다. 2008년도 현재까지 생태계 복원 · 관리 대분야에 대한 지원규모는 총 96개 과제에 약 430억 원으로, 차세대사업 전체에서 보면 현재까지 정부총투자의 약 7% 수준이며(과제 수에서는 약 8%), 기획과제 및 사업단과제를 제외한 각 대분야 지원규모만을 고려하면 약 9% 수준이다(그림 4-3). 이상의 결과에 따르면, 생태계 복원 · 관리 대분야에 투입된 정부지원금은 대분야 평균 금액에 비하여 다소 적었던 것으로 나타났다. 그러나 그 차이는 표준편차의 20%에 불과하여 지원금 평균에 비하여 뚜렷이 적다고 하기는 어려울 것으로 판단된다[6].

5) '생물다양성 관리기술' 세부기술분야의 모든 요소기술들은 생물자원의 증식 및 복원과 간접적으로 연관성이 있다고 할 수 있다. 그러나 여기에서는 직접적으로 관련 있는 두 요소기술들에 해당하는 과제만을 증식 · 복원 연구과제로 고려할 것이다.

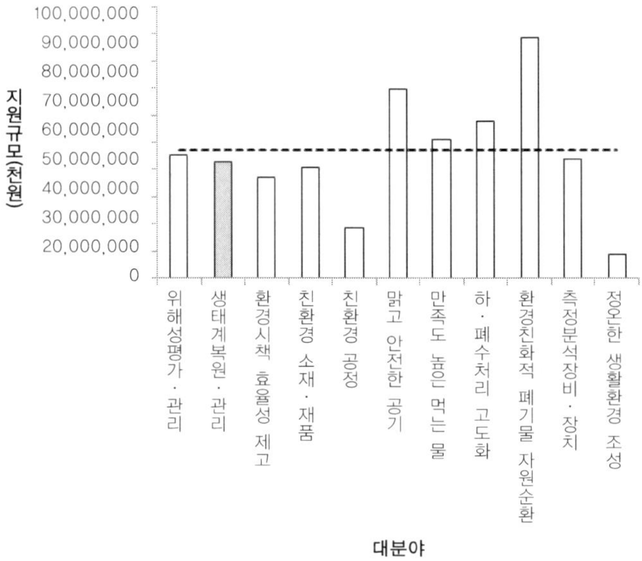

그림 4-3. 대분야 별 정부지원규모. 점선은 대분야 평균 지원규모로써 약 470억 원임

생태계 복원·관리 분야의 각 중분야 별 지원규모를 살펴보면, 훼손된 생태계 복원기술 분야에는 32과제에 약 130억 원(과제당 약 4.7억 원)이 지원되었으며 생태환경 이용 및 관리기술 분야에는 64과제에 약 300억 원(과제당 약 5.2억 원)이 지원되었다(그림 4-4). '훼손된 생태계 복원기술' 중분야 과제를 유형별로 살펴보면, 실용화과제가 7과제(통합형 1과제 포함), 공공기반과제가 19과제, 실증화과제가 1과제, 그리고 원천기술개발과제가 5과제였으며, 투자비중은 공공기반과제가 약 56%로 가장 높았다. '생태환경 이용 및 관리기술' 중분야의 경우는 실용화 과제가 4과제, 공공기반과제가 54과제(통합형 3과제 포함), 그리고 원천기술개발과제가 6과제였으며, 투자비중은 공공기반과제가 약 68%로 가장 높았다.

6) 생태계 복원·관리 대분야의 지원금액을 K값으로 환산하면 -0.665로 절대값이 1.645를 초과하지 않으므로 유의수준(α) 0.05에서 평균과 뚜렷한 차이를 보인다고 할 수 없다.

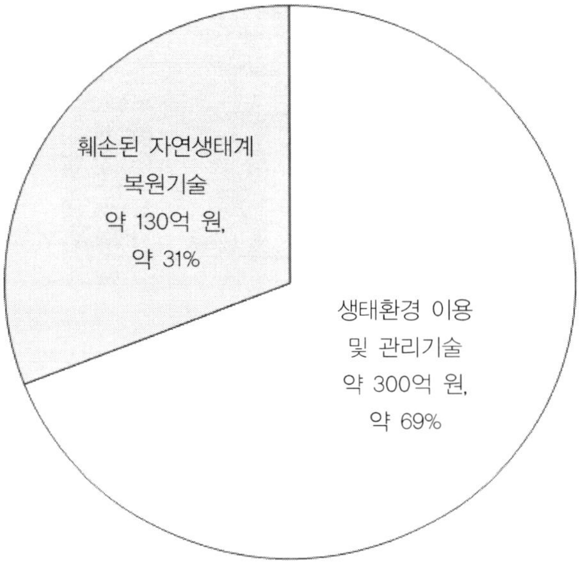

그림 4-4. 생태계 복원 · 관리 대분야 내 중분야 지원 비율

증식 · 복원연구가 포함되어 있는 '생태환경 이용 및 관리기술' 중분야의 각 세부기술 별 지원현황은 표 4-2와 같다. 중분야 내에서는 증식 · 복원 연구가 포함된 생물다양성 관리기술 분야에 40과제가 수행되어 타 세부기술에 비하여 상당히 많은 지원이 이루어지고 있음을 알 수 있다. 총 연구비 규모에서도 약 250억 원이 지원되어 타 기술 분야에 비해 많았으며, 이를 과제당 지원금으로 환산하여도 약 5억3천만 원으로 타 세부기술 분야 1과제당 지원금(3억-5억)에 비하여 많은 금액이었다(그림 4-5). 이와 같은 현황을 고려할 때, 현 차세대사업 중 생태관련 분야에서 생물자원의 증식 · 복원과제에 집중적인 정부지원이 이루어지고 있음을 알 수 있다.

표 4-2. 생태환경 이용 및 관리기술 중분야 내 세부기술 별 지원현황. 원천과제(6과제)는 제외하였음.

세부기술	과제 수	정부부담금 (억 원)	과제당 지원금 (억 원)
생물 다양성 관리기술	40	248.6	5.3*
생태계 모니터링 및 통합 상태 관리기술	3	9.0	3.0
지구환경변화에 따른 생태계 관리기술	3	14.0	4.7
지속가능한 생태계 이용기술	6	20.2	3.4
생태계 평가 · 분해 · 용량기술	6	21.9	3.7

* 통합형과제의 경우는 각 세부과제를 단위 과제로 고려하여 산출하였음.
** 생태계 복원 · 관리 대분야의 과제당 지원금 평균은 약 4.5억 원이었음.

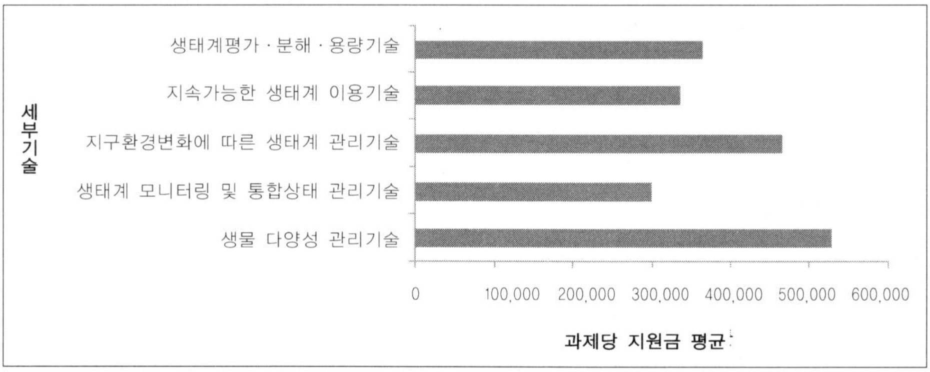

그림 4-5. 생태환경 이용 및 관리기술 중분야 내 세부기술별 과제당 지원금 평균

좀 더 범위를 좁혀 생물다양성 관리기술 분야 내의 요소기술 수준에서 살펴보면 이러한 양상은 더욱 명확하다. 생물다양성 관리기술 분야는 총 7개의 요소기술[7)]로 구성되어 있는데, 이 중 생물자원 증식 · 복원 연구와 직접적인 연관이 있는 기술은 '생물자원의 서식지 관리기술'과 '희귀 동식물 증식기술'이다. 따라서

7) 생태계 복원 · 관리 분야에는 2008년 현재 총 67개의 요소기술이 구성되어 있으며, 이 중 생태환경 이용 및 관리기술 중분야에는 48개의 요소기술이 제시되고 있다.

차세대 사업에서 생물자원 증식 · 복원 연구를 지원하는 근거는 이 두 가지 요소기술이라 하겠다.

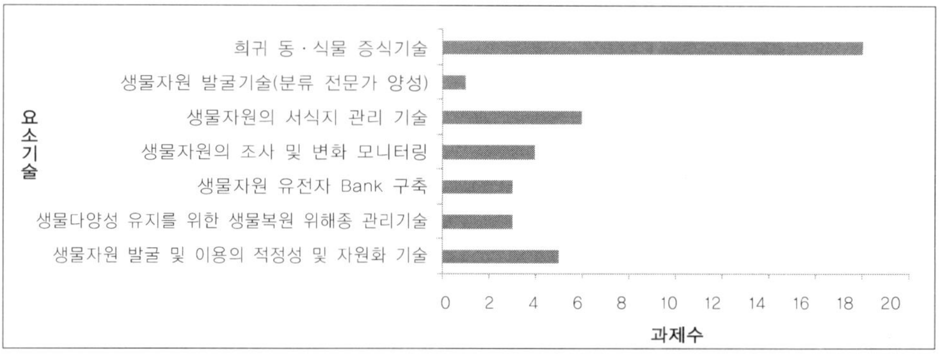

그림 4-6. 생물다양성 관리기술 분야 내 요소기술 별 수행 과제 수

2008년 현재까지 '생물자원의 서식지 관리기술'에 대한 연구는 총 6과제가, '희귀동식물 증식기술'에 대한 연구는 총 18과제가 수행완료 또는 수행 중이다(그림 4-6). 이는 해당 세부기술 분야 총 연구과제수의 60%에 달하는 수치이며, 특히 '희귀동식물 증식기술'의 경우는 요소기술 당 평균 과제 수(6개)보다 월등히 많은 연구가 수행되었음을 알 수 있다[8].

생물자원 증식 · 복원 관련 연구에 투자된 정부지원금의 총 규모는 약 100억원이었으며, 이는 '생물다양성 관리기술' 분야에 투입된 정부지원금의 약 40%에 해당하는 규모이다[9](표 4-3). 개별 요소기술 별로 보면 '생물자원 조사 및 변화모니터링'이 약 90억 원으로 가장 많은 정부지원금이 투입되었고, 다음으로 '희귀동식물 증식기술'에 약 80억 원이 투입되었다. 나머지 요소기술에는 5-25억 원 범위의 지원금이 투입되었다. 이러한 현황을 볼 때, 정부에서 생물자원 증식 · 복원에 대한 연구비 지원은 생태관련 타 분야에 비하여 상당히 많았던 것으로 평가할 수 있다.

8) 2008년 현재 차세대사업을 통하여 생태환경 이용 및 관리기술 중분야 48개 요소기술 중 20개 요소기술만이 적어도 1회 이상 연구되었다. 또한 총 58개 과제가 수행완료 또는 수행중인 것으로 나타나 20개 요소기술에 대하여 평균적으로 3과제가 수행되었다. 생물자원 증식 · 복원 연구와 관련된 연구는 해당 중분야 과제의 약 40%를 차지하였다.

9) '생태계 복원 · 관리' 대분야 수준에서 보면 전체 정부지원금의 약 20%에 해당하는 규모이다.

정부지원금을 과제당 지원금으로 환산하면, '희귀동식물 증식기술'의 경우는 평균 약 4억3천만 원, 그리고 '생물자원의 서식지 관리기술'의 경우는 평균 약 4억 1천만 원 수준으로 해당 세부기술분야 과제 평균 지원금(약 5억 3천만 원)에 비하여 적은 금액이었다. 그러나 이러한 과제당 지원금의 전체 평균은 타분야에 비하여 월등히 많은 '생물자원 조사 및 변화 모니터링' 분야[10]의 지원금 때문에 높게 산출된 것으로 판단된다. 이를 보정하기 위하여 이 분야를 제외한 나머지 분야만으로 산출한 평균은 약 4억 2천만 원으로 '희귀동식물 증식기술' 및 '생물자원의 서식지 관리기술'의 과제당 평균 지원금과 유사한 수준이었다[11].

표 4-3. 생물다양성 관리기술 분야 내 요소기술별 지원현황

요소기술	정부지원금 총계 (억 원)	과제당 지원금* (억 원)
생물자원 발굴 및 이용의 적정성 및 자원화 기술	21.2	4.2
생물다양성 유지를 위한 생물복원 위해종 관리기술	10.3	3.4
생물자원 유전자 Bank 구축	20.1	4.0
생물자원 조사 및 변화 모니터링**	89.6	9.9
생물자원의 서식지 관리기술	24.5	4.1
생물자원 발굴기술(분류 전문가 양성)	4.8	4.8
희귀 동식물 증식기술	78.2	4.3
총 계	**248.7**	

* 통합형과제의 경우는 각 세부과제를 단위 과제로 고려하여 산출하였음.

** 통합형과제를 세부과제로 나누지 않고 산출할 경우, 과제당 지원금 평균은 약 22억 원임.

이상에서 살펴본 바에 따르면, 우선 차세대 사업을 통하여 생태계 복원·관리 대분야에 지원된 연구비 규모는 차세대 사업 대분야 평균 연구비 규모와 비교하여 유사한 수준이었음을 알 수 있었다. 생태계 복원·관리 대분야 내 중분야

10) '생물자원 조사 및 변화 모니터링' 분야는 총 4개 과제가 지원되었는데, 여기에는 지원금 규모가 큰 통합형과제가 2과제 포함되어 있기 때문에 과제당 지원금이 많은 것으로 나타났다.

11) 각 요소기술 수준에서 산출한 과제당 지원금의 중앙값은 434,194,000원이다.

수준에서는 '생태환경 이용 및 관리 기술' 분야에 더욱 많은 지원이 이루어지고 있음을 알 수 있었고, 중분야 내 세부기술 수준에서는 생물자원 보전 · 복원 연구와 관련이 깊은 '생물 다양성 관리 기술' 분야가 가장 많은 지원을 받고 있었다. 요소기술 측면에서 생물자원의 보전 및 복원과 직접적인 관계가 있는 '희귀동식물 증식기술' 및 '생물자원의 서식지 관리기술'에 대한 지원은 생태계 복원 · 관리 대분야의 다른 요소기술에 비하여 뚜렷이 많았음을 알 수 있었다. 각 과제 당 평균 연구비 지원 금액에 있어서는 타 요소기술의 과제와 큰 차이를 보이지 않았지만, 지원 과제 수 및 지원 총액에서는 뚜렷한 차이를 보였다. 간접적으로 관련이 있는 과제들까지 포함한다면 차세대사업을 통한 생태계 복원 · 관리 대분야에 대한 연구지원의 절반 정도가 생물자원의 보전 및 복원 연구에 집중되었음을 알 수 있었다. 따라서 절대적 관점에서는 연구지원이 충분하지 않았을지 모르지만, 타 분야 등을 고려한 상대적인 관점에서 생물자원 보전 및 복원에 대한 연구지원이 원활히 이루어진 것으로 평가할 수 있을 것이다.

3. 차세대사업을 통한 생물자원 증식·복원 연구 성과 현황

연구 성과에 대한 부분은 연구과제의 주요 내용을 중심으로 살펴보도록 하겠다. 차세대 사업의 생태계 복원 · 관리 대분야의 과제를 서식지관련 연구과제, 증식관련 연구과제, 그리고 그 외 연구과제로 구분하여 논문 게재, 학술발표, 지식재산권 성과 등을 살펴보았다. 현재까지 생물자원 증식관련 과제에서 도출된 논문은 58편, 학술발표는 156건, 그리고 지식재산권 출원 및 등록은 10건이었다. 서식지관련 과제에서는 논문이 16편, 학술발표가 52건, 그리고 지식재산권 출원 및 등록이 3건이었다. 이상의 연구 과제를 제외한 나머지 '생태환경 이용 및 관리기술' 분야에서는 316편의 논문이 도출되었고 학술발표는 478건 그리고 지식재산권 출원 및 등록은 27건이 이루어진 것으로 나타났다(표 4-4).

표 4-4. 차세대사업 생태계 복원 · 관리 대분야의 주제별 학술적 연구 성과

구분	과제수*	논문 (편)	학술회의 발표 (건)	지식재산권 (건)
증식관련 연구과제	18	58	156	10
서식지관련 연구과제	6	16	52	3
그 외 연구과제				
생태환경 이용 및 관리기술 분야	47	316	478	27
훼손된 자연생태계 복원기술 분야	35	113	415	64
합계	106	503	1101	104

* 통합형과제의 각 세부과제를 단위과제로 처리하였음. 각 세부과제를 무시하였을 경우, '생태환경 이용 및 관리기술' 분야의 과제 수는 40개이며 '훼손된 자연생태계 복원기술' 분야의 과제 수는 32개이고 따라서 총 과제 수는 96개임.

생물자원 보전 및 복원과 직접적으로 관련된 과제에서 도출된 논문편수를 과제당 논문편수로 환산하면 약 3편으로 나타났다(그림 4-7). 그 외 '생태환경 이용 및 관리기술' 분야에서는 과제당 약 7편이 도출되었으며, '훼손된 자연생태계 복원기술' 분야에서는 과제당 약 3편이 도출되었다. 증식관련 연구과제에서 과제당 논문편수가 3.2편으로 나타나 서식지관련 연구과제(과제당 2.67편)보다 논문 생산성이 다소 높은 것으로 나타났다. 각 연구과제의 일반적인 연구기간(3년)을 고려할 때, 생물자원 보전 및 복원 연구를 통하여 연간 1편 정도의 논문이 생산되는 것으로 볼 수 있을 것이다. SCI급 논문의 경우는 증식관련 연구과제에서 총 15편, 그리고 서식지관련 연구과제에서 총 4편이 생산되어, 전체 학술논문의 약 25%씩을 차지하였다. SCI 논문의 비율은 '훼손된 자연생태계 복원기술' 분야(약 17%)에 비하여 높은 것으로 나타났다.

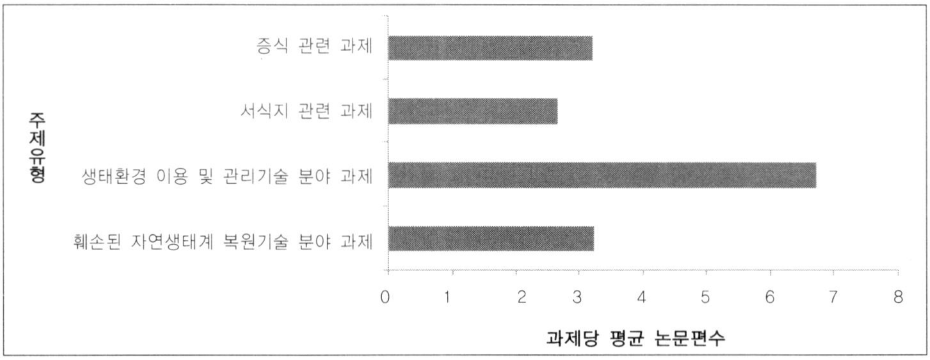

그림 4-7. 과제당 평균 학술논문 게재 수

과제당 학술발표 건수를 살펴보면, 생물자원 보전 및 복원과 직접적으로 관련된 과제에서는 과제당 약 9건의 학술발표가 있었고 증식관련 연구과제와 서식지관련 연구과제 간에 차이를 보이지 않았다(그림 4-8). 그 외 '생태환경 이용 및 관리기술' 분야에서는 과제당 약 10건의 발표가 있었고, '훼손된 자연생태계 복원기술' 분야에서는 과제당 약 12건의 발표가 확인되었다.

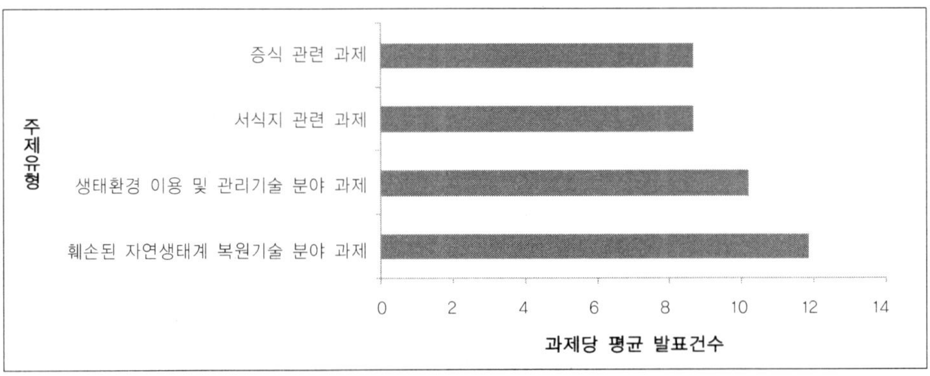

그림 4-8. 과제당 평균 발표 건수

과제당 지식재산권 출원 및 등록 건수를 살펴보면, 생물자원 보전 및 복원과 직접적으로 관련된 과제에서는 두 과제 당 약 1건의 실적이 있는 것으로 나타났으며 증식관련 연구과제와 서식지관련 연구과제 간에 차이를 보이지 않았다(그림 4-9). 그 외 '생태환경 이용 및 관리기술' 분야에서는 두 과제당 약 1건의 실적이 있었으나, '훼손된 자연생태계 복원기술' 분야에서는 과제당 약 2건의 실적으로 보여 다른 과제와 뚜렷한 차이를 보였다. '훼손된 자연생태계 복원기술' 분야에는 주관연구기관인 기업의 녹화 및 복원 기술 등과 관련된 지식재산권 출원 및 등록이 활발하기 때문에 이러한 양상을 보인 것으로 판단된다.

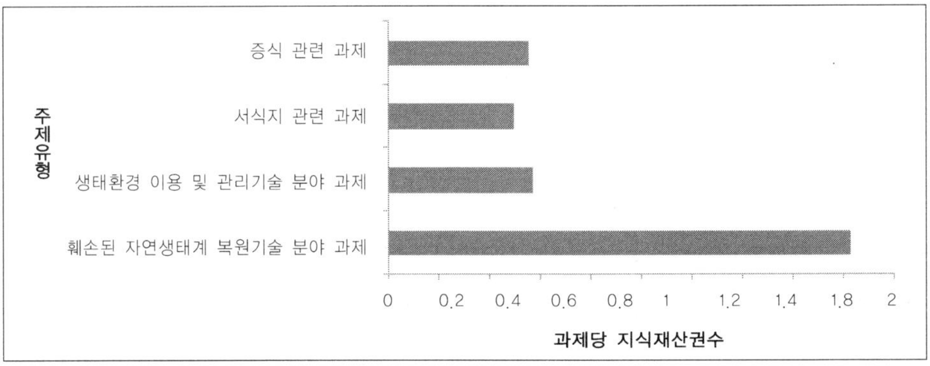

그림 4-9. 과제당 평균 지식재산권 등록·출원 건수

생물자원 보전 및 복원 연구과제를 기술유형 및 분류군에 따라 구분하여 연구성과 등을 살펴보았다(표 4-5). 서식지관리 기술에 대한 연구는 총 6과제가 수행되었는데, 식물 및 조류의 서식지에 대한 연구과제가 각각 2과제씩 있었다. 포유류의 서식지에 대한 연구가 1과제 있었으며, 종합적인 수서곤충 서식지 평가에 대한 연구가 1과제 수행되었다[12]. 서식지 관리에 대한 연구과제에는 연구내용 중 해당 동식물의 증식에 대한 연구를 일부 수행한 경우도 있었다. 증식기술의 경우는 다양한 분류군에 대하여 연구가 진행되었는데, 식물의 증식에 대한 연구가 총 5건으로 가장 많았다. 다음으로 어류에 대한 연구가 3과제였으며, 나머지 분류군은 2과제 이하가 수행되었다. 이러한 양상은 차세대사업에서 지원하는 생물자원 증식기술 개발이 희귀동식물에 국한되어 있기 때문인 것으로 판단된다.

12) 수서곤충 서식지 평가에 대한 연구의 경우는 관리보다는 환경평가에 대한 내용이므로 향후 요소기술 분야에 대한 재검토를 통하여 타 요소기술로 이동하여야 할 것으로 판단된다.

표 4-5. 생물자원 보전 및 복원과 직접적으로 관련이 있는 과제들에 대한 학술적 성과통계

기술유형	분류군	과제 수	논문 (편)	학술발표 (건)	지식 재산권 (건)	과제당 지원금 (억 원)
서식지 관리기술	식물*	2	3	16	0	4.7
	조류**	2	2	9	0	3.2
	포유류	1	0	6	0	3.6
	기타(수서곤충)	1	11	21	3	4.9
동식물 증식기술	식물	5	19	32	3	4.4
	해양생물	2	5	15	5	4.4
	절지동물	2	3	9	0	2.7
	곤충	2	6	27	2	3.2
	어류	3	14	49	0	5.8
	양서류	1	11	13	0	4.6
	조류	1	0	5	0	3.5
	포유류	2	0	6	0	4.9

* 이 중에는 증식연구를 포함한 과제가 1건이며, 이를 통하여 학술회의 5건 등의 실적이 있었음.
** 이 중에는 증식연구를 포함한 과제가 1건이며, 이를 통하여 학술회의 2건 등의 실적이 있었음.

학술논문은 식물의 증식기술에 대한 연구에서 총 19편이 생산되어 가장 많았다. 그러나 이를 과제당 편수로 환산하면 약 4편으로, 실적이 수서곤충군집의 서식처와 관련된 과제(11편), 양서류 증식기술 과제(11편) 및 어류의 증식기술 과제(과제당 약 5편)에 비하여 낮은 것으로 나타났다. 지식재산권의 경우에는 해양생물 증식기술 관련 과제에서 총 5건이 도출되었으며, 수서곤충군집 서식처 관련 과제와 식물 증식기술 관련 과제에서 각각 3건씩, 그리고 곤충 증식기술 관련 과제에서 2건이 도출되었다.

연구비규모와 학술논문 생산량을 근거로 논문 1편 당 비용을 계산하면, 양서류 증식기술 연구과제와 수서곤충 서식지 관련 연구에서 각각 약 4천 5백만 원으로 추산되어 가장 효율적이었다(그림 4-10). 반면에 조류 및 식물 서식지 관리

기술 연구에서는 각각 3억 원 이상이 소요되는 것으로 나타났다. 나머지 증식관련 과제에서는 논문 1편 당 비용이 1-2억 사이로 나타났다. SCI급 논문만을 고려하면, 수서곤충 서식지 관련 연구에서 1편 당 약 1억 6천 5백만 원의 비용이 드는 것으로 나타나 가장 적은 비용으로 SCI급 논문을 생산한 것으로 나타났다. 반면에 식물서식지 관련 연구에서는 SCI급 논문 1편당 약 9억 5천만 원이 드는 것으로 계산되어 가장 많은 비용이 소요된 것으로 나타났다. 그 외 증식기술 개발 과제에서는 SCI급 논문 1편당 비용은 분류군에 따라 2억 7천에서 5억 6천까지 다양하였다. 이러한 결과를 볼 때, 증식기술 개발과제에서는 일반적으로 각 과제의 총 연구 기간 중 적어도 1편의 SCI급 논문은 생산하고 있는 것으로 판단된다.

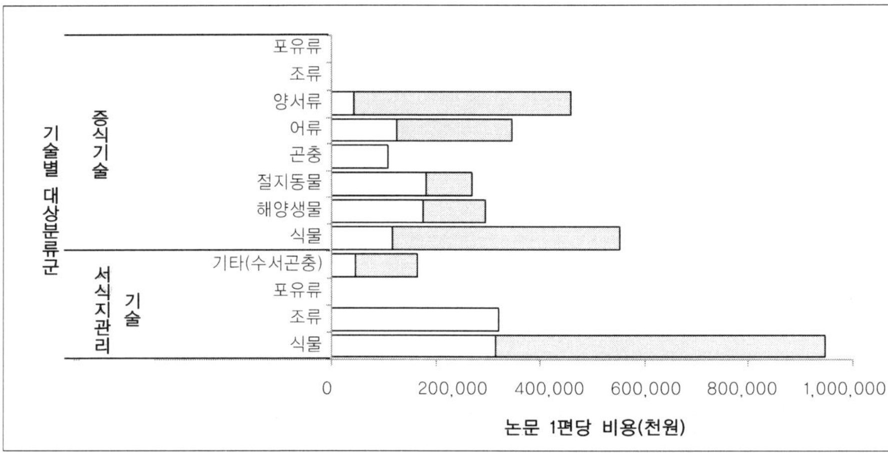

그림 4-10. 논문 1편당 비용. 흰색바까지는 비SCI급 논문까지 포함하여 비용을 산출한 결과이며, 흰색바와 회색바를 더한 값은 SCI급 논문에 대한 비용임.

각 연구과제의 사업화 실적은 기술료 실적, 공사실적 및 제품판매실적을 중심으로 비교할 수 있다. 증식관련 연구과제와 서식지관련 연구과제에서 산출된 공사실적은 약 1억, 그리고 제품판매실적은 2천만 원이었다. 이 성과를 지원금 대비 매출 비율로 환산하면 지원금의 약 1.16%로 나타났다[13]. 이러한 수치는 아

13) '훼손된 생태계 복원기술 개발' 중분야의 경우는 정부지원금 대비 매출실적이 약 300%에 달한다.

직 우리나라에서 생물자원의 증식과 관련하여 사업화가 원활하지 않음을 간접적으로 보여주는 것이라 하겠다. 기술료 역시 정부지원금 대비 약 0.15%에 불과하여 대부분의 과제에서 사업화 가능한 기술개발 보다는 공공정책 관련 기술개발이 주를 이루고 있음을 잘 보여주고 있다.

표 4-6. 매출 및 기술료 등 실적

구분	공사실적 (백만원)	제품판매실적 (백만원)	기술료 (백만원)
증식관련 연구과제	29	20	16
서식지관련 연구과제	70	–	–
그 외 연구과제			
생태환경 이용 및 관리기술 분야 과제	903	53	61
훼손된 자연생태계 복원기술 분야 과제	43,266	780	442
합계	**44,268**	**853**	**519**

4. 차세대사업을 통한 증식·복원 대상종과 개발 내용

증식 · 복원기술 개발 연구에서 다루었던 주요내용을 총괄적으로 살펴보면, 국내분포현황 조사, 생태특성 연구, 인공산란기술, 인공증식기술 및 시설 개발, 최적사육조건 규명, 먹이원 관련 연구 및 인공사료 개발, 유전자원보존은행, 치어방류, 원산지 판별기법 연구, 개체군 존속가능성에 대한 연구, 서식지복원 관련 연구 등이었다. 우리나라에는 아직 각 종의 생태적 특성에 대한 정량적 연구가 부족하여 증식 · 복원 연구를 위한 기초자료가 부족한 실정이다. 따라서 이들 연구의 경우, 대부분 1차 년도에 각 종의 기초 생태적 특성 규명을 위한 연구를 수행하고 실질적인 증식 · 복원에 대한 연구는 2차년도부터 개시되는 경우가 많았다.

이 분야 기술 중 녹화 및 복원과 관련된 기술은 대규모 토목공사 또는 복원공사와 연계되어 많은 공사실적으로 보이고 있다. 이러한 '훼손된 생태계 복원기술 개발' 중분야의 실적에 힘입어, '생태계 복원 · 관리' 대분야의 정부지원금 대비 매출실적 비율은 약 94%에 이른다.

특히 생활사 주기가 길거나 연 1회 이하로 번식활동을 하는 동물의 경우에는 인공증식을 위한 연구에 집중할 수밖에 없었고, 복원과 관련하여 연구결과를 토대로 관리지침 수준의 결과를 도출할 수밖에 없었다.

차세대사업 증식 · 복원 연구과제명과 대상 종은 표 4-7에서 보는 바와 같다. 2008년 현재까지 18개 과제를 통하여 총 91종에 대하여 증식 · 복원이 연구되었으며, 이 중 '2006~2015 멸종위기 야생동식물 증식 · 복원 종합계획' (환경부, 2006)에서 선정한 증식 · 복원 대상 54종에 포함되는 것은 18종으로 대상종의 약 30%에 달한다.

표 4-7. 차세대사업에서 실시된 증식 · 복원연구 및 대상 종

연구과제	대상 종	특기사항
멸종위기종 곤충류의 대량증식 기술개발	붉은점모시나비, 왕사슴벌레	최적사육조건, 인공흡밀, 인공사료, 휴면타파기술 등
멸종위기에 처한 한국특산어류의 종 보존과 복원 및 증식기술 개발	감돌고기, 퉁사리, 꼬치동자개	인공증식기술, 유전자보존은행, 치어방류 등
보호종 산호자원의 대량 증식 및 생태계 복원 기술 개발	둔한진총산호, 꽃총산호, 밤수지맨드라미, 둥근컵산호, 자색수지맨드라미, 큰수지맨드라미, 해송, 분홍바다맨드라미, 거품돌산호, 큰산호말미잘	군락지정밀조사, 배양 · 증식 · 이식 시스템 개발 등
희귀 · 멸종위기 식물의 증식, 복원 및 보존원 조성기술 개발에 관한 연구	개느삼, 깽깽이풀, 한계령풀, 땃두릅나무, 두메닥나무, 꼬리진달래, 삼지구엽초	생태특성, 증식체제, 보존원적지 선정 등
멸종위기종인 풍란의 자생지내외 보존과 지역사회 협력모델 개발	풍란	배양 및 복원기법, 원산지 판별기법 등

표 4-7. 계속

연구과제	대상종	특기사항
희귀자생식물의 대량증식기술 개발	가침박달, 개병풍, 개족도리풀, 갯취, 금강초롱, 금꿩의다리, 깽깽이풀, 꽃싸리, 노랑무늬붓꽃, 노랑제비꽃, 노루귀, 눈개승마, 댕강나무, 도깨비부채, 두메부추, 둥근잎꿩의비름, 땅나리, 말나리, 망개나무, 매미꽃, 모데미풀, 미선나무, 병풍쌈, 산닥나무, 산마늘, 삼백초, 삼지구엽초, 섬말나리, 솔나리, 앵초, 어리병풍, 연잎꿩의다리, 울릉국화, 참배암차즈기, 참좁쌀풀, 창포, 큰두루미꽃, 큰산꼬리풀, 큰앵초, 큰연영초, 큰용담, 털부처꽃, 팥꽃나무, 하늘나리, 한라개승마, 한라바꽃, 함박꽃나무, 헐떡이풀, 홍도비비추, 홍도원추리, 히어리	대량번식법, 관련 DB구축, 종자 및 생체보급 체계 개발 등
멸종위기종인 사향노루의 서식지 관리 및 인공증식기술 개발	사향노루	사양기법 정립, 개체군 존속가능성 분석, 생식세포 동결보존기법 개발 등
멸종위기어류 미호종개의 유전 다양성 분석, 인공증식 및 생태계 복원기술 개발	미호종개	증식기술개발, 유전적 다양성 분석 및 보존 등
IUCN 멸종위기 종인 금개구리의 증식 및 복원 기술개발	금개구리	생태특성, 질병관리기법, 복원기법 개발 등
환경부 지정 멸종위기 종(게류)의 증식 · 복원을 위한 연구	게류(남방방게, 갯게, 붉은발말똥게)	분류생태연구, 사육조건, 보존지침서 등

표 4-7. 계속

연구과제	대상종	특기사항
토종여우(*Vulpes vulpes*)의 인공증식 및 자연생태계 복원기술 개발	여우	증식모델 개발, 개체군 존속가능성 분석 등
습지보전 깃대종으로서 멸종위기동물인 물장군과 꼬마잠자리의 보존, 복원 및 증식 기술 개발	물장군, 꼬마잠자리	인공증식기법, 대체서식처 조성기법, 현지방사기법 등
긴꼬리투구새우의 인공증식 · 복원기법 개발	긴꼬리투구새우	인공증식기법, 인공사육시스템개발, 복원기법 개발 등
멸종위기 수생식물인 순채와 물부추속에 대한 대량증식 및 복원기술 개발	순채, 물부추	유전적 다양성, 조직배양 및 기내 재생체계 확립, 보전 및 복원기법, 대량증식기술 등
멸종위기종인 섬시호의 종 보전생물학적 연구	섬시호	조직배양연구, 영양증식기법 등
낙동강 두루미월동지 복원을 위한 인공사육기술 개발과 서식지관리	두루미	인공번식기법, 월동유도기법, 번식용 사육장 건설 등
멸종위기종 수달 서식지의 복원을 중심으로 하는 하천정비모델 개발	수달	먹이생물조사, 인공서식처조성 기법 등
멸종위기종인 광릉요강꽃과 털복주머니란의 증식.복원 및 서식지보전기술개발	광릉요강꽃, 털복주머니란	

5. 증식·복원기술 개발과 관련한 문제와 향후 방향

생물자원 증식기술 개발은 생물자원의 복원에 직결되는 기술로서 생태환경 보전 및 복원에 기여하는 바가 큰 기술이다. 환경기술개발정책의 세대 흐름은 사후처리기술 - 사전예방기술 - 생태계복원기술의 순으로 진행되고 있다(그림 4-11). 생태계 복원은 기존의 조경과 같이 단지 구조적인 측면에서의 겉모양 꾸미기가 아닌 생태적 기능의 회복에 중심을 두어야 한다. 그리고 이러한 생태계의 기능은 생물들과 비생물적 환경요인의 상호작용을 통하여 창출되는 것이다. 이 때문에 동일한 기후대에 동일한 면적의 공간이라 할지라도 그 생물적 구성에 따라 독립영양생태계가 될 수도 있고 종속영양생태계가 될 수 있다. 이러한 측면에서 볼 때, 생물자원 복원의 기초자료를 제공하고 실제적인 증식기술을 제시하는 생물자원의 증식과 보전 그리고 서식처 관리에 대한 연구는 생태계 복원기술의 중심기술이라 하겠다.

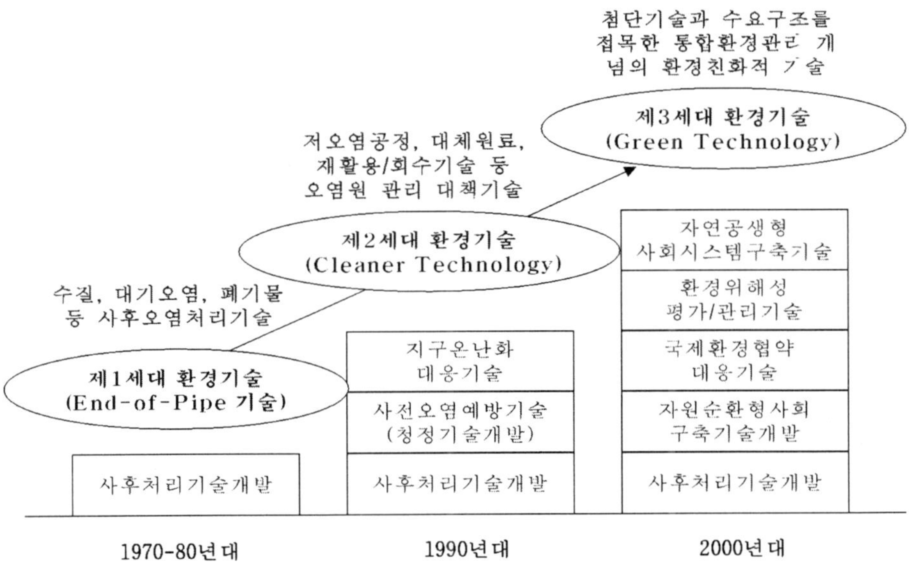

그림 4-11. 환경기술개발정책의 세대 개념. 차세대 핵심환경기술개발사업 10개년 계획(2002).

현재 차세대사업에서 수행된 멸종위기종 증식·복원 연구의 결과들은 '2006~2015 멸종위기 야생동식물 증식·복원 종합계획'(환경부, 2006) 수립에 기초자료로서 활용이 되었으며, 2008년 현재까지 종합계획에서 제시한 증식·복원 대상생물 54종 중 18여 종(약 30%)에 대한 연구가 G-7사업과 차세대사업을 통하여 이미 종료하였거나 수행 중이다[14]. 이러한 점에서 볼 때, 차세대사업을 통하여 진행된 멸종위기종 증식·복원기술개발 연구의 정책적 활용도는 더욱 향상될 것으로 판단된다.

국가 정책적 중요성 이외에 생물자원 증식기술 개발은 산업적 측면에서도 향후 각광받는 기술이 될 가능성이 높다. 현재 생물산업계에서는 생물산업분야를 바이오의약산업, 바이오화학산업, 바이오식품산업, 바이오환경산업, 바이오전자산업, 바이오공정 및 기기산업, 바이오에너지 및 자원산업, 그리고 바이오검정, 정보서비스 및 연구개발업 등의 8개 분야로 구분하고 있다(기술표준원, 2008). 생물자원 증식기술은 좁게는 바이오환경산업에 그리고 넓게는 바이오산업의 모든 분야와 연관을 갖는다. 왜냐하면 위에 언급된 모든 산업계에 공통적으로 원재료인 대상생물자원의 충분한 공급이 반드시 필요하며, 이는 효율적인 증식기술의 개발에 큰 영향을 받을 수 있기 때문이다. 물론 미생물이나 특정 유전자의 경우에는 생물공학적 방법을 통하여 대상을 획득하는 것이 효율적일 수 있으나, 대상동식물자원의 전체가 요구되는 경우에는 증식기술의 발전이 필수적이며 더욱이 희귀 또는 멸종위기의 동식물자원을 활용하기 위해서는 이러한 기술의 개발이 반드시 필요하다.

이미 살펴본 바와 같이 생물자원 증식기술 개발과 관련한 연구에 대한 차세대사업을 통한 정부의 투자는 해당 대분야의 평균 이상이었으며, 특히 요소기술로서 '희귀동식물 증식기술' 만큼 많은 정부지원을 받은 기술은 생태계 복원·관리 대분야 뿐만 아니라 모든 차세대사업을 통틀어 보아도 찾아보기 어렵다[15]. 물

---

14) 증식·복원대상 54종 중 동물은 반달가슴곰, 산양(이상 G-7과제), 여우, 사향노루, 황새, 꼬치동자개, 감돌고기, 미호종개, 퉁사리, 얼룩새코미꾸리 등이, 식물은 망개나무, 광릉요강꽃, 노랑무늬붓꽃, 한계령풀, 연잎꿩의다리, 둥근잎꿩의비름, 깽깽이풀, 풍란, 물부추 등이 각각 연구 중이거나 완료되었다.

15) 정확한 통계자료가 제시되지는 않았지만 각 분야의 전문위원과의 논의에서 각 요소기술에 대하여 10회 이상의 연구과제가 지원된 경우는 매우 드문 것으로 확인되었다.

론 생물자원에 대한 증식기술이 표준적인 증식기술 그 자체보다는 종특이적인 사항이 중요하기 때문에 다른 분야의 요소기술과 직접적인 비교는 적절치 않을 수도 있다. 그렇다하더라도 차세대사업을 통하여 생물자원 증식기술 개발 및 관련 연구에 지속적인 지원이 이루어졌음은 명백한 사실이다. 이러한 평균 이상의 정부 지원에도 불구하고, 해당 과제들을 통한 학술 및 사업화 부분에서 탁월한 성과를 도출하였다고 보기는 어려울 것으로 판단된다. 학술적인 성과는 각 과제에 따라 그 성과의 편차가 무척 큰 편이어서(부록 1), 3년간 단 1편의 논문을 게제하지 못한 과제가 있는 반면에 SCI급 논문 수편을 포함하여 10여 편 이상의 성과를 보인 과제도 있었다. 특히 포유류와 같은 분류군에서 학술적 성과가 낮았는데, 이는 대상 생물의 전생애주기에 비하여 연구기간이 매우 짧았기 때문일 수 있다. 그러나 3년이라는 지원기간은 차세대사업 공고에 이미 명시되었기에 이에 따라 효율적인 성과도출이 가능하도록 계획을 수립하는 것도 연구자의 몫이라 생각된다.

생물자원 증식기술은 정책적, 복원생태학적, 그리고 산업적 측면에서 중요성이 점차 증가하고 있지만 차세대사업을 통한 해당 기술의 사업화 성과는 매우 심각한 수준이었다. 대부분의 과제가 공공기반기술과제여서[16] 사업화와 거리가 있었던 것은 사실이나, 차세대사업의 운영규정 등에 의하면 비록 공공기반기술 과제의 결과라 할지라도 사업화의 가능성이 있는 경우에는 실증화과제로 연계할 수 있다. 그럼에도 불구하고 이 기술과 관련된 실용화 또는 실증화과제가 거의 없었던 것은 대상 분류군이 대부분 멸종위기종이어서 사업화 관련 법제드가 까다롭기 때문이었을 것으로 생각된다. 이와 더불어 아직 생물자원 증식 관련 사업화에 대한 구체적인 전망이 없어 그 성공여부가 불확실하기 때문에 기업에서 선뜻 나서지 못하는 경우도 많을 것이다. 따라서 생물자원 증식기술 관련 사업화가 활성화되기 위해서는 생물자원 활용과 관련한 법제도 개선에 대한 고려가 필요하고, 또한 기업을 대상으로 한 개발기술 홍보 및 사업화 전망 제시 등의 노력이 필요하다.

앞으로 녹색성장과 관련하여 생물자원과 자원순환, 에너지개발 그리고 지속가능한 산림경영 등의 분야에서 많은 사업이 진행될 것으로 예상된다(녹색성장위

16) 증식기술 관련 18개 과제 중 기술의 사업화와 관련된 실용화과제는 단 1편에 불과하며, 실증화과제는 없다.

원회, 2009). 이러한 사업은 생물자원에 기반을 두고 있으므로 대상생물자원은 자연적인 상태보다 대량 증식해야 할 경우도 발생할 것이다. 따라서 현재 진행되고 있는 순수학문적 차원에서의 연구 및 정책적 중요성에 따른 연구 등도 중요하지만, 산업적 활용성이 대두되는 생물자원에 대한 증식 · 보전기술 개발도 중요할 것이다. 이와 같은 인식과 자연생태계의 일원으로서 멸종위기동 · 식물의 중요성 때문에 환경부에서는 2012년 서천에 완공예정인 국립생태원의 주요 기능으로 멸종위기동 · 식물에 대한 증식 · 복원 연구 수행을 포함하고 있으며, 이를 위한 독자적인 연구시설(멸종위기동식물센터)을 계획하고 있다(최재천 등, 2008)[17]. 이와 같이 국가적 차원에서 생물자원 증식 및 복원에 대한 연구를 수행 또는 지원하기 위하여 노력하고 있으므로 향후 보전생물학회는 이에 대한 학문적 토대를 공고히 하면서 본 연구의 중요성과 당위성을 제시하여야 할 것이다. 그리고 생물자원의 증식 · 보전 · 복원과 관련한 모든 활동에 대한 정보를 취합 · 분석함으로써, 관련 분야에 실제적인 정보를 제공하여 생물자원 보전에 관계된 모든 이들이 서로 협력할 수 있는 자리가 되도록 노력하여야 할 것이다.

참고문헌

기술표준원. 2008. 2007년도 국내 바이오산업 통계. 산자부.

선병윤 등. 2005. 멸종위기종 증식 · 복원에 관한 연구(요약본) – 국립공원별 생태특성에 따른 종 위주. 국립공원관리공단 국립공원연구원.

최재천 등. 2008. 국립생태원 기본계획 수립 2단계 연구 최종보고서. 환경부.

환경부. 2006. 2006~2015 멸종위기야생동 · 식물 증식 · 복원 종합계획. 환경부.

한국환경기술진흥원. 2002. 차세대 핵심환경기술개발사업 10개년 종합계획(제2부).

17) 현재 멸종위기종을 비롯한 주요종에 대한 증식 · 복원 연구 관련 업무를 국립생물자원관에서 총괄하고 있다. 그러나 국립생물자원관은 우리나라 생태계와 종다양성에 대한 분류학적 규명 및 연구를 수행하는 기관이며 시설 측면에서 증식 · 복원 연구를 수행하기에 상대적으로 미흡하므로 국립생태원 완공 이후에는 국립생태원으로 생물의 증식 · 복원에 관련한 연구 관련 업무를 이관하여야 할 것이다. 국립생태원에는 주요 기능으로서 멸종위기동식물에 대한 증식 · 복원 연구가 포함되어 있으며, 기본계획을 통하여 이에 대한 구체적인 업무 및 이를 위한 독립된 시설물이 계획되어 있으므로 이러한 연구를 직접 수행하고 관리하기에 적합한 시스템을 갖출 것으로 기대되기 때문이다.

환경부.
한국환경기술진흥원. 2007. 차세대 핵심환경기술개발사업 2단계 성과분석 및 3단계 연구기획. 10개년 종합계획. 환경부.
녹색성장위원회. 2009. 녹색정책-10대 정책방향. http://www.greengrowth.go.kr/

부록 I. 2008년도까지 차세대사업으로 지원된 생물자원 보전 및 복원관련 과제목록.

과제 유형	연구과제명	요소 기술	분류	최종목표	연구내용	학술지 게재* (건)	지식재 산권 (건)	공사 실적 (백만원)	제품판 매실적 (백만원)	징수 기술료 (백만원)
실용화	멸종위기종 곤충류의 대량증식 기술개발	증식	곤충	○생태특성 인공조절요건 규명, 인공방사조건 규명	○인공방사 및 산업화 기반 구축	2	0	0	20	16
공공 기반	멸종위기에 처한 한국특산어류의 종 보존과 복원 및 증식기술 개발	증식	어류	○꼬치동자개, 퉁사리, 감돌고기의 종 보존과 생태계 복원 및 치어 대량 증식기술 개발	○미세 분포 조사 ○생태적 특징 조사 ○치어 먹이 개발 ○치어 발생, 배양 및 대량 증식 기술 개발 ○치어방류(꼬치동자개)에 의한 서식지 복원	3	0	0	0	0
공공 기반	보호종 산호자원의 대량 증식 및 생태계 복원 기술 개발 〈산호 개체군 생태분석 및 모니터링 기법 개발〉 〈산호 군집 분석 및 환경모니터링기법 개발〉	증식	해양 생물	○증식·복원 대상 산호류에 대한 구성과 특이성 규명 ○현지에 적용할 배·증·이식 기술 개발	○증식·복원 대상 산호종 특이성과 생활사 조사 ○현지 적용 이·증식기술과 시스템개발 ○현지 증식상태 개체군 분석기법 ○산호군집 분석 및 모니터링기법 개발	3(1)	4	0	0	0
공공 기반	희귀.멸종위기 식물의 증식, 복원 및 보존원 조성기술 개발에 관한 연구	증식	식물	○생육지 조사 및 변이 조사 ○증식법과 보존법 개발 ○보존원 조성	○생육지 조사 ○변이 조사 ○증식법과 보존법 개발 ○보존원 조성	0	0	0	0	0
공공 기반	해적생물, 불가사리 퇴치를 위한 나팔고둥 (*Charonia sauliae*)의 종보전 및 증식기법 개발	증식	해양 생물	○나팔고둥의 서식환경, 생식주기, 산란생태 규명 및 증식기법 개발	○서식환경 조사 ○생식주기 및 산란생태 조사 ○포식특성조사	2(2)	1	0	0	0

과제 유형	연구과제명	요소 기술	분류	최종목표	연구내용	학술지 게재* (건)	지식재 산권 (건)	공사 실적 (백만원)	제품판 매실적 (백만원)	징수 기술료 (백만원)
공공 기반	천연기념물 어름치와 다슬기류의 인위적 자원조성 및 생물, 유전자 다양성 모니터링에 의한 하천 생태계 이용 및 관리	증식	어류	○어름치와 다슬기에 대한 생태학적 연구 ○다슬기의 형태적 및 유전적 방법에 의한 분류체계 검토 ○기 지정된 서식지에서의 출현여부 확인	○어름치 복원 후보지 및 서식처의 수질환경, 하상구조, 동서종 등 조사 ○어름치 생태학적 연구 ○다슬기 생태학적 연구 ○다슬기의 형태적, 유전적 방법에 의한 분류체계 검토 ○기지정 서식지의 어름치 출현여부	7(3)	0	0	0	0
공공 기반	멸종위기종인 풍란의 자생지내외 보존과 지역사회 협력모델 개발	증식	식물	○풍란 자생지 기초자료 조사 ○복원 대상종의 원산지 판별 유전지표 개발 ○지역주민 교육 및 복원 및 보존에 따른 지역주민 경제적 이익 창출 방안 강구	○자생지 조사 및 복원 대상지 선정 ○복원 풍란의 대량 증식 ○소득 증대 방안 강구 ○복원 프로그램 마련 ○원산지 판별용 지표 개발 ○유전다양성 분석	1	1	0	0	0
공공 기반	희귀자생식물의 대량증식기술 개발	증식	식물	○희귀식물의 대량번식 및 시스템 구축 ○희귀식물의 채집 및 분류학적 중요성 연구 ○희귀식물의 재배 및 증식기술 개발	○대량번식기술 개발 ○희귀식물의 종자 및 생체 보급 ○종자나 영양체의 보급 ○재배 및 증식방법 정리 ○대량생산체계 구축 ○급속 번식기술 개발 ○희귀식물 번식에 대한 Database확립	0	0	0	0	0

과제유형	연구과제명	요소기술	분류	최종목표	연구내용	학술지 게재* (건)	지식재 산권 (건)	공사 실적 (백만원)	제품판 매실적 (백만원)	징수 기술료 (백만원)
공공기반	멸종위기종인 사향노루의 서식지 관리 및 인공증식기술 개발	증식	포유류	○서식지모형 개발 및 검증 ○사향노루의 보존지역 설정 ○사향노루 서식지 관리 및 종복원 방안 제시	○행동권 및 세력권의 추정 ○서식지 이용 패턴 연구 ○서식지 모형 검증 및 서식지 적합성 평가도 작성 ○개체군수용능력 및 존속가능성 분석 ○종합적 효율적인 관리 방안 개발 ○실현가능한 적용방안 탐색 ○사양기법 및 기본동결기법 최적화	0	0	0	0	0
공공기반	멸종위기어류 미호종개의 유전 다양성 분석, 인공증식 및 생태계 복원기술 개발	증식	어류	○미호종개 서식 현황 및 미소 서식처 조사 ○인공 증식 기반 기술 개발 ○유전다양성 기초 조사 및 genome 보존	○서식현황 및 환경 조사 ○개체수 감소 원인 조사 ○미소서식처별 집단크기조사 ○종묘생산용 어미 확보 및 순치 사육 기술 개발 ○식성 및 산란기 조사 ○인공 산란 유도 ○Total genome 및 gDNA library banking – 세포유전학적 특성조사	4(2)	0	0	0	0
공공기반	IUCN 멸종위기 종인 금개구리의 증식 및 복원 기술개발	증식	양서류	○증식시설의 고안 및 설치 ○증식용 먹이 개발 및 성체의 증식 후 유지 ○기초생태적 특성 규명 ○개구리 건강체크리스트 개발 및 양서류 질병 검출	○증식시설의 고안 및 설치 ○유생의 먹이, 온도, 밀도 영향 규명 및 성장률, 생존율 연구 ○야외 개체군 및 서식지 분석 ○야외 올챙이 성장률, 생존율 연구, 연령구조 결정 ○GIS이용 서식지 장기분석 및 모델화	11(1)	0	0	0	0

과제유형	연구과제명	요소기술	분류	최종목표	연구내용	학술지게재* (건)	지식재산권 (건)	공사실적 (백만원)	제품판매실적 (백만원)	징수기술료 (백만원)
					○병에 걸린 개체 처리법 작성 및 질병의 검출 ○야외 개체군의 유전적 다양성 평가					
공공기반	환경부 지정 멸종위기종(게류)의 증식·복원을 위한 연구	증식	절지동물	○분류 및 기초생태자료 수집 ○개체군분석 분자마커 개발 ○인공증식기법 제안	○분류, 분포, 서식처, 행동 및 기타 생태학적 정보수집 ○Microsatellite marker 등 개체군 분석 분자 마커 개발 ○대상종에 대한 발생과정 추적	2(1)	0	0	0	0
공공기반	토종여우(*Vulpes vulpes*)의 인공증식 및 자연생태계 복원기술 개발	증식	포유류	○여우 서식지 특성분석 ○여우 증식개체 확보 ○사양관리 및 증식 기법개발	○토종여우 서식흔적 조사 ○서식지 유형 및 특성분석 ○식지 유형의 구분 ○토종여우 계통분류학적 연구 ○토종여우 검역절차 정립 ○기생충 검사 및 질병관리 ○사양관리기법 및 증식기법	0	0	29	0	0
공공기반	습지보전 깃대종으로서 멸종위기동물인 물장군과 꼬마잠자리의 보존, 복원 및 증식 기술 개발	증식	곤충	○물장군과 꼬마잠자리 인공 사육기법 개발 ○인공서식처 조성 지침 개발	○문헌조사 및 국내외 사례조사 ○개체군 변이조사 ○생태 및 번식 습성조사 ○서식처 환경조사 ○생체재료 확보 및 사육 ○인공서식처 조성 지침 개발	4	2	0	0	0
공공기반	긴꼬리투구새우의 인공증식 · 복원기법 개발	증식	절지동물	○긴꼬리투구새우의 서식처 특성 규명 ○인공증식 및 복원기술 개발	○분포 특성 분석 ○개생태학적 특성 분석 ○대상종의 서식처 특성 분석 ○동서 생물군집 분석 ○유충/성충의 포획 및 사육 ○인공증식 실내사육시설 지침 ○인공증식조건 분석	1(1)	0	0	0	0

과제 유형	연구과제명	요소 기술	분류	최종목표	연구내용	학술지 게재* (건)	지식재 산권 (건)	공사 실적 (백만원)	제품판 매실적 (백만원)	징수 기술료 (백만원)
공공 기반	멸종위기 수생식물인 순채와 물부추속에 대한 대량증식 및 복원기술 개발	증식	식물	○순채와 물부추류의 자생지 및 생육 특성 규명 ○물부추의 분류학적 실체 규명(국내) ○조직배양 조건 확립 및 기내 식물체 재생 체계 확립	○분포 및 생육환경조사 ○다양한 분류학적 분석 ○우량 개체(군) 선발 ○수생식물 종자 및 시료 확보 ○물부추 spore 발아 및 배양 최적조건 규명 ○캘러스 형성을 위한 배양환경 최적조건 규명 ○식물세포주 현탁배양체계 확립 기내 식물체 재생체계 확립	9(4)	1	0	0	0
공공 기반	멸종위기종인 섬시호의 종 보전생물학적 연구	증식	식물	○자생지 생태환경 분석 ○장기 보전전략 수립 ○대량생산 방안 제시	○섬시호 자생지의 생태학적인 환경 분석 ○환경과의 상관관계 규명 ○조직배양에 의한 대량 생산	9	1	0	0	0
공공 기반	비무장지대 일원 따오기 복원 기법 개발	증식	조류	○한중일 국제협력체계 구축 ○따오기 야생복원에 관한 서식모델 조성계획 매뉴얼(안) 작성	○따오기 서식모델 개발 ○국제협력체계 구축 ○국제 학술 심포지엄 및 전문가 워크숍 개최 ○중국, 일본의 따오기 서식·분포실태 조사 ○중국의 복원과정 및 일본의 복원추진계획 분석 ○따오기 서식요건 분석 및 DMZ 서식환경 평가 ○DMZ 따오기 서식모델 개발	0	0	0	0	0

과제 유형	연구과제명	요소 기술	분류	최종목표	연구내용	학술지 게재* (건)	지식재산권 (건)	공사 실적 (백만원)	제품판매실적 (백만원)	징수 기술료 (백만원)
공공기반	외래식물의 토착화가 자생식물에 미치는 유전적 · 생태적 위해성 평가	서식지관리	식물	○외래식물 분포, 생식, 생물학적 요인 분석 ○유전자 침투기작 규명 ○생태적,환경적 특성 분석	○분포역, 생식 · 생물학적 특성과 토착화의 관계 구명 ○외래 민들레에 대한 유전자 침투 정도 측정 ○영구 및 제거 방형구 설치 ○환경요인 및 생태적 특성 ○돼지풀 화분 산포 지도 제작	3(1)	0	0	0	0
공공기반	환경훼손 · 회복에 따른 하천에서의 생물군집변화 예측프로그램 개발	서식지관리	수서곤충, 식물	○생물적/비생물적 환경인자의 조사 및 DB구축 ○예측모델 prototype 구축 및 유효환경변수 선별	○자연적 수환경과 교란된 수환경의 환경구배 조사 ○생물환경요인의 조사 및 분석 ○물리적/화학적 수환경인자 조사 및 분석 ○유전자다양성분석/screening, 일부 생물군의 정밀 모니터링	11(3)	3	0	0	0
공공기반	낙동강 두루미월동지 복원을 위한 인공사육기술 개발과 서식지관리	서식지관리	조류	○인공번식 기반조성 ○유전자 데이타베이스 구축	○두루미 인공번식기술도입 ○두루미 유전자의 finger printing ○기상레이다를 이용한 조류 이동 추적	0	0	30	0	0
공공기반	멸종위기종 수달 서식지의 복원을 중심으로 하는 하천정비모델 개발	서식지관리	포유류	○수달서식처 조성 및 사후 모니터링 ○수달의 먹이생물상 규명 ○인공서식굴 및 이동통로의 이용 현황을 조사 ○하천정비 모델 활용방안 제안	○수질 및 생물상 모니터링 ○수달서식지의 중요요소의 이용현황을 조사 ○수달서식지 조성기법 개발 및 보완 ○수달서식지 조성모델의 다양한 적용방법 연구 ○다른 희귀생물종의 서식지 복원에의 활용방법 모색	0	0	0	0	0

과제유형	연구과제명	요소기술	분류	최종목표	연구내용	학술지게재* (건)	지식재산권 (건)	공사실적 (백만원)	제품판매실적 (백만원)	징수기술료 (백만원)
공공기반	멸종위기종인 광릉요강꽃과 털복주머니란의 증식.복원 및 서식지보전기술개발	서식지관리	식물	○대상종의 생식생물학적 특성 규명 ○대상종의 발아 조건 규명	○자생지 탐색 및 시료 채취 ○수정, 결실 및 생식 양상 구명 ○수정 후 경과에 따른 종자 성숙의 현미경적 관찰 ○조직배양기술을 이용한 종자 발아 기본 조건 규명	0	0	0	0	0
공공기반	멸종위기종 I급 황새(*Ciconia boyciana*)의 야생복귀를 위한 기초연구 및 서식지 조성 기술 개발	서식지관리	조류	○서식지조성 기법 ○황새 성선태 기작 규명 및 이를 통한 개체군관리 ○야생복귀 지역 주민 교육	○서식지인공조성 ○시험방사 및 방사후 적응 모니터링 ○무농약 재배법 실행 서식지 분석 ○GIS 자료이용 과거 서식지 분석 개체군관리 ○사육황새 성선택 모델링 및 개체간 상호 행동 연구 교육 ○야생복귀에 대한 설문조사 및 중고생을 대상으로 한 교육	2	0	40	0	0

* 괄호 안은 SCI급 논문 편수

5장

멸종위기 식물 복원 사례 : 풍란[1)]

신현철[2)], 임용석[3)], 현진오[4)], 강경원[5)]

들어가는 말

우리나라는 삼면이 바다로 둘러싸인 반도국가로서, 국토의 약 60%가 산지로 되어있고, 제주도와 울릉도를 비롯한 3-4,000여 개의 섬이 있어 생태적으로 매우 다양한 서식지 환경이 조성된 것으로 평가되고 있다. 연평균 기온은 남해안 지역의 14℃에서부터 북부 산악지대의 5℃에 이르기까지 차이가 심하며, 연평균 강수량도 남해안 지역의 1,400㎜에서 북부의 400㎜까지 차이가 심한 편이다. 이에 따라 기후는 남해안의 난대성 기후에서부터 북부 고산지대의 아한대 및 고산성 기후에 이르기까지 다양하게 나타나고 있다. 이러한 다양한 지형학적 기후적 요소로 인하여, 우리나라의 식물상은 동일 면적의 다른 국가와 비교할 때 그 종수에 있어서 다양할 뿐만 아니라, 고유종의 정도가 매우 높은 것으로 평가되고 있다(선 등, 1994).

1) 풍란 복원은 환경기술진흥원의 연구비로 수행되었다.

2) 순천향대학교 생명과학과 / shinhy@sch.ac.kr

3) 순천향대학교 생명과학과

4) 동북아식물연구소

5) 바보난농원

그러나 한반도 식물의 종다양성은, 생물 서식지의 급속한 파괴가 이루어지고 있는 세계적인 추세에 발맞추어, 크게 위협받고 있는 실정이다. 이러한 위협 상황은 파초일엽과 매화마름의 예에서 짐작할 수 있는데, 이들 종은 한 때 국내에서는 절멸한 것으로 알려질 정도로 위험에 처해 있었던 것이다. 환경부에서는 이처럼 절멸 위기에 처한 종들을 보전하기 위하여 1989년부터 법적인 보호 조치로서, 특정야생식물, 멸종위기 및 보호야생식물 등의 이름으로 법정보호식물을 지정, 고시하고 있으나, 국내에 분포하는 식물들에 대한 위기 상황은 날로 악화되고 있는 실정이다. 실례로, 세계적으로 울릉도에만 분포하는 섬현삼(*Scrophularia takesimensis* Nakai)은 2001년 조사에서는 2,000여 개체가 울릉도 해안가에 분포하고 있었으나, 2002년 조사에서는 약 700개체에 불과할 정도로 개체수가 급감하였는데, 이러한 급감의 원인 중 하나로 울릉도 해안도로 건설에 따른 서식지 파괴를 들 수 있으며, 이밖에 도로 주변에 서식하던 개체들을 도로 정비라는 미명 하에 제거하였기 때문이었다.

물론 자연적으로도 생물들이 절멸하기도 하며, 1600년대 이후 지금까지 약 400년 동안 현화식물 600여 종이 멸종한 것으로 보고되기도 하였다. 그러나, 최근의 상황은 1) 생물자원의 남획, 2) 농업, 임업 및 어업의 확대에 따른 지나친 수확, 3) 서식지 파괴 및 단편화, 4) 부정적 영향을 주는 종의 간접적인 도입, 5) 토양, 수질 및 대기 오염 등으로 그 절멸 속도가 가속화되고 있다. 이중, 서식지 파괴 및 단편화가 생물다양성 감소에 가장 큰 영향을 미치는 요인으로서 생물 종 감소 원인의 약 50%를 차지하는 것으로 알려져 있다. 이러한 멸종 현상은 특히 섬 지역에서 집중적으로 나타나는 것으로 보고되고 있어, 섬과 같이 고립된 지역에 분포하는 생물 종에 대한 보다 적극적인 조치를 더 이상 뒤로 미루어서는 안되며, 현 시점에서 보다 적극적인 보호 대책을 강구해야만 할 것으로 판단된다.

본 연구의 대상종인 풍란(*Neofinetia falcata* (Thunb.) Hu)은 환경부 지정 멸종위기 야생식물 Ⅰ급 식물로써, 경상남도의 거제도, 남해도, 통영, 전라남도의 거문도, 돌산도, 완도, 진도 및 흑산도 그리고 제주도 등의 남쪽 지방 섬에 주로 분포하는 것으로 알려져 있었고, 이러한 증거들이 국내 주요 식물표본관에 확증표본으로 남아있다. 하지만, 최근 조사에 따르면 제주도와 전라남도 진도군의 한 섬을 제외한 모든 지역에서 관찰되지 않음으로써, 이제 풍란은 극단적인 멸종위험에 노출된 것으로 추정되고 있다. 풍란은 관상적 가치가 높으면서도 희귀하게 발견되는 이유로 일부 몰지각한 화훼 및 원예 종사자와 일반인들이 눈에 보이는 대로 남획하였기 때문에, 자생지에서 점차 개체수가 줄어들다가 급기야 생태적인 멸종 직전의 상황에 이르고 만 것이다.

식물 한 종이 우리나라에서 사라지는 것은 큰 문제가 아니라는 시각도 있을 수 있다. 그러나 이런 식으로 식물 종 하나하나가 사라지다보면, 생태계 전체가 커다란 악영향을 받게 되고, 결국 생태계가 파멸에 이르게 될 것이기 때문에, 이러한 일이 진행되기 전에 식물 종 한 종 한 종에 대하여 관심을 가지고 지켜나가야 할 것이다. 특히, 풍란처럼 어떤 종이 멸종위기에 처한 상황이라면 이 종의 보전 전략을 마련하는 것은 한 국가의 생물다양성을 확보하는 지름길이라는 점에서 국가적인 관심과 배려가 있어야 마땅한 일이다. 멸종위기에 처한 종을 보전하는 일은 결국 국가적 생물다양성 보전으로 이어지게 됨으로써 국제사회의 구성원으로서 의무를 다하는 길이 되며, 궁극적으로 지구 생태계가 인류의 생명 부양계를 유지할 수 있게 하며, 또한 지속성 있는 사회로 이어지게 할 것이다. 우리는, 1999년 7월 4일 클린턴 미국 대통령이 독립기념일을 맞아 미국의 상징이면서도 멸종위기종이었던 흰머리독수리(*Haliaeetus leucocephalus*)를 멸종위기종 목록에서 해제하는 기념식을 거행하는 모습을 부러운 시선으로 바라보았던 기억이 있다. 이처럼 국제사회는 이제, 멸종위기종을 보전할 수 있는 능력을 한 나라의 국부를 가늠하는 잣대로 볼 수 있는 시대가 오고 있는 것이다.

풍란처럼 멸종 위기에 처한 생물들을 사라져버린 자생지에서 복원하는 사업과 같은 생태계 복원 및 관리 기술은 현재를 살아가는 사람들의 삶의 질 향상과 후손의 환경권을 보장하게 될 것이므로, 현 시점에서 그 개발이 매우 시급하게 요구된다고 할 수 있을 것이다. 이러한 기술 개발을 위해서는 훼손된 생태계의 복원 및 복원된 생태계의 관리를 위한 생태계 복원기술의 확보, 건강하고 균형이 있는 생태계로 유지하기 위한 생태계 관리 기술의 확보, 생태계의 지속적 이용이 가능하도록 하는 생태계 이용 기술을 확보해야 할 것이다. 그러나 이러한 당위성은 인정하면서도 현재까지 국내에서는 이러한 기술 개발은 거의 전무한 실정으로, 많은 자생식물들이 사람들의 무관심 속에서 우리나라에서 사라져가고 있다. 울릉도에서만 자라는 섬시호는 최근까지 멸종된 것으로 알려졌다가, 겨우 몇 개체의 생육만 확인되었을 뿐이고, 매화마름 역시 최근에야 이들의 군락지가 발견되고 있으나, 적극적인 보전 대책이나, 복원 계획은 수립되지 못하고 있다.

이러한 상황에 대한 원인으로는 여러 가지를 들 수 있겠지만, 그 무엇보다도 식물 종 보전에 대한 명확한 목표가 설정되어 있지 못하다는 점을 들 수 있다. 특히, 누가 어떠한 종을 어떠한 방법으로 어느 정도까지 보전해야 할 것인지가 분명하지 않고, 또한, 특정 종이 어떠한 원인으로 얼마만큼 빨리 사라지고 있는가에 대한 정보도 없을 뿐만 아니라, 보전을 위해서 필요한 생태적, 사회적 대책이 어떤 것이 있는지에 대해 알지 못하기 때문이다. 그리고 사회적으로 윤리 의식의 부재로 인하여 식물 종 보전의 필요성을 크게 느끼지 못하고 있어, 있으면 있는 대로 사용하고, 없어지면 없는 대로 쓰지 않거나, 수입 대체품을 사용하면 된다는 사고가 팽배하고 있는 점도 한 몫을 하고 있다. 풍란 역시 화원에서는 널리 애용되는 식물이나, 그 기원을 따져보면, 대부분 일본이나 대만 또는 중국에서 들여온 것으로 우리나라에 그 뿌리를 두고 있는 것을 찾기란 결코 쉽지가 않은 실정이다.

1. 풍란 생물학적 특성

1) 풍란의 형태적 특징

상록성 다년생 초본으로, 바위나 나무에 착생하여 자란다. 밑 부분에 굵은 철사 같은 많은 뿌리가 돋아나고, 줄기는 높이 1-2cm로 두꺼우며 구부러진다. 잎은 단면이 V자형으로 좌우에서 마주보며 길이 5-10cm, 폭 6-8mm로 엽선은 뒤로 휘어지며, 밑 부분에 환절이 있다. 꽃대는 길이 3-10cm이고 밑부분의 엽액에서 나온다. 꽃은 7-8월에 3-5개가 총상으로 달리고, 백색이다. 포는 피침형에 길이가 4-7mm이고, 꽃받침과 꽃잎은 선상 피침형으로 길이는 약 1cm이고 끝이 둔하다. 화분괴는 길이 7-8mm로 젖혀지고, 2개로 조금 갈라진다. 거는 길이 약 4cm로 아래로 굽어지며, 열매는 길이 3-4cm이며 곤봉모양이고 3-4개의 능선이 있으며, 3-4cm의 대가 있다. 열매는 3개의 방으로 되어있고, 각 방에서는 미세한 먼지 같은 수많은 씨들이 들어있다.

2) 분류학적 특성

풍란은 1784년 Thunberg에 의해 *Orchis falcata*로 맨 처음 기재된 것으로 알려져 있었으나, 1784년 Thunberg의 원고를 받은 Murray가 Thunberg에 앞서 정당공표하였다. 따라서 이때의 정확한 학명은 *Orchis falcata* Thunb. ex Murray가 된다. 그 이후, 여러 학자들에 의하여 속의 위치가 변하다가, 1918년 Schlechter에 의해 *Finetia*라는 속으로 전이되었다. 그러나 *Finetia*라는 속명이 후일동음명임이 밝혀져, 1925년 Hu에 의해 *Neofinetia*라는 새로운 속명이 만들어져, 현재는 *Neofinetia falcata* (Thunb.) Hu라는 학명이 정당한 것으로 알려져 있다. 풍란속은 단일속으로 알려져 왔으나, 최근 중국, 북한 등지에 풍란과는 불연속적으로 자생하며, 거의 길이가 1.1cm로 풍란에 비해 짧고, 꽃색이 자주색을 띠는 *N. richardsiana* Christenson이 새롭게 밝혀졌다(Christenson, 1996).

3) 분포

전 세계적으로는 일본과 중국, 우리나라에 분포한다. 우리나라의 경우 문헌과 표본관의 표본을 근거로 살펴보면(그림 5-1), 제주도와 남해안 일대에 분포하는 것으로 파악된다. 즉, 서쪽으로는 전남 신안군 가거도(소흑산도)에서부터 동쪽으로는 경남 거제도 국도까지, 그리고 북쪽으로는 지리산에서부터 남쪽으로는 제주도 성산읍에 이르고 있다. 지금까지 알려진 생육 장소는 19곳이나, 현재는 제주도 성산일출봉과 전남 진도군 관매도 2곳에서는 확인되었을 뿐이다. 표본으로 확인된 분포지는 전남 거문도 서도와 제주도(이상 동경대 표본관), 전남 거문도(서울대 표본관), 전남 신안군 우이도(강원대 표본관)가 전부일 뿐, 나머지 분포지는 문헌상으로만 기록되어 있을 뿐이다(그림 5-1). 일본의 경우, 큐슈와 오키나와 그리고 시코쿠와 혼슈의 남쪽 해안지방에만 분포하며, 중국의 경우, 감숙성 남부, 절강성, 복건성 북부, 호북성 남부 그리고 사천성 등지에 분포하는 것으로 알려져 있다.

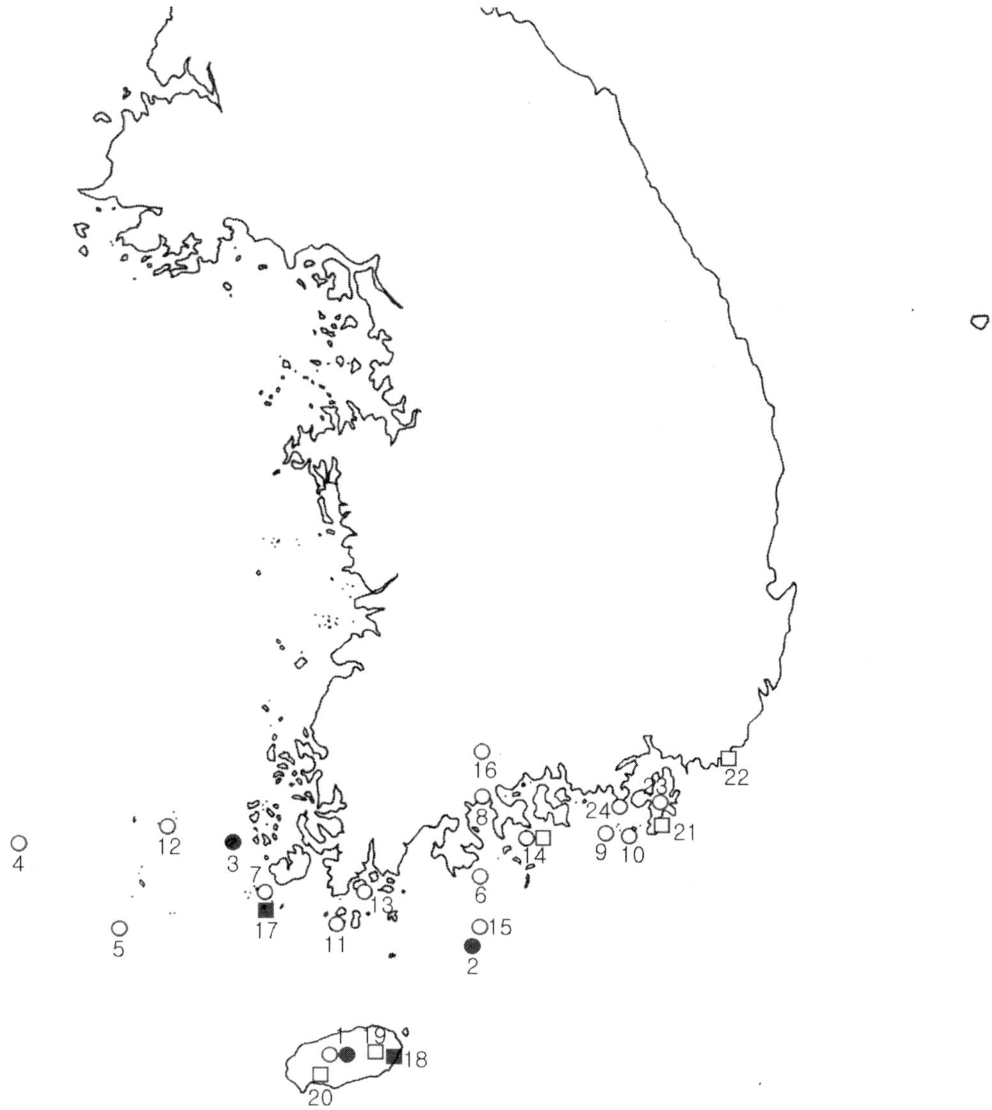

그림 5-1. 풍란 분포지 및 복원지, **1.** 제주, **2.** 전남 거문도, **3.** 전남 우이도, **4.** 전남 홍도 **5.** 전남 가거도(소흑산도), **6.** 전남 외나로도, **7.** 전남 조도, **8.** 전남 순천, **9.** 경남 갈도 **10.** 경남 국도, **11.** 전남 보길도, **12.** 전남 대흑산도, **13.** 전남 완도, **14.** 전남 돌산도, **15.** 전남 백도, **16.** 지리산, **17.** 전남 관매도, **18.** 제주 성산읍, **19.** 제주 성읍민속마을, **20.** 제주 산방굴사, **21.** 경남 거제해금강, **22.** 부산 태종대, **23.** 경남 거제도, **24.** 경남 통영(●. 표본, ○. 문헌, ■. 자생지, □. 복원지).

4) 생육지 환경

풍란은 착생식물로서 나무줄기나 암벽에 달라붙어 자라는데, 주로 암벽에 달라붙어 자라며, 제주도 성산 일출봉의 암벽에도 풍란이 자생하고 있다. 이밖에 전남 완도 보길도와 소도, 복생도, 당사도, 전남 신안군 소흑산도, 전남 진도군 한복산, 제주도 안덕계곡 등의 암벽에도 풍란이 자생하였다는 조사 결과가 있다. 한편, 전남 진도군 관매도의 경우에는 매우 특이하게 해송에 착생하고 있었다.

지리적으로 바람이 잘 통하고 공중 습도를 얻기 쉬운 위치에 자생한다. 겨울에도 따뜻한 기온을 느낄 수 있는 남쪽 지방의 바닷가 절벽이나 나뭇가지 등에 붙어서 자란다. 사방이 개방되어 있어 통풍이 잘되고 습기가 충분한 섬 지방에서 많이 자생한다. 바다에서 불어오는 따뜻한 해풍과 이슬을 섭취해서 자라는데, 뿌리를 밖으로 드러내어 공중 습도 및 공기를 이용하여 탄소동화작용을 거쳐 생장한다. 여름에는 온도가 높지 않고 선선하며 겨울에는 평균 온도 10℃정도 되는 온난한 공중 습도가 높은 곳을 특히 좋아한다. 대기 중의 영양소와 습기를 취해 살아간다. 희고 길다란 뿌리는 다른 난의 뿌리에 비해 공중 질소 고정 능력이 강하여, 생장점은 엽록소의 영향으로 신선한 푸른빛을 갖는다.

5) 생활사

풍란 생활사에 대한 연구는 거의 전무한 실정이다. 단지, 조직 배양과정에서 밝혀진 바에 따르면, 종자에서 싹이 나오는데, 약 4-5개월 소요되며, 이후 매년 2장씩 잎이 서로 마주보며 나오는 것으로 알려져 있다. 그 다음 약 3년까지는 해마다 잎이 2장씩 나오며, 그 이후에는 줄기 아래쪽에 있는 잎부터 점점 말라죽는 것으로 파악되고 있다(그림 5-2). 꽃은 싹이 나온 후 3-5년 경과 후부터 피기 시작하는데, 타가 수분에 의해 열매가 맺힌다. 열매는 수분 후 약 3-4개월 정도 성숙하면 완숙하는데, 처음에는 위를 쳐다 보며 있다가, 완숙하면서 조금씩 아래로 숙여진다. 열매 속에는 깨알보다 작은 씨들이 수없이 많이 들어있다. 이러한 생활사는 풍란을 재배한 사람들의 관찰을 통해서 밝혀진 것으로, 학문적으로 발표되지는 않았다.

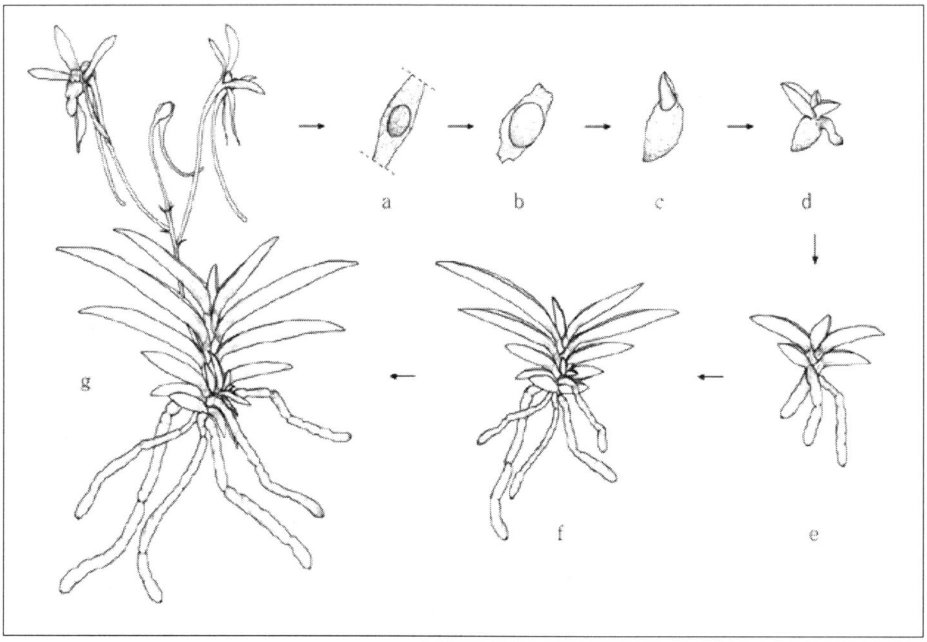

그림 5-2. 풍란의 생활사. 종자(a)에서 싹이 나오기 전까지 물을 흡수하여 종자가 부풀어질 때(b)까지 1.5달이 소요되며, 이 상태에서 싹이 나올 때(c)까지 다시 1.5달이 걸린다. 이 상태에서 잎이 두 장정도 나올 때(d)까지는 3달이 걸리며, 이후 6개월이 지나면 잎이 4장 정도 나오며(e), 또 12개월이 경과하면 잎이 7장 정도가 나오며(f), 이 상태에서 약 2-3년이 경과하면 개화하고 결실한다.

봄이 되면서 풍란 역시 휴면 상태에서 깨어나게 되는데, 4월이 되면서 서서히 풍란이 활동을 개시하여 새 뿌리와 잎이 나오며, 5월이 되면서 온도가 상승하면 왕성하게 자라기 시작한다. 6월로 접어들면 새싹이 나오기 시작하며, 6월 중순 경에는 꽃눈이 나오기 시작하여, 7월로 접어들면서 꽃이 피다가, 한 낮의 온도가 30℃를 넘어가는 한 여름에는 성장이 일시적으로 멈춘다. 9월 하순경에 뿌리와 잎이 다시 자라기 시작하며, 새 촉도 만들어지면서, 10월까지 서서히 성장하는데, 이때 아래쪽 잎은 황색 또는 갈색으로 변하면서 낙엽이 지기도 한다. 11월부터는 겨울 휴면을 준비하는데, 12월에는 잎이 오그라들고 주름이 생기기도 한다. 이 상태로 1, 2월을 보낸다.

꽃은 6-8월 중순 사이에 개화하며, 약 15-20일 정도 감상할 수 있고, 유백

색으로 꽃을 피운다. 수정된 꽃은 1주일 쯤 지나면 생식부가 코같이 커지고 꽃의 목부위가 점차로 굵어져서 씨방이 생긴다. 수정이 되지 않은 꽃은 오래지 않아 시들어서 말라버리나, 수정이 된 꽃은 서서히 열매로 성장하기 때문에 꽃대가 오히려 굵어져서 튼튼해지므로 시들지 않아서 오랫동안 볼 수 있다. 그러나 모든 영양분을 빼앗기기 때문에 새촉이 잘 생기기 않는다. 자연 상태에서는 일교차가 적은 한여름과 겨울 동안에는 성장을 멈추는 휴면 상태를 유지한다. 자연 상태에서의 풍란은 1차 신장기로 볼 수 있는 4-6월 사이에는 겨울 동안의 휴면 후에 성장하는 것이기 때문에 성장 속도가 빠르고 성장량이 많아서 그 해 성장량의 대부분이 이때 이루어지게 된다. 그래서 3월말이나 4월 초순에 착생시키는 것이 유리하다. 풍란의 뿌리는 더운 여름철이 되면서 서서히 발육속도를 늦추다가 멈추게 되는데, 뿌리의 생장이 멎음과 동시에 꽃대는 순식간에 뻗어 올라 꽃을 피우게 된다. 꽃은 3년생이라야 피운다. 꽃이 피고 나서 날씨가 너무 더운 여름에는 잠시 생장을 멈추고 활동을 중단하는 짧은 휴면에 들어간다. 2차 신장기는 9-10월경에 맞이하며, 이때에도 일교차가 있으므로 성장이 된다. 이때에는 봄철보다는 성장이 왕성하지 않다. 가을철에는 아래 잎이 노랗게 되어 떨어지기도 한다. 풍란은 11월에 접어들면서 잎이 시들고 광택이 줄어든다. 이때가 풍란이 휴면으로 접어들 때이며, 화아 분화 시기이기도 하다. 겨울 동안에는 휴면하여 활동을 거의 하지 않으므로 수분 섭취가 적어 잎에 저장된 수분이 소비되어 잎이 쭈글쭈글해 지기도 하지만 다시 봄이 되어 충분히 물을 흡수하면 다시 펼쳐진다.

2. 풍란 복원

1) 풍란 복원 장소

복원 대상지는 자생지와 다소 격리되었으며, 자생지와 비슷한 환경을 지니고 있는 관매도 초등학교 주변 해송 숲을 선정하였다(그림 5-3). 이 해송에는 자생지와 비슷하게 일엽초 등이 수피에 착생하여 생육하고 있었다. 이밖에 자생지와 비슷한 동식물상을 보여주었고, 광도, 온도 및 상대습도도 거의 유사하였다. 한편 2003년 8월의 1차 복원시에는 관매초등학교 주변의 해송 숲을 대상으로 수행하였고, 2004년 4월의 2차 복원에는 1차 복원지에서 바닷가로 이어지는 소로 주변을 대상으로 수행하였고, 2005년의 3차 복원에는 이 소로에서 갈라져 다시 바닷가로 이어지는 소로 주변을 대상으로 실시하였다(그림 5-3). 그러나 본 복원에서는 3차로 복원한 바닷가 주변에 예비복원한 개체들의 소실률이 높아, 1차와 2차 복원한 장소만을 선정하였다.

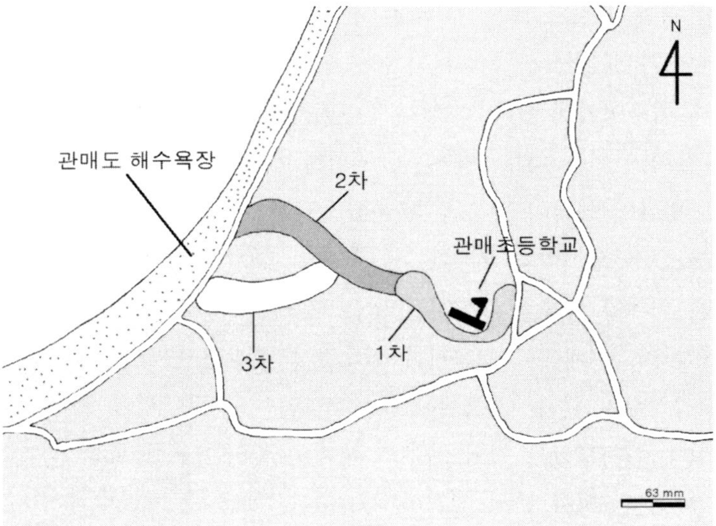

그림 5-3. 복원 개념도. 관매초등학교를 중심으로 1차 복원, 1차 복원지에서 바닷가에 이르는 소로 주변에 2차 복원, 그리고 이 소로에서 갈라져 바닷가에 이르는 또 다른 소로 주변에 3차 복원하였으며, 연구 최종년도에 이들을 모두 제거하고 관매도산 풍란으로 이들 지역에 새롭게 복원하였다.

2) 복원 일정과 복원 방법

풍란은 나무나 바위에 달라붙어 살아가는 착생식물로, 이러한 성향을 이용하여 많은 사람들이 흔히 목부작, 석부작이라 하여 다른 물체나 식물에 풍란을 붙여 음미하고 있다. 이러한 목부작, 석부작은 풍란이 4월이 되면서 서서히 활동을 개시하여 새 뿌리와 잎이 나오며, 5월이 되면서 온도가 상승하면 왕성하게 자라는 것으로 알려졌기 때문에, 뿌리가 내리는 4월경에 시도하는 것으로 파악되고 있다. 따라서 본 연구에서도 이러한 일정에 맞추어 복원과 관련된 세부 일정을 수립하였다(표 5-1). 즉, 풍란 복원은 두 단계로 구분하여 수행하였는데, 첫 번째는 자생지에서 확보한 종실로부터 개체가 만들어지기 전까지 선정된 복원지에 풍란의 생육 가능성을 검토하는 예비 복원이고, 두 번째는 자생지 유래 개체를 이용한 본 복원이었다.

표 5-1. 풍란 복원 일정

일정	복원 단계	복원 내용	복원 개체수
2003년 8월	예비 1차 복원	일본산 풍란으로 시범 복원으로 복원지에 생육 가능 가능성 검토	약 3,000개체
2004년 4월	예비 2차 복원	일본산 풍란으로 최종년도 복원 일정에 맞춘 예비 복원으로 일차 복원지 주변	약 3,000개체
2005년 4월	예비 3차 복원	일본산 풍란으로 관광객이 많은 바닷가 지역에 복원	약 3,000개체
2006년 4월	최종 본 복원	관매도산 풍란으로 1-2차 지역에 복원	약 15,000개체

가. 예비 복원

시중에서 판매되고 있는 풍란 개체를 대상으로 한 예비 복원은 2003년 8월부터 2005년 4월까지 3차례에 걸쳐 시도하였고, 대량 증식된 자생지 유래 풍란 개체들을 대상으로 한 본 복원은 2006년 4월 실시하였다(표 5-1). 2003년 9월의 1차 복원은 복원지에서의 복원 가능성을 검토하기 위하여 실시하였고, 2004년 4월의 2차 복원은 본 복원을 4월에 시도할 예정이서 그 시기에 맞추어 복원하였다. 그리고 2005년 4월의 3차 복원은 여름철 사람들의 캠핑 장소를 대상으로 복원 후 생존 가능성을 타진하기 위하여 시도하였다. 1차부터 3차까지는 매차 3,000개체를 구입하여 복원하였으며, 개체수준에서 복원하지 않고, 몇 개체를 한 무리로 묶어서 복원하였다. 이러한 부착 방법은 풍란 한 개체에서 피어나는 꽃 보다는 여러 개체에서 동시에 무리를 지어 피어나는 풍란 꽃이 보기에 좋기 때문이다.

복원시 복원된 무리마다 일련 번호표를 달았으며, 풍란의 부착된 높이와 방향, 그리고 가장 가까이 부착된 해송까지의 거리를 측정하였다. 일련 번호표가 부착된 풍란은 사진으로 촬영하여, 모니터링 자료로 삼았다. 풍란 복원은 풍란 무리를 알루미늄 철사로 감싼 다음, 나무줄기나 가지에 사다리를 타고 올라가 감싸는 방법으로 이루어졌는데, 후일 복원된 풍란을 쉽게 제거하기 위해서였다.

나. 본 복원

본 복원은 2006년 4월에 실시하였는데, 약 15,000개체를 복원하였다. 이들 개체가 너무 어리기 때문에 개체마다 복원하지 않고, 7-10개체를 묶어서 하나의 무리로 만든 다음, 이러한 무리 4-7개를 다시 한 장소에 복원하였다. 나무그루마다 4-5개 장소에 풍란 무리를 부착하였고, 사진을 촬영하였다. 이들 무리에 대하여 예비 복원처럼 일련번호를 부착하지 않았는데, 일련번호가 사람들의 눈에 띠어 소실의 원인으로 작용한 것으로 추정되었기 때문이었다. 그 대신 해송 그루마다 몇 장소에 풍란을 복원하였는지를 높이별로 기록한 다음, 풍란이 부착된 나무에 일련번호를 부여한 다음, 10번 마다 나무 아래쪽에 표찰을 부착하였다. 풍란이 부착된 해송 그루와 제일 가까운 풍란이 부착된 해송까지의 거리와 방향을 기록하여, 풍란이 부착된 해송들의 분포도를 작성하였다. 본 복원은 예비복원과는 달리 알루미늄철사를 사용하지 않고, 목공용 접착제를 사용하여 풍란 무리를 나무줄기나 가지에 사다리를 타고 올라가 직접 부착하였다.

3) 복원 결과

예비 복원의 1차 복원에는 78무리, 2차 복원에는 214무리, 3차 복원에는 161무리가 복원되어, 총 453무리를 복원하였다(표 5-2). 2차 복원시에는 개체 수준에서의 생육 여부를 파악하기 위하여 한 개체씩 복원한 경우가 많아서 1차 복원 무리수보다 많아졌으며, 3차 복원시에는 1차 복원보다 무리의 크기를 절반 정도로 하였기 때문에 무리수가 2차 복원보다 감소하였다. 한편, 풍란을 부착한 해송 수는 1차 복원시 43그루, 2차 복원시 94그루, 그리고 3차 복원시 46그루로, 전체 183

그루였다. 부착 높이별로 살펴보면, 3-4m가 188무리로 가장 많았으며, 그 다음으로 4-5m가 98무리, 2-3m가 84무리 순이었다(표 5-3). 높이를 측정하지 못한 무리는 9개였으며, 1m이하에는 2무리가 복원되었다. 복원 방향별로는 남서방향이 145무리로 가장 많았고, 북서방향이 72무리로 가장 적은 편이었다(표 5-4).

표 5-2. 풍란 예비 복원과 본 복원 일정, 복원 무리수 및 풍란이 부착된 해송 그루 수

일정	복원 단계	복원 개체수	복원 무리수	풍란이 부착된 해송 수
2003년 8월	예비 1차 복원	약 3,000개체	78	43
2004년 4월	예비 2차 복원	약 3,000개체	214	94
2005년 4월	예비 3차 복원	약 3,000개체	161	46
2006년 4월	최종 본 복원	약 15,000개체	413	100

표 5-3. 예비 복원된 풍란의 높이별 무리수

차수	높이(m)	1〈	1-2	2-3	3-4	4-5	5〉	기타	합계
1차	무리수	1	10	18	32	10	2	5	78
	%	1.3	12.8	23.1	41.0	12.8	2.6	6.4	100
2차	무리수	2	41	32	89	39	11	0	214
	%	0.9	19.2	15.0	41.6	18.2	5.1	0.0	100.0
3차	무리수	0	6	46	63	38	4	4	161
	%	0.0	3.7	28.6	39.1	23.6	2.5	2.5	100
합계	무리수	3	57	96	184	87	17	9	453
	%	0.7	12.6	21.1	40.6	19.2	3.8	2.0	100

* 기타 : 높이를 측정하지 못한 무리

표 5-4. 예비 복원된 풍란의 방향별 무리수

차수	방향	0 -30	30 -60	60 -90	90 -120	120 -150	150 -180	180 -210	210 -240	240 -270	270 -300	300 -330	330 -360	기타*	합계
1차	무리수	7	8	7	5	9	4	11	11	5	2	3	2	4	78
		22(28.2%)			18(23.1%)			27(34.6%)			7(9.0%)			5.1%	100
	%	9.0	10.3	9.0	6.4	11.5	5.1	14.1	14.1	6.4	2.6	3.8	2.6		
2차	무리수	14	14	10	17	30	28	32	19	18	9	7	10	6	214
		38(17.8%)			75(35.0%)			69(32.2%)			26(12.1%)			2.8%	100
	%	6.5	6.5	4.7	7.9	14.0	13.1	15.0	8.9	8.4	4.2	3.3	4.7		
3차	무리수	9	15	9	10	7	19	26	14	10	10	19	10	4	161
		33(20.5%)			36(22.3%)			50(31.0%)			39(24.2%)			2.5%	100
	%	5.6	9.3	5.6	6.2	4.3	11.8	16.1	8.7	6.2	6.2	11.8	6.2		
합계	무리수	26	37	26	32	46	51	69	44	32	21	29	22	14	453
		89(19.6%)			129(28.4%)			145(32.0%)			72(15.9%)			3.1%	100
	%	5.7	8.2	5.7	7.1	10.1	11.3	15.2	9.7	7.1	4.6	6.4	4.9		

* 기타 : 방향을 측정하지 못한 무리

한편 관매도에서 확보한 풍란 종실로부터 배양된 개체들은 2006년 4월 예비 복원하였던 장소에 부착하였다(그림 5-4). 주로 1, 2차 예비 복원하였던 장소에 부착하였는데, 3차 복원지는 관광객에 의한 훼손이 있을 것으로 판단하였다. 복원에 사용된 풍란 개체수는 약 15,000개체였으며(표 5-2), 복원 무리수는 413무리, 풍란이 부착된 해송 그루 수는 100개였다. 높이별로는 대부분이 3-5m정도였으며, 2m이하는 없었다(표 5-5). 한편, 방향별로는 남동 방향이 38.6%로 가장 많았고, 북동 방향이 14.3%로 가장 적었다(표 5-6). 그리고 복원 후 모니터링을 위하여 예비복원에서는 무리마다 고유번호를 부여한 라벨을 부착하였으나, 본 복원에서는 라벨을 부착하지 않은 대신, 해송마다 고유한 번호를 부여한 다음, 풍란이 부착된 해송의 분포도를 작성하여(그림 5-4), 복원 후 모니터링의 기초 자료로 활용하였다.

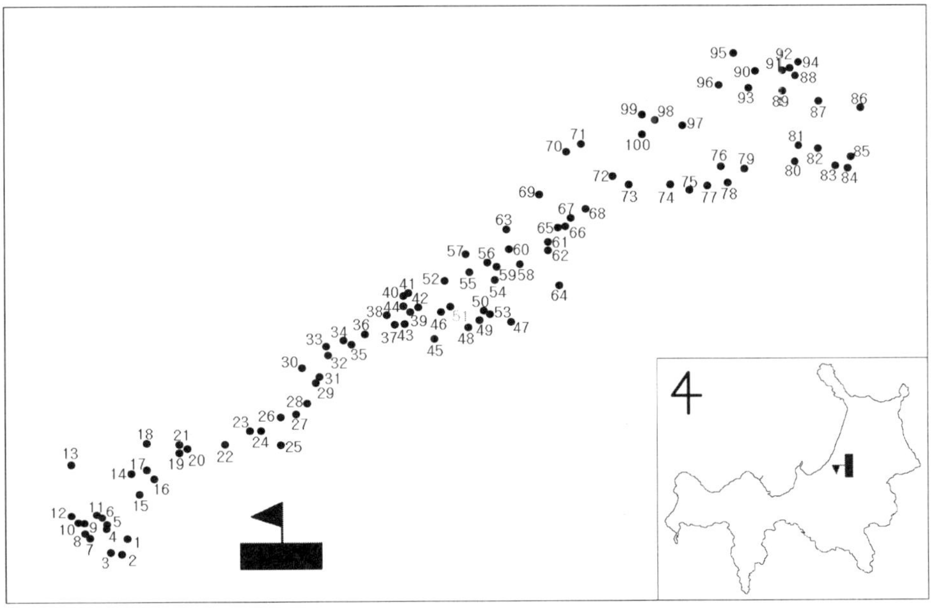

그림 5-4. 풍란 본 복원 후 작성된 풍란이 부착된 해송 위치도. 관매초등학교 정문 주위의 1번부터 시작하여 100번까지 위치를 표시하였다.

표 5-5. 본 복원된 풍란의 높이별 무리수

높이(m)	2<	2-3	3-4	4-5	5-6	6>	합계
무리수	0	11	93	152	115	42	413
%	0.0	2.7	22.5	36.8	27.8	10.2	100

표 5-6. 본 복원된 풍란의 방향별 무리수

방향	0-30	30-60	60-90	90-120	120-150	150-180	180-210	210-240	240-270	270-300	300-330	330-360	기타	합계
무리수	14	20	25	38	64	57	39	45	40	24	27	19	0	412
	59(14.3%)			159(38.6%)			124(30.1%)			70(17.0%)			0	100
%	3.4	4.9	6.1	9.2	15.5	13.8	9.5	10.9	9.7	5.8	6.6	4.6		

3. 복원 후 모니터링

1) 복원후 모니터링 방법

풍란의 경우 생장 속도가 매우 느리기 때문에 개체 수준에서의 성장 과정보다는 복원된 무리수의 변화를 조사하였다. 이를 위하여 추운 겨울을 보낸 봄과 여름철 관광객들이 지나간 가을 두 차례 일련번호를 일일이 확인하는 모니터링을 수행하였다. 예비 복원에 따른 모니터링은 지난 3년간 수행하였으나, 본 복원에 따른 모니터링은 연구 기간 종료에 따라 2006년 5월 1회밖에 수행하지 못하였다.

모니터링을 위하여, 예비 복원에서는 부착된 풍란 라벨을 근거로 하여(그림 5-5), 본 복원에서는 해송의 위치를 근거로 삼았으며(그림 5-4), 모니터링 결과를 확보하기 위하여 부착된 풍란 무리마다 사진을 촬영하여 풍란 복원 기록표를 작성하였다(그림 5-6). 복원할 때 촬영한 사진을 토대로 풍란 복원 기록표를 작성하였고, 이후 모니터링 할 때마다 작성된 풍란 복원 기록표에 의거하여 생육 여부를 확인하였다.

2) 모니터링 결과

예비 복원 후 부착된 풍란 무리의 소실률은 3년간 49%로 조사되었는데(표 5-7), 3차 복원된 무리의 소실률이 가장 많았고, 1차 복원된 무리의 소실률이 가장 적었다. 한편, 높이별로 살펴보면, 1m이하에 부착된 풍란은 100%, 1-2m에 부착된 풍란은 98.2%로 사람의 손이 쉽게 닿은 곳에서는 거의 100% 소실되었으며, 2-3m에서는 73.9%였으나, 3-4m에서는 2-3m의 절반 수준으로 뚝 떨어지는 경향을 보였다. 반면, 방향별로는 소실률에 있어서 경향성이 없는 것으로 파악되었다(표 5-8).

〈사진 1〉 2003년 1차 복원한 풍란으로 임시 라벨을 부착함.

〈사진 2〉 2003년 1차 복원한 풍란이 라벨을 교체함.

〈사진 3〉 2004년 2차 복원한 풍란으로 임시 라벨을 부착함.

〈사진 4〉 2004년 2차 복원한 풍란의 라벨을 교체함.

〈사진 5〉 2005년 3차 복원한 풍란. 부착할 때부터 반영구 라벨을 사용함.

〈사진 6〉 2005년 3차 복원한 풍란. 부착할 때부터 반영구 라벨을 사용함.

그림 5-5. 풍란 예비 복원할 때 부착한 라벨들. 03-002-01에서 03은 2003년도에 풍란을 부착하였으며, 002는 풍란을 부착한 두 번째 해송이며, 01은 이 해송에 부착한 첫 번째 무리라는 의미이다.

복원 풍란 기록표

No.	06-002		위치				
좌표	N ° ′ ″		S ° ′ ″			날짜	
기주	수종	DBH	수고	가장 인접한 풍란 복원 기주 No. : 06-003			
		cm	m	수종		방향	100°
						거리	450cm

방향에 따른 인접한 수종과의 거리	동쪽	수종		서쪽	수종		남쪽	수종		북쪽	수종	
		거리	cm		거리	cm		거리	cm		거리	cm

복원된 풍란	No.	06-002-01	06-002-02	06-002-03	06-002-04
	높이	410cm	380cm	340cm	290cm
	방향	330°	290°	320°	360°
	포트수				

비고

No.	06-002-01	조사일	20060409

비고

No.	06-002-01	조사일	20060527

비고

No.	06-002-02	조사일	20060409

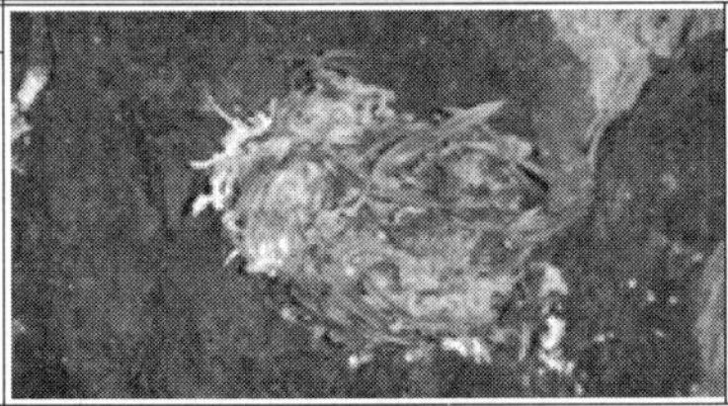

비고

No.	06-002-02	조사일	20060527

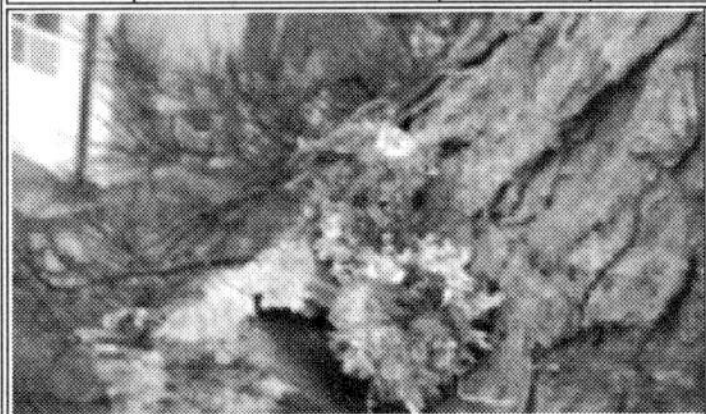

비고

No.	06-002-03	조사일	20060409

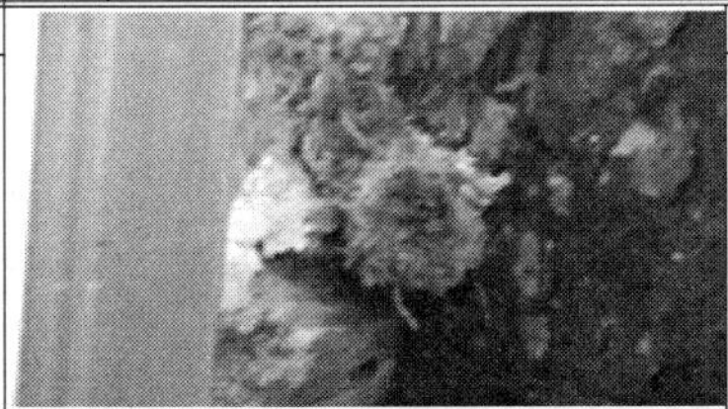

비고

No.	06-002-03	조사일	20060527

비고

No.	06-002-04	조사일	20060409

비고

No.	06-002-04	조사일	20060527

그림 5-6. 풍란 복원 기록표.

표 5-7. 예비 복원된 풍란의 높이별 소실 무리수. 2006년 2월 기준임

차수	높이(m)	1<	1-2	2-3	3-4	4-5	5>	기타	합계
1차	무리수	1	10	14	9	1	0	1	36
	%	100.0	100.0	77.8	34.4	10.0	0.0	20.0	46.2
2차	무리수	2	40	25	31	6	0	0	104
	%	100.0	97.6	78.1	34.8	15.4	0.0	0.0	48.6
3차	무리수	0	6	32	23	16	2	3	82
	%	0.0	100.0	69.6	36.5	42.1	50.0	75.0	50.9
합계	무리수	3	56	71	63	23	2	4	222
	%	100.0	98.2	73.9	34.2	26.4	11.8	44.4	49.0

표 5-8. 예비 복원된 풍란의 방향별 소실 무리수. 2006년 2월 예비 복원된 모든 개체를 조사하였을 때 기준임

차수	방향(각도)	0-30	30-60	60-90	90-120	120-150	150-180	180-210	210-240	240-270	270-300	300-330	330-360	기타	합계
1차	무리수	2	7	4	2	4	3	4	3	2	1	2	2	0	36
		13			9			9			5				
	소실률(%)	28.6	87.5	57.1	40.0	44.4	75.0	36.4	27.3	40.0	50.0	66.7	100	0	46.2
		59.1			50.0			33.3			71.4				
2차	무리수	6	4	6	11	10	12	16	6	13	5	2	8	5	104
		16			33			35			15				
	소실률(%)	42.9	28.6	60.0	64.7	33.3	42.9	50.0	31.6	72.2	55.6	28.6	80.0	83.3	48.6
		42.1			44.0			50.7			57.7				
3차	무리수	2	7	5	5	5	10	14	8	3	5	11	4	3	82
		14			20			25			20				
	소실률(%)	22.2	46.7	55.6	50.0	71.4	52.6	53.8	57.4	30.0	50.0	57.9	40.0		50.9
		42.4			55.6			50.0			51.3				
합계	무리수	10	18	15	18	19	25	24	17	18	11	15	14	8	222
		43			62			59			40				
	소실률(%)	38.5	48.6	57.7	56.3	41.3	49.0	34.8	38.6	56.3	52.3	51.7	63.6		49.0
		48.3			48.1			40.7			55.6				

3) 복원된 풍란의 소실 원인

소실 원인으로는 크게 네가지로 추정되었는데, 첫 번째는 풍란을 부착한 기주 식물의 제거이며, 두 번째로는 관광객들에 의한 남획, 그리고 세 번째로는 겨울철을 나지 못하고 고사한 경우이다. 첫 번째는 해송에 솔껍질깍지벌레가 감염되어 해송이 죽어감에 따라 다른 나무로 이 벌레가 옮겨가는 것을 방지하는 차원에서 감염된 해송을 제거한 경우로, 이렇게 제거된 해송은 14그루였고, 이 14그루에 복원된 풍란 무리수는 23개였다. 세 번째로 고사한 풍란 무리수는 1차 복원 풍란에서 1무리, 2004년 복원 풍란에서 1무리씩 2무리에 불과하였다. 따라서 두 번째인 경우가 소실된 풍란의 가장 커다란 이유로 추정되는데, 풍란 무리를 감싸던 알루미늄 철사가 날카롭게 잘린 흔적들을 발견할 수 있었다. 이밖에 3차 복원시 5m이상에 부착한 일부 무리들은 태풍 등의 강한 바람에 의해 탈락했을 것으로 추정된다.

4) 본 복원된 풍란의 예측

예비 복원 과정에서 개화하고 결실한 개체들도 발견되었기 때문에, 본 복원된 개체들도 개화하고 결실할 것으로 예측된다. 지난 3년간 예비 복원 결과 파악된 높이별 소실률에 근거하여 본 복원된 풍란 무리들의 변화 양상을 추정하면(표 5-9), 복원된 개체에서 개화하는 시기로 예측되는 2008년까지 약 69%가 생존할 것이며, 2008년에 개화하여 결실하여 형성될 씨로부터 형성될 개체가 다시 개화할 것으로 예상되는 2012년까지 12.6%가 생존할 것으로 예상된다. 결실된 종실에서 형성하는 종자의 수는 정확하게 알려져 있지 않으나, 2003년부터 2005년까지 종자배양 결과로부터 유추하면, 종실 당 약 5,000개체가 형성되었다.

그러나 종자 배양 시에는 다량의 양분을 제공하는 반면, 자연 상태에서는 균사체와의 공생 관계 형성이 중요한 과정이므로, 자연 상태에서의 발아율을 종자 배양시의 0.1%(천마의 경우 0.1%임)로만 간주하여도, 종실마다 5개의 새로운 개체를 유도할 것으로 예상된다. 한편, 2008년에 생존가능 무리수는 60%, 즉 245 무리이며, 이들 무리의 약 30%가 2-3 송이씩 꽃을 피울 것으로 예상하기 때문에, 70여 무리에서 약 170개 정도의 꽃이 필 것이며, 이중 10분의 1정도가 결실할 것으로 추정하면(자연 상태에서 10분의 1정도 결실하는 것으로 알려져 있음), 17개 정도의 종실이 형성될 것이다. 따라서 2012년에는 약 85개 정도의 개체들이 복원지에서 관찰될 것으로 예측된다.

한편, 2009년까지 생존할 것으로 예측되는 190무리중 90%이상 개화하고 결실할 것으로 예상되는데, 이럴 경우, 470개 정도의 꽃이 필 것이며, 이중 50여개가 종실을 형성하여, 2013년에는 약 200개의 새로운 개체들이 복원지에서 관찰될 것으로 예상된다. 만일 예상대로 진행된다면, 2013년부터는 소실되는 무리보다 새롭게 형성된 무리들이 더 많아질 것이며, 추후 계속해서 복원된 개체들이 개화하고 결실하면, 자연 상태에서 스스로 개체 증식이 일어나, 복원지는 풍란의 새로운 서식지로서 역할을 수행할 것으로 예상된다.

표 5-9. 연도별 생육 무리수의 변화. 2003-2006년간 조사한 연도별 평균 소실률을 근거하여 추정되었다

높이(m)	복원 무리수	소실률 (%)	연도별 소실 후 생육 무리수								
			2007	2008	2009	2010	2011	2012	2013	2014	2015
2-3	11	76	3.0	0.8	0.2	0.1	0.0	0.0	0.0	0.0	0.0
3-4	93	38	61.4	40.5	26.7	17.6	11.6	7.7	5.[illegible]	3.3	2.2
4-5	152	27	112.5	3.2	1.6	5.6	3.7	5.0	18.5	13.7	10.1
5〉	157	17	138.2	121.6	107.0	94.2	82.9	72.0	64.2	56.5	49.7
합계	413		315.0	246.1	195.5	157.4	128.2	105.6	87.7	73.5	62.0
생존가능 무리수(%)	100		76	60	47	38	31	26	21	18	15
발달단계*			1	2	3,4,5	6	7	8			

* 1. 복원 무리중 약 5% 개화 예상됨
2. 복원 무리중 약 30% 개화 예상됨
3. 복원 무리중 생존한 무리는 모두 개화 예상됨
4. 2008년 결실된 씨에서 싹이 나와 1-2장의 잎을 지닌 상태로 될 것임
5. 복원 무리 중 2008년 개화하지 않은 무리들은 모두 개화
6. 2010년에 잎이 1-2장이던 개체들은 2-3장의 잎을 지닌 상태로 예상
7. 2011년에 잎이 2-3장이던 개체들은 6-7장의 잎을 지닌 상태로 예상
8. 2012년에 잎이 6-7장이던 개체들은 촉을 새롭게 형성하고 개화 및 결실 예상

4. 풍란 복원의 시사점과 과제

1) 추가 연구의 필요성

멸종위기종은 1) 개체 수의 변화, 2) 개체의 번식 유무 그리고 3) 인접한 개체군의 위치와 크기에 대한 장기간에 걸친 조사가 필요하다(Primark, 2005). 또한, 멸종위기종 복원은 1-2 세대에 걸친 단기간과 수 세대에 걸친 장기간에 걸친 조사 결과로 성공 여부가 결정된다(Anonymous, 2005). 따라서 본 연구 개발 대상인 풍란처럼 성장이 느린 멸종위기종의 경우 복원의 성공 여부는 수년이 경과해야만 결정될 것이다. 즉, 2006년에 복원한 개체들로부터 최소 2009년이 되어야 자기 증식한 개체들을 발견할 수 있기 때문에, 그때까지 세밀한 조사가 지속되어야 할 것이며, 따라서 추가 연구가 반드시 필요할 것이다.

2) 종특이적 보전 방안 수립이 필요

보전 대책의 3가지 큰 원칙은 1) 자연상태에서 생물학적 활동이 일어날 수 있어야 하며, 2) 기 설정된 지침서(guideline)에 따라야 하며, 3) 사람들의 주관적 관점에 따라 보전에 대한 결정을 하면 안 된다(Koopozitz, 2001)는 점이다. 이러한 원칙은 결국은 사람들의 흥미를 유발할 수 있는 대상종의 선정에서부터 시작하여 모든 것이 사람의 행동으로 이루어짐(Aitken, 2004)을 보여준다. 따라서 일반적으로 복원 방식을 결정하는 요소로 중요한 것들로 이식 및 재배 가능성 여부, 경제적 가치, 대량 증식 및 복원기술개발 유무만을 들고 있을 뿐, 대상 종의 생태적, 유전적, 그리고 생리적 특성은 고려하지 않은 경향이 있다.

그런데, 풍란과 난과 식물은 대부분 곤충에 의해서 수분이 일어나기 때문에 수분매개자들도 동시에 보전할 수 있어야 올바른 보전 방식이 될 것이며, 또한 종자에서 싹이 나올 때 균사가 필요하므로, 보전 지역 내에 균사도 풍부해야 한다는 점을 반드시 고려해야 할 것이다. 또한 풍란과 같은 착생식물의 경우 적절한 수종도 필요할 것이다. 즉, 착생식물이 자라는 데에는 주변의 이끼나 지의류등도 같이 자라게 되는데, 이들은 착생식물 줄기내의 미환경 조건을 만들어주어

씨에서 싹이 나오는 것을 도와주는 것으로 알려져 있다(Koopozitz, 2001). 이러한 점에서 볼 때, 난과 식물의 경우 난만을 위한 보전은 무의미할 것이며, 난과 식물이 자라는 생태계 자체를 보전해야 할 것이다. 또한 복원지에 복원할 경우에도 이러한 모든 점들이 고려되어야 할 것이다. 따라서 난과 식물의 보전 및 복원에는 본 연구 개발에서 시도한 방식과 같은 자생지 및 복원지에 대한 세밀한 환경 조사가 필요할 것이다.

풍란과 똑같은 보전과 복원 방식이 필요한 국내 멸종위기종 식물로는 I급 식물로 지정된 나도풍란이 있을 것이다. 그리고 착생식물이라는 점만을 제외하면, 대량 증식을 통한 개체 확보가 가능하며, 경제적 가치가 높기 때문에 지역 주민의 경제적 이익이 창출될 가능성이 높으며, 또한 자생지 인근에 자생지외 보전지, 즉 복원지 조성이 가능할 식물로는 멸종위기종 I급으로 지정된 죽백란과 한란, 그리고 대흥란 등이 가능할 것이다. 이밖에 멸종위기종 I급 식물인 광릉요강꽃을 비롯하여 II급 식물인 백운란, 으름난초, 털개불알꽃 등은 이식 및 재배가 불가능한 것으로 알려져 있으며 또한 대량증식기술이 아직 개발되지 않은 분류군들로 간주되고 있어, 자생지 보전에만 의존해야 할 것이므로, 자생지가 보전될 수 있는 방안을 적극적으로 마련해야 할 것이다.

3) 복원지의 관리

자생지 풍란의 경우 법적인 지위로서 보호받을 수 있듯이, 복원지 풍란도 국립공원관리공단 내의 멸종위기종으로서 관리하는 방안이 강구되어야 할 것이다. 현재 복원지 풍란의 법적 위치에 대해서는 아무런 언급을 할 수 있는 상황이 아니다. 앞으로 국내에서도 이러한 복원 사업이 활발히 진행된다면, 복원지에 많은 멸종위기 식물들이 식재될 것이나, 이에 대한 법적인 고려도 필요할 것이며, 이런 사례의 기초 자료로 활용될 것이다.

참고문헌

선병윤, 고성철, 김윤식, 박수현, 박재홍, 박종욱, 서영배, 신현철, 오용자, 이남숙, 이상태, 이우철, 이정석, 정영철, 최홍근. 1994. 유관속 식물, 선태식물 및 지의류.

이인규, 김계중, 조재영, 이도원, 조도순, 유종수 (편) 한국의 생물다양성 2000. 민음사, 서울, Pp 97-119.

Aitken, G. 2004. A new approach to conservation. The importance of the individual through wildlife rehabilitation. Ashgate, Aldershot.

Anonymous, 2005. Guidelines for rare, threatened and endangered plant re-introductions in Maryland. (http://www.pitcherplant.org/papers/reintro-guidelines.htm).

Christenson, E.A. 1996. A new species of Neofinetia from China and Northern Korea (Orchidaceae: Aeridinae). Lindleyana 11: 220-221.

Koopowitz, H. 2001. Orchids and Conservation. Timber Press, Portland.

Primark, R. 2005. Monitoring rare plants.(http://www.plant-talk.org/stories/15monitr.html).

6장

멸종위기 동물 복원 사례 : 반달가슴곰

한상훈[1)]

들어가는 말

오늘날 지구는 인류라는 단 한 종의 극단적인 이기주의에 의해 수 천만에 이르는 생물 종들이 생존의 위협을 받고 있을 뿐만 아니라, 지구 그 자체의 환경에 매우 심각한 영향을 끼치고 있다. 국제적으로 저명한 생물학자 윌슨(E. O. Wilson)은 "생명의 다양성(1992)"이라는 그의 저서에서 현재 인류에 의해 자행되고 있는 생물 종의 대량절멸(mass extinct)은 지구 지질사에 있어 6번째에 해당하며, 유래가 없는 사상 최대의 대절멸이라고 경고하고 있다. 한편, 국제기구에 따르면 오늘날의 생물 종의 멸종률은 전체 생물 종의 0.5% 수준으로, 우리나라의 경우 전체 생물 종 수를 10만종으로 추정하였을 때, 매일 1~4종, 매달 40종으로 매년 500종의 생물이 사라지고 있는 것으로 계산된다.

---

1) 환경부 국립생물자원관 척추동물연구과 / korea4444@korea.kr
이 글의 주요 사업 결과는 저자가 국립공원관리공단 반달가슴곰 관리팀장으로 재직(2002. 5 ~ 2006. 11) 하는 동안 수행하였던 내용을 토대로 작성하였습니다. 이 자리를 빌어 그동안 함께 해 준 연구원들에게 감사드리며, 앞으로도 국립공원관리공단 멸종위기종 복원센터의 무궁한 발전을 기원 합니다.

○ 1980년부터 2000년까지 지구상 종의 15~20%가 절멸한다(Lovejoy, 1980).
○ 유관속식물에 있어서는 현존 종이 25만종이 있지만, 이미 과거 100년 사이에 멸종한 식물종이 1000종 있고, 6만종이 향후 50년 동안에 멸종할 것으로 예측된다(Raven, 1987).
○ 지구 전체에서 향후 20~30년 동안 생물다양성의 4분의 1이 소실될 가능성이 있다(Raven, 1988).
○ 매년, 수 천종(주로 곤충의 미기록 종)이 멸종하고 있다(Wilson, 1988).
○ 매년, 1만 7500종 내지 현존 종의 0.1%가 소멸되고 있다(Wilson, 1989).
○ 1990년부터 2015년 사이에 지구상의 종의 2~13%가 멸종한다(Reid, 1992).

현존 생물종수의 정확한 파악 자체가 불명확하기 때문에 멸종 종 수를 추정하거나, 장래 예측을 하는 것은 대단히 곤란한 일이다. 따라서 위에 열거한 사항도 정량적인 수치가 아니라 정성적인 것으로 생각된다. 그러나 최근 열대림의 현상으로부터 장래 생물 종의 절멸 속도는 지금보다 더욱 가속화할 것으로 보여 지고 있다(Heywood & Stuart, 1992).

20세기 중반에 들어 환경에 대한 관심이 세계적으로 높아지고, 1948년에 IUCN 의 전신인 IUPN(1975년에 IUCN으로 바뀜)이, 또한 WWF가 1961년에 창립되었다. 그 유명한 환경저서 카슨(Carson)의 "침묵의 봄"이 출판된 것도 1962년의 일이다.

야생생물의 보호는 한 국가에서도 할 수 있지만, 오늘날의 생물 종이 처한 상황은 세계적인 과제로서 국가간의 협력이랑 조정이 요구되고 있다. 야생생물의 보호를 위한 국제사회의 활동은 1972년에 세계유산조약(세계의 문화 및 자연유산의 보호에 관한 조약)이 채택되어 1975년에 발효하였고, 1973년에는 워싱턴조약(CITES)이 채택되어, 대한민국은 1993년에 가입하였다. 이 조약은 절멸위험에 처해 있는 야생동식물의 국제적 상거래를 금지하는 것에 의해 이들 종을 보전하고자 하는 것으로 위험 수준의 정도에 따라 부속서 Ⅰ, Ⅱ, Ⅲ에 등재된다(참고로 반달가슴곰은 부속서 Ⅰ에 등재). 가장 최근의 것은 생물다양성보전조약으로 1992년 브라질에서 개최된 지구환경회의에서 채택되었다. 대한민국은 1993년에 가맹하였다. 이 조약은 생물다양성의 보전, 그 구성요소의 지속가능한 이용 및 유전자원의 이용으로부터 생산되는 이익의 공평한 배분 실현을 목적으로 하고 있다.

어느 지역 또는 국가의 생물상은 적어도 수 백 만년 이상의 세월을 거쳐 진화하여 온 산물로서, 생물다양성의 상실(내지 감소)은 원상회복이 불가능한 막대한 손실이라는 지적이 있다(Wilson, 1992). 이러한 과정을 거쳐 보호의 이상적인 자세는 개개의 종이나 삼림에서 유전자, 종, 생태계라고 하는 다른 계층 전체의 다양성의 보전으로 발전되어 왔다. 그러나 현실사회에서 이와 같은 생물 다양성 보전 실현은 이상 단계에 머물러 아직 요원하다.

한편, 복원 사업은 장기간에 걸쳐 많은 예산이 필요하고, 목표 성과 달성이 쉽지 않은 매우 어려운 과제이다. 그러나 멸종 및 멸종위기에 처한 생물 복원은 현 세대뿐만 아니라 다음 세대의 지속적인 생존 유지를 위해 매우 중요하며, 사회적, 문화적, 학술적 많은 분야에 있어 공공가치를 지니고 있을 뿐만 아니라 가능한 빠른 시일 내에 진행되어야만 할 시대적 과제로서 사회적 부동의 위치를 잡아가고 있다.

이미 지난 세기 초부터 국외에서는 수많은 복원사업이 진행되어왔고, 많은 시행착오 과정을 거쳐 사회적으로 정착되어 있으며, 우리나라에서도 국가적으로 대형 야생동물에서는 처음으로 지리산반달가슴곰 종 복원사업이 진행 중이다. 특히 2005년도에는 국립공원, 백두대간, 민통선 및 비무장일원의 우수한 생태계지역에 멸종위기 생물종 복원을 위한 기본 연구가 실시되었으며, 그 결과를 토대로 2006년 6월 환경부에 의해 "멸종위기 야생 동·식물 증식·복원 종합계획(2006~2015)" 정책이 수립, 발표되었다(그림 6-1). 향후 우선순위에 의해 많은 생물 종이 다양한 지역에서 추진될 것으로 사료된다.

그림 6-1. 종 복원 사업 목표

1. 멸종위기 야생동물 반달가슴곰 종 복원

1996년 10월 지리산 야생 반달가슴곰 생존 보고 이후, 몇 마리 남지 않은 야생 반달가슴곰의 생존 개체 보호를 위한 정부와 국민의 관심은 멸종위기종이라는 법적 지위 정착, 멸종 방지를 위한 복원기술 개발 등 서식지 보전과 멸종위기종 복원 사업을 골자로 국토 생태축의 건강성 회복과 생물다양성 증진을 목표로 하는 국가 정책으로 획기적인 발전을 이루었다. 반달가슴곰 종 복원사업은 환경부에 의한 최초의 멸종위기종 복원사업으로 지난 10여 년 동안 일관되게 지속적으로 추진되어온 과정의 역사를 갖고 있으며, 그 과정은 국내 멸종위기종 복원 사업의 표준과 매뉴얼 성격을 지니고 있다.

1) 반달가슴곰 종 복원 사업의 의의

대형 야생동물 종 복원사업의 효시로서 반달가슴곰 종 복원사업을 추진함에 있어 생물로서의 내적 가치와 문화, 사회 등 외적 가치를 포함한 반달가슴곰 종 복원 사업의 의의는 다음과 같이 정리된다.

- ○ 반달가슴곰은 우리 민족에게 모신적 존재(단군신화)
- ○ 한반도 온대낙엽활엽수림 산림생태계의 생태적 지표종(핵심종)
- ○ 백두대간 생태축의 생물다양성 보전을 위한 우산종적 존재
- ○ 반달가슴곰 복원은 건강한 생태계 보전 및 생물다양성 증진과 직결
- ○ 반달가슴곰 복원사업의 과정은 환경과 생명에 대한 국민의 보전의식 고취
- ○ 우리나라 멸종위기 생물 종 복원의 선도적 사업으로 향후 멸종위기 종 복원 사업의 표준 방향 제시
- ○ 생물종 복원과 연계한 지자체의 친환경적 발전 모델 개발
- ○ 대한민국의 국제적 환경 인지도 및 국가 위신 향상

2) 현황 및 복원 시급성

희귀 및 멸종위기 야생동물 가운데 반달가슴곰의 서식 현황과 반달가슴곰 종 복원사업이 최우선되어 시행되는 원인은 아래와 같다.

- ○ 경제적 가치(수요)에 의한 국내외적 밀렵 성행
- ○ 국내에는 반달가슴곰의 야생 개체가 단 20여 개체만이 생존하고 있으며, 특히 1~5개체 내외로 고립 서식하고 있어 자연적으로도 단기간 내에 멸종될 위험성이 매우 높음
- ○ 각종 개발에 의한 서식지 단절이 심각함
- ○ 국제적 멸종위기 보호종(CITES 범주 1)
- ○ 환경부 멸종위기 야생동식물 I급

3) 추진 과정

야생 반달가슴곰 생존 보고 원년인 1996년을 기점으로 2015년까지 해외 종 복원 사례와 IUCN 등 국제자연보전기구의 복원 방향을 토대로 현안별로 크게 5단계로 수립하여, 현재 3단계 복원 사업이 진행 과정에 있다(그림 6-2와 부록 1).

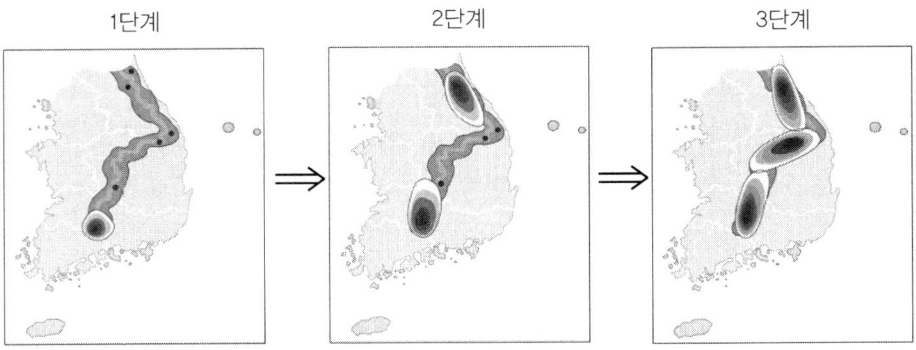

그림 6-2. 반달가슴곰 복원 계획

가. 1단계(1996~2000) : 실태 조사 및 복원 사업 사회 기반 조성

· 지리산권 3개 민간 보호단체 결성
· 밀렵 도구 제거 및 밀렵 조직 발본 색출
· 야생 곰 생존 개체 조사 및 보호활동 강화
· 곰 및 멸종위기 종 보전 학술 환경 조성
· 정부 · 지자체 · NGO · 언론 · 학계 등 관계 기관 협력 구축
· 지역주민, 국민 환경 의식 계도 활동 및 지원 강화

나. 2단계(2001~2004) : 서식지 보호와 복원 기법 개발

· 야생곰 서식지 법적 보호 조치 강화
· 반달가슴곰 등 멸종위기종 복원 기술기법 개발 연구
· 시험 방사곰을 통한 자연적응 및 서식지 평가와 DB 구축

· 보전과 복원을 위한 국제 학술대회 개최 및 참가
· 원종 확보 및 연구 협력을 위한 국제 교류
· 원종 도입 대상 지역과 개체군의 유전적 타당성 분석
· 질병 유무 검사
· 야생동물 방사에 의한 생태계 영향 조사
· 복원 전문 능력 향상을 위한 국내외 교육 및 훈련
· 시험 방사 곰 모니터링 보고서 및 자료집 발간
· 전문위원회 구성 운영

다. 3단계(2004~2008) : 원종 도입, 자연방사 및 서식지 관리, 지역 협의 등 제반 문제점 해결

· 반달가슴곰 사례 복원 표준 매뉴얼 제작
· 해외 종 복원 사업 사례 문헌 수집 및 연구
· 한국산 반달가슴곰 유전정보 분석
· 곰에 의한 피해 방지 기술 개발
· 서식지 위협 요인 제거 및 관리 계획 수립 실시
· 곰관리 경계선 설정 운영
· 반달가슴곰 보호 지역협의회 구성 운영(지자체 등 21개 유관기관)
· 명예 반달가슴곰 보호원(지역 주민) 제도 운영
· 곰과 공존 성공 사례 해외 지역 탐방 및 벤처 마킹

라. 4단계(2009~2012) : 자연 번식 및 최소 존속 개체군으로의 증식

· 야생 번식 개체의 모니터링 및 안전 관리, 자연증식 증대
· 멸종위기종 복원 센터 건립
· 반달가슴곰 종 복원 국제 심포지엄 개최
· 반달가슴곰 종 복원 기본 계획 재평가 및 수정 계획 수립 등

마. 5단계(2012~) : 최소 존속 개체군 유지 관리 및 서식지 환경 변화 모니터링, 종 복원사업 관련 친환경적 지역 발전 모델 개발

4) 세부 추진 과정

가. 추진 배경

- ○ '96. 07 : 환경부 요청에 의해 전남(구례), 전북(남원), 경남(진주) 3개 지역 민간 환경 보호단체 지리산자연환경생태보존회 결성, 지리산 야생 반달가슴곰 생존 사실 보고, 국민적 관심 집중
- ○ '96. 11. 02 : 야생곰 밀렵을 위한 도구(감자폭탄) 발견 언론보도를 계기로 반달곰 보호에 대한 관심 촉발(대통령특별지시 등)
- ○ '96. 11. 10 : 관민합동 불법엽구 수거(3천여개)
- ○ '96. 12. 13 : 지리산 반달가슴곰 살리기 공청회 개최
- ○ '97. 11. 22~24 : 멸종위기종 반달가슴곰 보전을 위한 국제심포지움(환경부 주관) 및 지리산 야생곰 서식 실태 조사
- ○ '98. 02 : 멸종위기 야생동물로 반달가슴곰 지정하여 복원 사업 추진을 위한 법적 기반 구축(환경부)
- ○ '98. 11. 22 : 반달가슴곰 및 멸종위기 야생동물 보전을 위한 한·일심포지엄 개최(환경부 주관)
- ○ '00. 11 : 지리산 야생 반달가슴곰 실체 촬영보도(진주 MBC)
- ○ '00. 12. 11 : 지리산 반달가슴곰 보호를 위한 관계전문가 회의(환경부)
  - 반달가슴곰 보호를 위한 위협요인 파악 및 해결대책 마련
  - 지리산 반달가슴곰 보호를 위한 출입통제구역 지정 추진
- ○ '00. 12. 29 : 반달가슴곰 보호 관련 세부추진계획 통보 및 조치요청(환경부→국립공원관리공단)
  - 출입통제, 상시 밀렵감시체제 구축, 서식환경 정밀조사 등
- ○ '01. 1. 12 : 지리산 반달가슴곰 보호대책 회의(환경부)
  - 자연보전지구 내 고로쇠 수액채취 금지 등 개선방안

○ '01. 2. 5 : 지리산 반달곰보호 출입통제구역 지정

나. 야생 반달가슴곰 실태 조사 및 복원 기술 개발 등 관련 연구

○ '97. 3~'98. 12 : 지리산국립공원 야생곰 정밀조사(국립공원관리공단) - 지리산에 야생곰 5~8마리 서식 추정

○ '98. 12~'01. 11 : 반달가슴곰 종복원 기술개발연구(국립환경과학원)
※ 연구사업 중 4마리 시험방사('01. 9~'04. 6)

○ '00. 02 : 지리산 반달가슴곰 서식지 적합도 예측에 관한 연구(서울대학교 환경대학원)

○ '01. 03~'02. 05 : 지리산 반달가슴곰 서식지 관리방안 연구(국립공원관리공단) ; 먹이자원을 근거로 최소 200여 개체 생존 가능 제시

○ '01. 03 : 야생동물방사가 공원생태계에 미치는 영향 연구(국립공원관리공단)

○ '01. 04 : 반달가슴곰 개체군 및 서식지 생존가능 국제워크샵(서울대공원) ; 최소존속개체군(50마리)으로의 자연 증식복원을 위한 외부 개체군 도입 학술적 근거 제시

○ '02. 02 : 국립공원 야생동물 적정관리 방안 연구(국립공원관리공단)

○ '02. 05 : 지리산 반달가슴곰 서식지 관리방안에 관한 연구(국립공원관리공단)

○ '02. 10 : 지리산국립공원 자원모니터링(국립공원관리공단)

○ '02. 12 : 반달가슴곰 관리 모니터링 결과 보고서(국립공원관리공단 지리산남부지소)

○ '02. 12 : 국립공원내 고로쇠나무 수액채취가 산림생태계에 미치는 영향(국립공원관리공단)

○ '03. 12 : 지리산 자연휴식년제 구간 모니터링(국립공원관리공단)

○ '03. 12 : 지리산국립공원 고산지 경관변화 모니터링(국립공원관리공단 지리산관리사무소)

○ '03. 12 : 지리산국립공원 탐방객 이용행태 조사(국립공원관리공단 지리산관리사무소)

○ '04. 03 : 지리산국립공원 자원모니터링(2차년도), (국립공원관리공단 지리산사무소)
○ '04. 12 : 지리산국립공원 자원모니터링(3차년도), (국립공원관리공단 지리산사무소)
○ '04. 12 : 반달가슴곰 시험방사 결과보고서(국립공원관리공단)
○ '04. 12 : 곰에 관한 글 모음 자료집 발행(국립공원관리공단 지리산남부사무소)
○ '05. 11 : 방사 반달가슴곰 관리시스템 구축(국립공원연구원 종복원센터)
○ '05. 12 : 한국산 반달가슴곰 유전정보 분석 연구보고서 및 해외 종복원 사례 문헌수집 및 연구 보고서(지리산남부사무소)
○ '06. 05 : 지리산권역 멸종위기야생동물 청문조사 보고서(국립공원연구원 종복원센터)
○ '07. 02 : 연간실적 보고서 발간(반달가슴곰), (국립공원연구원 종복원센터)
○ '07. 06 : 반달가슴곰 개체별 유전자특성 및 계통보존 연구 보고서 발간(국립공원연구원 종복원센터)
○ '08. 03 : 연간실적 보고서 발간(반달가슴곰/산양), (국립공원 멸종위기종복원센터)
○ '09. 03 : 모니터링 결과 보고서 - 반달가슴곰 - (국립공원 멸종위기종복원센터)

다. 복원 추진 경과

○ '02. 05 : 지리산 반달가슴곰 중장기 복원기본계획 수립(환경부)
○ '02. 05 : 반달가슴곰 관리팀 발족 · 운영(국립공원관리공단)
○ '02. 11 : 지리산 야생 반달가슴곰 실체 촬영보도(환경부/국립공원관리공단)
○ '03. 12 : 지리산 반달가슴곰 종복원사업을 위한 종도입 및 향후관리 계획 수립(국립공원관리공단)
○ '04. 05 : 반달가슴곰 계류장 설치(80평)
○ '04. 06 : 새끼곰 자연적응훈련장 설치(1,660평)

- '04. 07 : 반달가슴곰 종복원자문위원회(15인) 구성 · 운영
  - 각 분야 전문가 및 시민단체, 지역주민 등
- '04. 10 ~ '08. 10 : 새끼 반달곰 도입 · 방사(총 27마리)
  - '04년 연해주산 6마리, '05년 북한산 8마리, 연해주산 6마리, '07년 연해주산 6마리, '08년 서울대공원 북한산 1마리
- '05. 02 : 곰 피해 방지를 위한 전문가 회의 참석(일본 교토시)
- '05. 06 : 자연학습장(870평) 설치(회수 곰 관리 및 증식)
- '5. 10 : 지리산 반달가슴곰 관리경계선 설정 운영(환경부 반달가슴곰 종복원사업 관리대책)
- '05. 11. 28 : 곰 관리 조직 기구 재편(지리산남부사무소 관리팀 → 국립공원연구원 종복원센터)
- '06. 02 : 지리산 반달가슴곰 복원 지역 주민 간담회 실시(2회 : 지리산 권역 5개 시 · 군)
- '06. 05 : 반달가슴곰 보호 지역협의회 구성(지자체 등 21개 유관기관 담당 과장급 이상)
- '06. 05 : 명예 반달가슴곰 보호원 제도 운영(지리산 권역 주민 대표 11명)
- '06. 06. 01~15 : 종복원사업 관련 국민의식조사(국립공원연구원)

라. 지역 협력 및 계도, 홍보, 교육

- '05. 10. 24~28 : 지자체 · 주민 대상 곰과 지역사회 공존 해외 사례지역 견학(일본 홋카이도 시레토코국립공원)
- '05. 11. 15 : 지리산권(경남 · 전남 · 전북) 불법엽구 합동수거 관련 관계기관 회의(환경부)
- '06. 02 : 지리산 반달가슴곰 복원 지역 주민 간담회 실시(2회 : 지리산 권역 5개 시 · 군)
- '06. 05 : 반달가슴곰 보호 지역협의회 구성(지자체 등 21개 유관기관 담당 과장급 이상)
- '06. 05 : 명예 반달가슴곰 보호원 제도 운영(지리산 권역 주민 대표 11명)

○ '06. 06 : 종복원사업 관련 국민의식조사(국립공원연구원 종복원센터)
○ '06. 07. 3~7 : 지자체 · 주민 대상 곰과 지역사회 공존 해외 사례지역 2차 견학 (일본 홋카이도 시레토코국립공원)
○ '07. 01~12 : 지역주민간담회 8회 실시(구례군, 함양군)
○ '07. 02~12 : 메일링 서비스 실시(자문위원, 지역협의회 위원 대상 월 1회 주요 업무 현안 이메일 발송)
○ '07. 03 : 명예 반달가슴곰 보호원 제도 운영(지리산 권역 주민 대표 10명)
○ '07. 10. 30~ 11. 03 : 지자체 · 주민 대상 곰과 지역사회 공존 해외 사례지역 3차 견학(일본 홋카이도 시레토코국립공원)

마. 국제 전문가 및 기구 학술 교류, 발표

○ '01. 03 : 한중일 제1차 곰 보전 심포지움 참가 발표(중국 하얼빈시)
○ '02. 09 : 한중일 제2차 곰 보전 심포지움 참가 발표(일본 히로시마현)
○ '05. 02 : 곰 피해 방지를 위한 전문가 회의 참석(일본 교토시)
○ '05. 09 : IUCN SSC & IBA 곰전문가그룹 회의 참석. 한국 반달가슴곰 복원 사업 추진 현황 발표(일본 홋카이도)
○ '05. 10 : IBA(국제 곰 협회) Newsletter 한국 반달곰 복원 사업 사례 발표
○ '06. 04 : IUCN SSC Re-Introduction 전문가그룹 뉴스레터 한국 반달가슴곰 복원 사업 사례 발표
○ '06. 10 : 한국환경생태학회 연구 발표(4건)
○ '07. 04 : 한국환경생태학회 연구 발표(5건)
○ '07. 05 : IFAW(International Fund for Animal Welfare : 동물복지를 위한 국제기금) 주최 국제 곰 재활과 방사 워크샵 참석 발표(서울대학교)
○ '07. 10 : IBA/ABBET(Asiatic Black Bear Expert Team) 전문가 2명 위촉
○ '07. 11 : IBA(International Bear research & management Association : 국제 곰 협회) 학회 참석 및 연구 성과 발표(멕시코)
- IUCN SSC/RSG(Reintroduction Specialist Group) 전문가 위촉 (센터장 외 3명)
○ '07. 12 : 국제동물학회 및 보호지역 포럼 참석 및 발표

2. 단계별 세부 추진 내용과 성과, 문제점 해결

1) 복원 기술 개발

○ 복원 기술 개발을 담당한 국립환경과학원에서 러시아의 불곰 재활(Re-habilitation)기법[2])을 응용하여 지리산에 4마리(장군, 반돌, 반순, 막내)의 반달곰을 실험 방사하였으며,

○ 이중 장군과 반돌이 스스로 먹이를 찾고 겨울철 혹독한 환경 속에서 안전한 곳을 찾아 동면에 들어가는 등 지리산 환경에 성공적으로 적응함으로써 어린 새끼곰을 자연적응훈련을 거쳐 지리산에 자연하여 방사하는 재활기법이 타당성이 있는 것으로 검증되었다.

○ 지리산국립공원 반달곰이 멸종되는 것을 방지하기 위해 지리산의 반달곰과 유전적으로 동일한 반달곰 새끼를 타지역(북한, 연해주 등)으로부터 도입(Reinforcement/Supplementation:재강화/보충도입;재도입을 위한 IUCN/SSC[3])의 지침. 기존의 개체군에 동종 개체들을 더하는 것)하 여 유전적 다양성 향상을 도모하고 안정적인 서식개체군으로까지 증식을 도모하는 기법을 사용하고,

○ 시험 방사곰을 통해 국내에서 처음으로 곰의 생태적 특성 및 주요 활동지역 환경 요인을 분석하고, 성공적 복원 사업 추진을 위한 기초 DB를 구축할 수 있었다.

가. 무선추적을 이용한 반달가슴곰의 생태특성 파악

⇒ 다양한 요인(탐방객 등)에 의한 이동거리와 패턴을 보이고 있으며 외부

---

2) Pazhetnov, B. C. 1999. МЕТОДИКА ВЫРАЩИВАНИЯ МЕДВЕЖАТ-СИРОТ ДЛЯ ВЫПУСКА В ДИКУЮ ПРИРОДУ(고아 새끼곰 방사를 위한 사육 방법론). Pp. 47.(in Russia) ; 러시아 중앙산림보호구(Central-Forest Biosphere Reserve) Clean Forest 생물학 연구소의 Pazhetnov 박사가 러시아의 고아 불곰 새끼를 대상으로 개발한 사육 및 재활 기법. 러시아에서 1974년부터 1990년까지 17년간 곰의 행동양식 발달과정에 대한 연구결과 고아가 된 새끼 곰들을 특별한 사육훈련과정을 통하여 자연으로 돌려보내는 것이 가능하다는 결론에 이르렀으며, 1994년부터 2000년까지 68마리의 고아 새끼곰을 재활시켜 자연으로s 돌려보내는데 성공.

3) 국제자연보전연맹 종생존위원회 : International Union for Conservation of Nature and Natural Resources Species Survival Commission

요인을 먼저 피하려는 뚜렷한 경향을 보였다.

○ 시간대별 이동거리

- 날씨가 맑은 날은 흐린날에 비해 3배 이상 이동거리가 많으며, 오후 8시 이후에는 이동이 작아지는 것으로 보아 방해요소가 없는 한 주로 주간에 활동하는 경향을 나타내었다.

○ 이동패턴 및 행동권 분석

- 핵심장소(약 1㎢ 정도)를 중심으로 이용되지 않는 장소를 찾아 이동하는 등 점차적으로 이동거리를 넓혀가는 경향을 보였으며, 가을 단풍철에는 탐방객의 영향이 적은 지역으로 이동했다가 며칠 뒤 복귀하는 등 주변 여건에 따라 이동패턴이 달라졌다.

나. 반달가슴곰 서식지 이용 분석

⇒ 주로 남향, 동향의 25° ~ 35° 경사가 있는 900~1,400m의 고지대를 이용하며, 도로로부터 3㎞이상 벗어난 지역과 탐방로로부터 500m이상 떨어진 곳을 선호하였다.

○ 방향 : 주로 남동, 동, 남향을 이용(먹이자원과 적설의 영향)

○ 표고

- 900~1,400m의 고지대를 주로 이용하며 먹이자원과 인위적 요인(도로, 마을 등)에 의한 것으로 분석되었다.

○ 식생

- 여름과 가을철 활동 위치의 식생환경은 80%이상이 신갈나무 군락지대

○ 경사

- 지리산 경사 분포비율과 비교해 볼 때 특별히 선호하는 경사는 나타나지 않았으나 위치를 분석하여 보면 25° ~ 35° 의 경사를 주로 이용하였다.

○ 도로 : 공원내 도로로부터 약 3㎞이상 벗어난 지역에서 주로 활동하며

○ 탐방로 : 탐방로에서 멀어질수록 많이 이용하며 500m이상 떨어진 서식지를 가장 선호하였다.

다. 인위적 위협요인 조사

⇒ 방사곰의 주요 서식지 이용에 있어 인간에 의한 인위적인 요인(산행시 소음, 야간 산행 등)이 상당히 영향을 미치는 것으로 조사되었다.

○ 탐방객에 의한 요인

- 탐방객이 주요 능선상에서 단체로 내는 '야호' 등의 소음이 곰들에게 가장 큰 영향을 미치는 것으로 나타났으며 주말에는 방사곰들이 기존 서식지에서 2~3km를 벗어난 후 월요일에 되돌아 왔으며 단풍이 절정시기에는 서식지를 5km이상 이동한 사례도 있다.
- 또한, 탐방객들의 야간산행으로 인하여 탐방로로부터 약 2백미터 떨어진 곳에서 수면을 취하고 있던 곰이 깨어나 1.6km떨어진 지점으로 급격하게 이동한 바 있다.

라. 배설물 분석을 통한 주요 먹이자원 조사·분석

⇒ 배설물은 개략적인 행동특성, 군집의 크기, 공간적 관계 등을 연구하는데 있어 매우 중요한 정보이며 특히, 식이물 분석은 사회적 행동이나 개체군의 생태에 관한 귀중한 정보를 제공하였다.

○ 분석결과, 계절별로 섭취된 식물종은 어떤 특정 종만을 선호하지 않고 다양하게 나타났는데, 이는 서식하고 있는 지역의 자연환경에서 이용할 수 있는 모든 먹이 자원을 계절별로 최대한 활용한 것으로 보인다. 특히, 다른 계절에 비해 가을철에 더욱 다양한 먹이양상을 보이는 이유도 상대적으로 높은 먹이종의 풍부도와 이용가능성, 동면을 위한 준비에서 나타난 결과로 보이며,

○ 또한, 여름철 배설물을 일본의 연구 자료와 비교해보면 섭취된 식물과 곤충류는 대체적으로 비슷하였으나 양서류의 이용 빈도가 훨씬 높았는데 이는 서식지역 먹이종 분포 차이에 따른 것인지 특징적인 이유가 있는지는 더 연구가 필요하다.

○ 계절별 먹이로는

- 봄 : 나무의 새순, 취나물, 고사리 등의 새로 나는 잎

- 여름 : 산딸기, 버찌, 오디, 머루 등의 열매
- 가을 : 도토리, 다래, 조릿대 잎, 견과류
- 겨울 : 낙과한 도토리, 조릿대 잎

※ 반달가슴곰 배설물 속의 소화되지 않은 도토리는 여기저기에서 발아하여 1차적으로는 참나무류의 식생 풍부도를 높이는 요인으로 작용하며, 2차적으로는 산림생태계의 종풍부도를 높이는 주요 원인으로 작용 - 종자산포자로서의 반달곰의 삼림생태계의 중요 역할

마. 야생 반달가슴곰 조사

⇒ 복원의 가장 중요한 개체군인 현지내 야생 반달가슴곰의 보다 정확한 실태를 파악코자 서식흔적에 대한 기초조사를 실시함

○ 야생 반달가슴곰 서식흔적 위치별 환경요인 분석 결과 주로 이용한 지역은 고도는 930m~1,452m, 경사는 9.9° ~ 41.5°, 동향을 제외한 지역으로 나타났으며, 도로로부터 1km, 탐방로로부터 100m이내 지역에서는 거의 서식 흔적이 나타나지 않았다.

○ 또한, 야생 반달가슴곰은 가을철 주요 먹이자원이며 동면장소(나무구멍 등)를 제공할 수 있는 신갈나무 군락을 주로 이용하고 있었다(서식흔적이 확인된 16개 지점 중 15개 지점이 신갈나무 군락).

○ 이러한 현장 조사 결과를 바탕으로 야생 반달가슴곰 실체 확인을 위하여 무인센서카메라를 출몰 예상지점을 중심으로 설치하여 2002년 11월 촬영에 성공하여(그림 6-3) 지리산에서의 야생 반달가슴곰 실체 여부 논란에 대해 종지부를 찍었다.

그림 6-3. 무인카메라에 찍힌 지리산 야생반달가슴곰 (2002. 11)

2) 복원 대상지, 지리산

가. 서식지 면적과 특성

○ 반달가슴곰 복원 대상지는 유전인자 보존을 위한 기존 야생 곰의 존재여부와 안전하고 넓은 서식공간, 풍부한 먹이자원, 충분하고 우수한 서식처 조건을 갖추고 있어야 하며, 이에 따른 적절한 관리가 가능한지가 중요하고,

○ 지리산은 과거부터 야생 반달가슴곰이 서식해 왔던 지역으로 최근 들어서도 그 실체가 촬영(진주 MBC, 2000; 반달곰관리팀, 2002) 되는 등 유전인자 보존을 위한 기존 야생 반달곰의 존재가 명확히 밝혀진 곳으로 현재 우리나라에서 가장 큰 반달가슴곰 개체군(5마리 내외)이 서식하고 있는 것으로 알려져 있다(그림 6-4).

○ 이는 사람에 의한 밀렵, 서식지 파괴 등 인위적 영향을 배제시킨다면 반달가슴곰이 살아갈 수 있는 충분한 서식지 조건을 갖추고 있어 반달곰

개체군 복원의 성공 가능성이 다른 여타 지역보다 높은 것으로 평가 할 수 있으며,

○ 반달가슴곰은 다른 개체와 행동권(Home range)이 중복되어 활동하는 비교적 온순한 동물로, 지리산의 면적은 국립공원으로 지정된 면적만 총 472㎢으로 반달곰이 안정적으로 서식하기에 충분한 면적을 갖추고 있으며, 반달가슴곰의 주요 먹이자원인 견과류, 장과류, 조릿대, 취나물류 등이 풍부하고,

○ 특히, 가을철 반달가슴곰의 주식이라 할 수 있는 도토리를 생산하는 신갈나무와 졸참나무 등 참나무류가 지리산 전체 면적의 60%이상을 차지하고 있어 반달가슴곰의 안정적인 먹이자원을 제공하고 있다.

○ 반달가슴곰의 서식밀도는 서식지의 질(먹이, 은신처, 인간영향 등)에 따라 다양한데 지리산국립공원과 유사한 서식환경을 갖고 있는 일본의 하쿠산(白山)국립공원 산림의 반달가슴곰 밀도는 0.19~0.29마리/㎢(Azuma, 1980), 일본 동북부지방의 경우 0.13~0.18마리/㎢(Anonymous, 1996), 러시아 최적 서식지에서의 밀도는 0.15~0.2마리/㎢에 달하는 것으로 알려져 있다.

○ 위 사례를 지리산(472㎢)에 적용시, 일본 사례를 적용하면 각각 89~136마리, 51~84마리, 러시아 사례를 적용하면 70~94마리가 서식 가능하며, 지리산국립공원과 인접지역의 산림면적을 합하여 서식지 면적을 가정하였을 경우에는 1.5~2배 더 많은 반달가슴곰이 서식 가능하다는 결론을 얻을 수 있다.

○ 결론적으로 지리산은 산이 높고 골이 깊어 지금도 사람의 손길이 잘 미치지 않는 지역이 많으며, 아름드리 신갈나무가 넓은 지역에 걸쳐 숲을 이루고 있는 등 산림이 잘 보전되어 있어 지역에 따라 반달가슴곰이 인간의 간섭으로부터 안전하게 서식할 수 있는 최적의 서식지 조건을 갖추고 있다고 평가된다.

나. 관리 능력

○ 지리산은 1967년 우리나라 최초로 국립공원으로 지정된 한반도 남부 최대면적의 산악공원으로 경남 산청, 전북 남원, 전남 구례 등에 사무소를 두고 공원자원 보전과 탐방서비스를 위한 공원관리를 밀도 있게 수행하고 있으며(그림 6-5)

○ 또한, 자연공원법에 의거 반달곰을 비롯한 야생동물의 안전한 서식처 제공을 위해 반달곰 서식 예상지역을 출입통제지역으로 지정하고, 대부분 야생동물의 번식기인 봄철 고지대에 대한 탐방객의 출입을 엄격히 통제하는 등 안정적인 서식지 관리를 위해 노력하고 있다.

그림 6-4. 신갈나무 동면굴

그림 6-5. 고산지 대피소(세석)

다. 서식지 문제점

(1) 반달가슴곰의 서식지와 인간의 생활권 중복

○ 지리산권역은 원래 훌륭한 야생동물의 서식지이었으나 오래전부터 사람들이 들어와 깊은 숲 속 곳곳에 터를 잡고 살아가고 있으며, 행위허가를 통해 시설물이 지속적으로 설치되어 야생동·식물의 안정적인 서식지가 축소되고 있으며,

○ 야생동물은 본능적으로 먹이가 풍부하고 안전한 서식지를 찾아 활동을 하나, 그들의 서식지와 인간의 생활권이 중복 되었을 때 충돌이 발생할 수 있다.

○ 깊은 숲 속에서 생계를 유지하기 위해 한봉, 농작물 경작, 임산물(고로쇠 수액, 산나물 등)채취 등의 행위가 이루어지고 있으며, 이러한 행위는 야생동물과 충돌가능성을 높이고 있다.

○ 특히, 방사곰을 비롯한 야생동물들이 먹이가 부족한 시기에 먹이를 찾아 곳곳을 다니다 보면 필연적으로 인간의 생활권에 접근할 가능성이 높아지게 되며, 이에 따라 인간의 생활권과 충돌하는 경우가 발생하는 등 안정적인 서식조건 조성에 문제요인으로 작용하고 있다.

(2) 무분별한 탐방문화 개선 필요

○ 주5일제 근무제 시행으로 산행인구 및 단체이용의 증가, 정상 정복형, 백두대간 종주탐방 문화와 탐방객들에 의한 불법행위로 인해 반달가슴곰을 비롯한 야생동물의 서식지가 위협을 받고 있다.

○ 국립공원관리공단에서는 자연공원법에 의거 무분별한 탐방행위를 규제 · 단속하고 있으나, 샛길 및 비법정탐방로 이용, 야간산행, 야호 등 고성방가, 취사, 야영, 과일껍질 등 쓰레기투기, 흡연 등 불법행위는 과거에 비해 나아져 가고 있으나 근절되기까진 수요자인 국민들의 산악문화 의식의 전면적인 개선이 필요하다.

(3) 불법엽구 설치 및 밀렵

○ 불법엽구 설치 및 밀렵은 지리산국립공원의 반달곰이 멸종위기에 처하게 된 직접적인 원인이다.

○ 적극적인 서식지 보전활동으로 지리산권에서 밀렵행위는 거의 사라졌다고 하나, 지리산국립공원 인근지역에서는 아직까지 멧돼지 등 야생동물의 밀렵행위가 비밀리에 행해지고 있으며,

○ 지역주민들은 야생동물 특히 멧돼지에 의한 농작물 피해 등을 이유로 밤농원 등을 중심으로 올무, 창애를 설치하는 등 불법엽구 설치행위가 근절되지 않고 있다.

○ 특히, 2005년 도입한 새끼곰 2개체가 밤농원 주변에 설치한 올무에 걸려 폐사되는 사례가 발생한 이후 올무 설치자가 처벌을 받고, 관계기관 합

동으로 불법엽구 수거활동을 적극적으로 벌리고 있으나 불법엽구는 여전히 지속적으로 발견되고 있다.

(4) 국립공원 인접지역의 개발로 서식지 단절

○ 야생동식물의 마지막 피난처인 국립공원 연결된 산림지역은 훌륭한 야생동물의 행동권으로 임도개발과 도로개설, 각종 개발사업을 최대한 자제하여 야생동식물들에게 안정적인 서식공간을 제공해 주어야 하나,

○ 경제개발 및 인간의 편의, 산림관리를 명목으로 무분별하게 파헤쳐지고 있어 국립공원과 연결된 야생동물의 서식지가 단절되는 등 야생동물의 서식지가 위협을 받고 있다.

라. 서식지 안정화 방안

○ 국립공원내 행위제한 강화 : 반달곰을 비롯한 야생동물의 서식지 안정화에 상반되는 행위를 제한 강화 할 수 있도록 자연공원법 개정이 필요하며,

○ 공원계획 재조정 : 반달곰 서식조건이 좋은 핵심지역의 탐방로 통제(또는 폐지) 및 일시에 많은 인원이 집중되는 대피소 시설물을 최소화하고, 깊은 산속에 위치한 암자나 단독가옥, 공원내 마을은 공원 외곽지역으로의 이주를 적극 유도하고

○ 공원 보호구역 지정 확대 : 국립공원 주변의 양호한 생태계지역(반달곰 관리경계선 등)을 보호구역으로 확대 지정하여 각종 개발사업의 위협으로부터 야생동식물의 서식지 보호를 강화하고

○ 지역사회 협력 및 홍보 강화 : 지역주민이 반달곰 복원사업에 협조할 수 있도록 지역협력사업 지원 및 홍보활동 강화가 요구된다.

○ 탐방문화 개선 및 불법행위 단속강화 : 무분별한 탐방문화를 개선하기 위한 다양한 프로그램 운영을 통한 홍보와 불법행위에 대한 단속을 강화하고

○ 불법엽구 설치행위 단속 및 처벌 강화 : 올무, 창애 등 불법엽구 설치와 밀렵행위에 대한 단속과 처벌을 강화할 필요가 있다.

○ 훼손된 서식지 복원 : 과거 양호한 생태계를 유지하고 있었으나 무분별하고 과도한 이용으로 훼손된 지역을 복원하여 양질의 서식지를 제공하여야 한다.

3) 원종 확보 및 이입개체 다변화, 최소존속개체군 확보

복원기술 개발 결과를 바탕으로 2004년부터 계통유전학적으로 동일 아종인 북한, 러시아, 중국동북부의 새끼 야생곰을 '04~'08(5년간)기간 동안 매년 6마리씩(총 30마리) 도입하여 기존 야생 반달곰 개체군과 자연번식을 유도하여 2012년까지 최소존속개체군(50여마리) 수준으로 복원하는 것을 기본 목표로 하였다. 그러나 본 기본계획과는 달리 방사후 출산까지 당초 계획보다 2년이 지연되었고, 여러가지 원인에 의해 야생 적응에 실패한 개체가 50%에 이르는 등 변화가 발생하여, 국립공원관리공단 멸종위기종복원센터에서 향후 재평가 수정할 계획이다.

○ Van Manen and Pelton(1997)은 최소한 40마리의 개체를 6~7년에 걸쳐 매년 나누어 방사(곰의 번식특성상 다양한 연령층이 필요)하는 것이 이론적으로 가장 합리적이며, 가장 이상적인 성공 확률을 보일 것으로 보고되었으며,

○ 국립환경과학원(2001)의 "멸종위기에 처한 야생동물 복원기술 개발" 연구결과, 지리산 반달곰을 보전하기 위해서는 이입을 통한 방사기법을 이용하여 최소한 20개체(유전적으로 근연관계를 갖지 않는 개체)이상을 6~7년에 걸쳐 매년 방사하여야 한다고 보고되었다.

○ 가장 효과적인 이입개체수 산정을 위하여 Vortex 시뮬레이션 모델링[4)]을 이용한 결과(표 6-1), 매년 개체군 희생 및 문제곰 회수가 있다는 전제하에 매년 6마리(암4, 수2)씩 5년간 이입할 때 100년 후 존속가능성은 94%, 예상개체군이 51마리로서 "안정적인 존속가능성과 최소존속개체군"을 모두 만족시킬 수 있었다.

○ 야생곰 5마리를 2012년까지 최소존속개체군인 50여마리로 증식시키기 위해 '04년부터 5년간 매년 6마리씩 이입을 하여 기존 야생곰과 교류, 출산을 도모하는 것을 기본계획으로

○ 이입개체(③)는 질병, 자연적응 실패 등의 위협요인으로 인한 실패율을 1/3로 추정하여 적응 개체수(④)를 산정하고,

---

4) 개체군 생존능력 평가(Population viability analysis)를 위한 시뮬레이션 소프트웨어 패키지로서 생활사와 개체군에 대한 여러 확률적 변수들의 관계를 연구하는 수단으로 사용(시카고 대학의 Robert C. Lacy가 1993년에 개발. 현재 version 9.14까지 Upgrade)

○ 생후 4년차부터 생식이 가능하다고 보았고, 야생곰과의 교류는 '07년도에 2마리가 참여하는 것으로 간주('07년도 ⑤항의 6은 2+4)하였으며, 번식 가능 쌍(⑥)은 생식가능 개체수(⑤)의 50%가 짝지어 출산하는 것으로 추정하였다.

○ 출산개체수(⑦)는 한 배에 2마리를 출산하는 것으로 간주하였다. 연도별 총계(⑧)는 2008년까지는 ④+⑦이며, 2009년부터는 전년 총계(⑧)와 당년도 출산새끼수(⑦)의 합계이다.

○ 2004. 10 이후 현재까지 러시아 연해주와 북한으로부터 총 27마리를 도입하여 자연 적응훈련과정을 거친 이후 방사되었다(부록 2).

표 6–1. VORTEX 가상 분석 결과에 근거한 지리산 반달가슴곰 최소존속개체군 확보 계획 ('04 – '12)

구 분	'04	'05	'06	'07	'08	'09	'10	'11	'12
① 야 생 곰	5	5	5	5	5	5	5	5	5
② 이 입 개 체 수	6	6	6	6	6				
③ 적 응 개 체 수	4	4	4	4	4				
④ 소 계	9	13	17	21	27				
⑤ 번식 가능 개체 수				6	10	14	18	24	28
⑥ 번식 가능 쌍				1	2	1	2	5	2
⑦ 출산 새끼 수				2	4	2	4	10	4
⑧ 총 계(④+⑦)	9	13	17	23	31	33	37	47	51

그림 6–6. 곰도입 계약체결(2005)

그림 6–7. 연해주곰 도입(2005)

3. 복원을 위한 새로운 희망과 미래에 대한 기대

2009년 3월 애타게 기다려왔던 방사곰의 자연상태에서의 지리산 첫 반달가슴곰이 태어났다. 발해의 옛 땅, 러시아 연해주지역에서 어미를 잃은 고아 야생 새끼곰들과 북한 랑림산, 대성산 야생 반달곰의 후손들이 남북 동물교환사업으로 도입되어 지리산에 방사된 새끼 반달곰은 모두 27마리(첨부 2참조)로서 기대이상으로 지리산에 잘 적응하여 생활하고 있다. 시험 방사 반달곰 관리에서 드러난 인간과 친숙해 진 첫 번째 문제 해결을 위해 본격적인 복원을 위한 대상 반달곰 개체선정부터 방사에 이르기까지 세심한 주의를 기울인 결과일까? 우리의 예상을 넘어선 빠른 속도의 야생 곰으로의 적응 변화의 결과인가? 발신기 교체를 위한 포획은 시간이 지날수록 더욱 어려워져 가고 있다. 멸종위기 종 복원센터 연구원들이 곰의 귀와 목에 부착한 전파발신기에서 나는 전파음의 방향을 따라 조심스레 현장에 접근하지만, 곰은 이미 포획대원들의 접근을 알아채고 저 멀리 달아나 안전한 장소에서 대원들이 어떻게 하는지 주시하고 있다가 접근을 시도하면 또 다시 거리를 벌려 이동하기 수십 번, 오히려 방사곰들의 날로 야생화해 가는 과정은 당연하고 진정으로 반가운 일이다.

반달가슴곰 복원 사업은 앞으로도 크고 작은 시행착오를 거칠 것이다. 그러나 무엇보다 우리들 스스로가 내일에 대한 희망과 후손에 대한 책임과 의무를 다하고자하는 의지만 있다면 반드시 성공할 것이다. 반달곰은 우리나라에서 멸종위기에 처한 221종의 야생동식물과 지구상에서 가장 어리석은 생물종 인간의 미래를 밝히는 생명등대이기 때문이다.

참고 문헌

Anonymous, 1996. 日本動物大百果 哺乳類 Ⅰ. 平凡社, Pp.144-146.

Azuma, S. and H. Torii. 1980. Impact or human activities on survival of the Japanese black bear. Int. Conf. Bear Res. Manage. 4: 71-79.

Heywood, V.H., Stuart, S.N., 1992. Species extinctions in tropical forests. *In* Whitmore, T.C., and J.A. Sayer (eds.), Tropical Deforestation and

Species Extinction. Chapman and Hall, London, Pp.91-117.

Lovejoy, T.E. 1980. A projection of species extinctions, *In* Council on Environmental Quality (CEQ), The Global 2000 Report to the President, Vol. 2. CEQ, Washington, DC, Pp.328-31.

Raven, P.H. 1987. The scope of the plant conservation problem world-wide, In D. Bramwell, O, Hamann, V. Heywood, and H. Synge (eds.), Botanic Gardens and the World Conservation Strategy, Academic Press, London, Pp.19-29.

Raven, P.H. 1988. Our diminishing tropical forests. In E.O. Wilson and F.M. Peter (eds.), Biodiversity, National Academy Press, Washington, DC, Pp.119-22.

Reid, W.V., 1992. How many species will there be?. In Whitmore, T.C. and Sayer, J.A., Editors (eds.), Tropical Deforestation and Species Extinction, Chapman & Hall, London, Pp.55-73.

Van Manen, F. T. and M. R. Pelton. 1997. Procedures to enhance the success of a black bear reintroduction program. Int. Conf. Bear Res. Manage 9(2):67-77.

Wilson E.O., 1988. The current state of biological diversity, *In* E.O. Wilson and F.M. Peter (eds.), Biodiversity, National Academy Press, Washington, DC, Pp.3-18.

Wilson E.O., 1989. Threats to biodiverisity. Scientific American , September 1990, Pp. 108-16.

Wilson, E.O., 1992. The Diversity of Life, Belknap Press, Cambridge, Mass

국립공원연구원 종복원센터. 2007. 2006 연간실적보고서.

국립공원 멸종위기종복원센터. 2008. 2007 연간실적보고서.

국립공원 멸종위기종복원센터. 2009. 2008 모니터링 결과 보고서 - 반달가슴곰 -.

국립환경연구원, 2001. 멸종위기에 처한 야생동물 복원기술 개발. 환경부. Pp. 228

부록 1. 반달가슴곰 복원 개체 도입부터 자연방사까지 진행 절차

	추진업무	주 요 내 용
도입전	복원개체 도입국 (지역, 기관) 선정	○ 우수리아종(*Ursus thibetanus ussuricus*) 서식지역 – 북한, 러시아연해주, 중국동북부 지역 ○ 업무협조가 원활이 이루어질 수 있는 지역의 기관
	한국측 CITES 수입 승인	○ CITES 수입 허가신청(영산강유역환경청) – 제출서류 : 수입허가 신청서, 사용계획서, 운송계획서, 기타 승인기관에서 요구하는 서류 ○ CITES 수입허가서 발부(유효기간 1년)
	개체공급 계약 체결	○ 수출국의 업무상대자(기관)와 개체 공급에 대한 계약 체결 ○ 계약서 포함 내용 – 반달곰 종류 및 개체수 – 반달곰의 조건 – 공급/도입자 임무(관련행정 절차 수행, 포장 및 운송 등) – 비용지불(금액, 시기, 방법 등) – 보증에 관한 사항 – 개체 공급 시기 – 계약서의 효력 및 종결 등 ○ 영어, 한국어, 상대국 언어로 된 계약서 작성
	국내 검역 시행장 지정	○ 개체 도입 시기에 맞추어 검역시행장 지정 신청(국립수의과학검역원 군산지원) – 제출서류 : 검역시행장 지정신청서, 시설평면도, 기타 지정기관에서 요구하는 서류 ○ 검역시행장 신청지 현지 실사(국립수의과학검역원 군산지원광양출장소) ○ 검역시행장 지정서 발부(유효기간 3개월)
	수출국 CITES 허가	○ 수출국의 관련 기관으로부터 CITES 수출 승인(계약상대자) – 제출서류 : 한국의 CITES 수입 승인서, 계약서 원본, 기타 내용은 계약상대자가 제작 제출 – CITES 승인에 약 30일 소요 ○ 수출국의 CITES 수출 승인서 수령 → 수입과 동시에 국내 검역기관 제시

(다음 페이지 계속)

	추진업무	주 요 내 용
도입전	수출국 CITES 허가	○ 수출국의 관련 기관으로부터 CITES 수출 승인(계약상대자) - 제출서류 : 한국의 CITES 수입 승인서, 계약서 원본, 기타 내용은 계약상대자가 제작 제출 - CITES 승인에 약 30일 소요 ○ 수출국의 CITES 수출 승인서 수령 → 수입과 동시에 국내 검역기관 제시
	유전자 검사	○ 종복원센터 수의사가 도입 예정 개체의 유전자 샘플(혈액, 모근 등) 채취 ○ 유전자 샘플을 국내 전문 분석기관에 의뢰 → 한국산 반달곰과 유전적으로 동일한 종류 여부 판별 ○ 동일한 종류로 판단될 경우에만 도입 업무 추진
	수출국 검역시행	○ 수출국 검역기관으로부터 검역시행(계약상대자가 업무 수행, 계약서상에 명시) ○ 국제수역기구(O.I.E)의 검역 기준(검역기간 최소 30일)에 의거 ○ 상대국 검역증명서(원본) 수령 → 수입과 동시에 국내 검역기관에 제출 ○ 개체 도입 최소 1개월전 구충제 처방 요청(필요시 구충제 제공)
운송	운송	○ 운송전 종복원센터 수의사를 포함한 인수팀을 상대국에 파견하여 도입예정 개체의 건강상태, 사람에 대한 반응 등을 확인하여 도입개체를 최종선발 후 운송 ○ 국제 항공운송협회의 산 동물 운송기준(IATA)에 따라 포장 및 운송 ○ 운송 대행업체를 통해 운송 - 운송업체와 운송계약 체결 - 계약내용 : 운송동물의 종류와 개체수, 운송구간, 운송방법, 운송일, 관련서류준비, 비용비불, 손해보상청구, 계약의 효력 및 종결 등 - 상대국 공항→인천공항→ 검역시행장 운송 - 위임 행정절차 :인천공항에서 임시 검역 및 통관절차, 보세구역외장치허가, 검역시행장 직송 검역물 운송통보서 등 ○ 운송과정 수의사 동행

(다음 페이지 계속)

	추진업무	주 요 내 용
도입 전	국내검역	○ 국립수의과학검역원 군산지원 광양출장소 검역 시행 – 기간 : 도입 후 5일간 – 장소 : 검역시행장(국립수의과학검역원에서 지정한 장소) – 검역내용 · 육안 관찰 건강 검사 · 동물관리일지 작성(영양상태, 피부병, 호흡기, 채식상태, 배설물상태, 외상, 폐사두수, 사료종류 등 관찰 기록) 작성 ○ 동물검역증명서 발급 ○ 검역기간 동안 먹이급여 관리 등은 검역원 측의 지침에 따라 수행
	통관	○ 통관업무를 대행하는 관세사 사무소를 통해 통관 절차 진행 – 통관기관 : 광양세관(운송업체를 통해 대행업체 등 사전 조치 수행) – 제출서류 : 동물검역증명서, 화물운송통보서 등 운송관련 서류 ○ 광양세관에서 현장 검사 ○ 관세, 부가세 등 납부
	자체 건강검진	○ 마취 후 각 개체별 건강검진 실시 – 시진, 촉진, 청진 – Vital signs(심박, 호흡, 맥박, 혈압) 모니터링 – 혈액검사, 혈청화학검사, 분변검사, 미생물검사 – 신체치수 측정 및 인식번호 삽입 · 부착 – 광견병 백신투여 ○ 검사결과 확인 후 치료 또는 격리 요구 개체 선별하여 치료 관리 ※ 검역기관에서 철저한 검역으로 자연방사를 해도 문제가 없다고 판단되면 개체별 자체 건강검진 생략
	자연 적응훈련	○ 검역, 통관 등 도입에 관한 모든 업무처리 종료 후 자연적응 훈련 수행 ○ CCTV 모니터링 등
	자연 방사	○ 자연적응훈련 후 자연적응 가능성이 높은 개체를 선발하여 자연방사

부록 2. 지리산 방사 반달가슴곰 개체 현황 (2009. 9. 30 현재)

구 분	개체수	개체
총계	28	방사 개체/27 + 새끼/1
자연적응	15 (♀8, ♂6)	자연적응개체/14 + 새끼/1(성별미확인)
회수 · 증식	4 (♀1, ♂3)	야성부족으로 증식용으로 활용
폐사	8 (♀6, ♂2)	올무에 의한 폐사/3, 자연사/4, 원인미상/1
실종	1 (♀)	

구분	번호	관리코드	성별	개체현황
연해주 반달가슴곰 (1차)	1	RM-01-04-04	♂	증식용
	2	RM-02-04-04	♂	자연적응
	3	RM-03-04-04	♂	증식용
	4	RF-04-04-04	♀	증식용
	5	RF-05-04-04	♀	자연적응
	6	RF-06-04-04	♀	폐사 (자연사)
북한 반달가슴곰 (2차)	7	NF-07-04-05	♀	자연적응
	8	NF-08-04-05	♀	자연적응중 (새끼출산)
	9	NF-09-04-05	♀	폐사 (올무에 의한 폐사)
	10	NF-10-04-05	♀	폐사 (자연사 : 탈진 추정)
	11	NM-11-04-05	♂	폐사 (올무에 의한 폐사)
	12	NM-12-04-05	♂	증식용
	13	NM-13-04-05	♂	자연적응
	14	NM-14-04-05	♂	자연적응
연해주 반달가슴곰 (3차)	15	RM-15-05-05	♂	자연적응
	16	RF-16-05-05	♀	폐사 (자연사)
	17	RF-17-05-05	♀	실종
	18	RF-18-05-05	♀	자연적응
	19	RM-19-05-05	♂	자연적응
	20	RF-20-05-05	♀	폐사 (올무에 의한 폐사)
연해주 반달가슴곰 (4차)	21	RF-21-07-07	♀	자연적응
	22	RF-22-07-07	♀	폐사 (자연사)
	23	RF-23-07-07	♀	자연적응
	24	RM-24-07-07	♂	자연적응
	25	RF-25-07-07	♀	자연적응
	26	RM-26-07-07	♂	폐사 (원인미상)
북한 반달가슴곰(5차)	27	NF-27-07-07	♀	자연적응
북한 반달가슴곰 (자연 출산)	28	N?-28-09-09	?	자연출산 새끼 (8번 새끼)

※ 관리코드 "국적-성별-관리번호-출생년-도입년"순으로 조합한 코드

※ 본 자료는 국립공원 멸종위기종복원센터에서 작성한 자료임.

7장

멸종위기어류 복원 사례: 미호종개

방인철[1], 이일로

들어가는 말

미호종개는 2005년 2월에 환경부 멸종위기 야생동식물 Ⅰ급으로 지정되었으며, 2005년 3월 17일에는 문화재청 천연기념물 제 454호로 지정되었다. 이로서 미호종개의 법적 보호장치는 마련되었으나 실질적인 보호연구는 전무한 실정이었다. 멸종위기어류 18종에 대한 복원연구로 감돌고기, 꼬치동자개, 퉁사리가 2002년 차세대환경기술개발과제로 수행된 바 있으며, 가는돌고기, 가시고기, 모래주사, 묵납자루, 임실납자루, 잔가시고기 등은 장외보존 또는 생태관련 연구가 진행 중이다. 그러나 본 종에 대한 복원연구는 전무하였으며, 미호천 및 금강의 어류상 조사를 통한 분포지역에 관한 단편적인 연구만이 이루어진 바 있다.

미호종개(*Iksookimia choii*)는 Kim and Son(1984)에 의해서 *Cobitis choii* 로 최초 기재되었으며, 이 종은 Nalbant(1993, 1994)에 의해서 *Iksookimia*속으로 분류된 이후 Kim and Park(1997), Kim(1998), Kim *et al.*(1999), Kim *et al.*(2003)에 의해서 분류와 함께 대략적인 분포역이 밝혀짐으로서 서식분포역이 매우 좁은 것으로 보고된 바 있다. 1985년부터 2004년까지 한국 내 *Iksookimia*

1) 순천향대학교 해양생명공학과 / incbang@sch.ac.kr

*choii*의 서식 기록을 보면 미호천의 경우 1985년부터 1997년도까지는 지속적으로 확인되었으나 2000년대 이후에는 그 수가 격감하고 있는 것으로 나타났으며, 미호천 상류에서 확인됨으로서 미호천 본류에서는 극히 희소한 것으로 나타나 서식에 많은 위협을 받고 있는 것으로 판단된다. 이러한 결과는 미호천의 경우 상류와 인접지류로부터 지속적인 수질의 압력과 하상의 교란으로 서식지가 파괴됨으로서 점차 분포지가 축소되고 있음을 보여준다.

따라서 본 연구는 멸종위기어류 미호종개의 생태계 복원을 위한 연구로 첫째, 서식지 및 생태 특성 조사, 둘째, 증식기술 개발과 방류를 통한 자원증식, 셋째, 유전다양성 및 유전자 보존을 통한 효율적인 자원관리에 초점을 맞추어 연구를 수행하였다.

1. 미호종개 서식현황 및 미소서식처 특성 조사

1) 미호종개 서식현황

서식현황 조사는 미호종개가 분포하였거나 현재 분포 가능성이 있는 지역에 대해 출현 여부를 조사하였으며, 그 결과로 백곡천 지천, 갑천, 유구천에서 미호종개의 서식이 확인되었다(그림 7-1).

2) 문헌조사 및 어류상 분석을 통한 개체수 감소 원인 조사

문헌조사 및 어류상 분석 결과 하상이 모래인 지역에 주로 서식하는 모래무지, 점줄종개, 참종개 등의 미소 서식처 내의 서식 비율이 이전보다 높아진 것은 골재 채취 사업과 각종 하천정비 등으로 인하여 하상 내의 저질의 변화를 유발하고 있으며, 이러한 결과로 하상이 모래인 곳에 주로 서식하는 어류들의 미소 서식처의 감소를 가져왔다고 볼 수 있다. 서식처의 감소에 따라 하상이 모래 지역인 곳에 주로 서식하는 어류들의 밀집화가 진행되어 수환경 서식지내의 공간적 분포에서 미호종개와 같은 미소서식처를 가지는 어류들과의 먹이 경쟁과 고운 모래의 어느 정도 유속이 있는 곳을 선호하는 습성으로 인해 미소 서식처의 감소와 개체 수 감소가 점차적으로 진행된 것으로 판단된다.

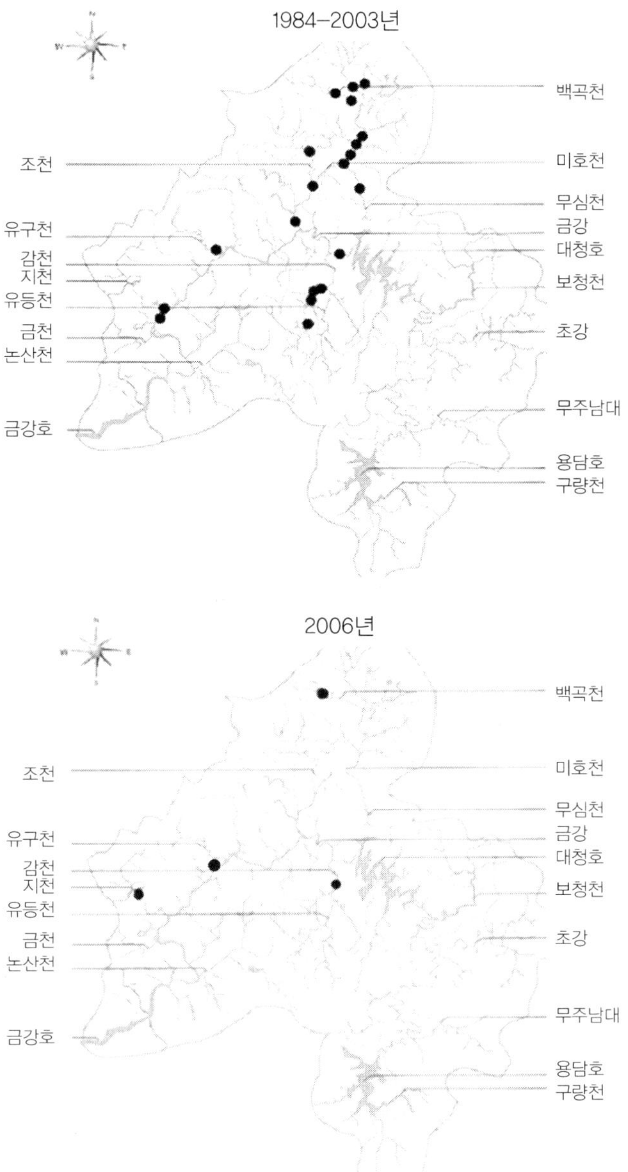

그림 7–1. 미호종개의 서식현황.

3) 미호종개의 집단크기 조사

미소 서식처의 집단 크기 조사 결과 미호천 1개체, 지천 9개체, 갑천 30개체, 백곡천 274개체를 확인하였으며, 백곡천을 대상으로 포획표지-재포획법(mark recapture method)을 이용하여 집단크기를 2회 추정한 결과(그림 7-2) 평균 10,468마리로 추정되며, 현재 미호종개 미소서식처 중 가장 넓은 범위의 가장 많은 개체가 서식하고 있는 것으로 확인하였다.

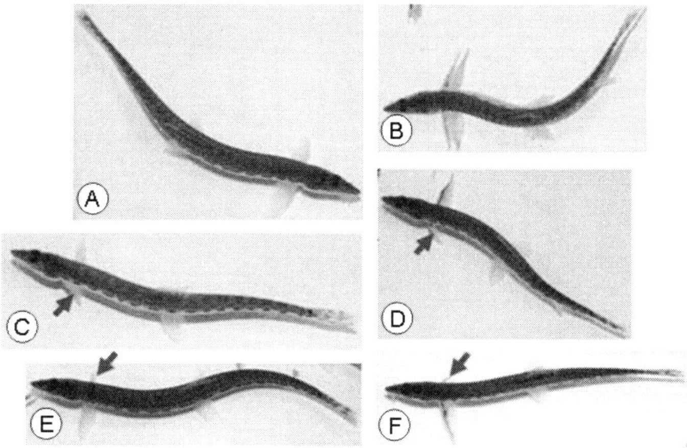

그림 7-2. 방류후 재포를 위한 미호종개 암수의 가슴지느러미 절단. A&B, 비표지 암수; C&D, 1차 방류표지 암수; E&F, 2차 방류표지 암수.

4) 서식환경 조사

현재 미호종개의 서식이 확인된 곳의 0.6㎜ 이하 입자의 저질 함량은 미호천 27.8%, 갑천 76.4%, 백곡천 88.8%, 지천 93.7%로 확인되어 미호종개 서식처의 0.6㎜ 이하의 저질 함량은 평균 86.3%로(그림 7-3) 미호종개는 0.6㎜ 이하의 고운 모래지역에 주로 서식하는 것으로 판단된다. 유속은 미호종개 서식처의 수심 50㎝에서 평균 13㎝/sec 수심 70㎝에서 15㎝/sec로 나타났다. 미호천의 경우 수심 50㎝에서 평균 유속이 40㎝/sec로 미호종개의 서식처와 비교해 볼 때 많은 차이가 있음을 알 수 있다.

동서종 조사 결과 백곡천의 동서종은 15종이며 미호종개가 19.97%로 미호종개의 발견지점 중 가장 많은 개체수를 보여 백곡천이 미호종개의 최대 서식지임을 알 수 있었으며, 미호천은 9종 중 대부분의 어류는 하천 중류역의 여울지역에 서식하는 어류였다. 갑천은 10종으로 미호종개가 2.82%로 나타나 비율은 낮으나 미호종개가 서식하고 있는 것으로 나타났다. 지천은 20종 중 미호종개는 0.83%로 확인되어 갑천과 백곡천에 비해 비율은 낮으나 미호종개가 서식하였다.

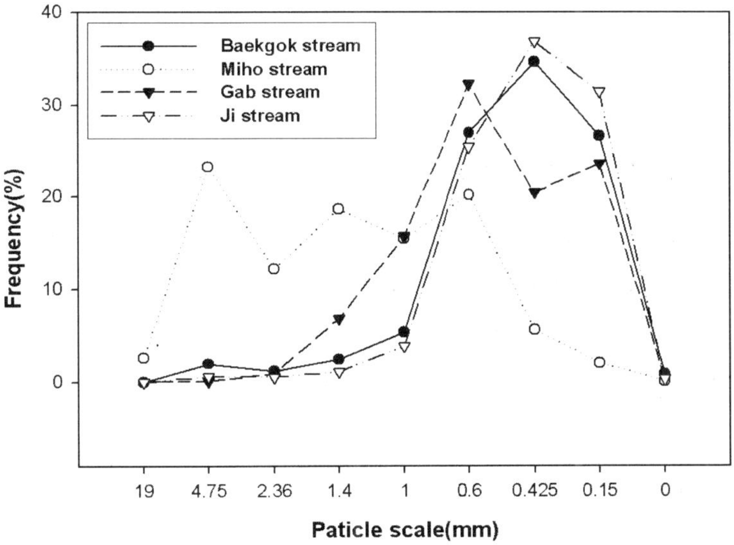

그림 7-3. 미호종개 서식지점의 저질 입자 구성 비율.

2. 미호종개의 인공 증식기술 개발

1) 문화재 훼손허가 취득

본 연구 수행을 위하여 아래와 같이 국가지정문화재 현상변경 허가를 취득 하였다.

- 허가를 받는 사람: 순천향대학교 산학협력단 방인철(연구책임자)
- 허가 내용: 미호종개 포획 및 인공증식 · 복원
- 대상문화재: 천연기념물 제 454호 미호종개

- 포획지역 및 개체수: 백곡천, 갑천, 지천
- 허가기간: 2006년 8월~2009년 3월

2) 종묘생산용 어미 확보 및 순치 사육 기술 개발

종묘생산용 어미 확보를 위하여 문화재청의 승인을 얻어 족대 (망목 4×4㎝)를 이용하여 채집하였다. 채집한 미호종개는 100 L 수조에 가는 모래를 처리하여 수온 25℃를 유지하고, 배합사료와 냉동을 먹이로 사용한 결과 사육 및 성숙 유도가 가능하였다.

3) 위 내용물 분석을 통한 식성조사 및 먹이생물 동정

미호종개 위 내용물은 8월에는 규조류가 70%를 차지하였고, 규조류 중 *Cymbella*속이 75%를 차지하였다. 11월도 8월과 유사하며 규조류가 77%를 차지하였고, 규조류 중 *Cymbella*속이 70%를 차지하였다(그림 7-4). 따라서 미호종개는 작은 모래에 붙어있는 부착규조를 주로 먹는 것으로 사료되며 녹조류는 *Scenedesmus*속이 주로 나타났으며 남조류와 동물성플랑크톤도 부착조류 섭식시 같이 먹을 것으로 생각된다.

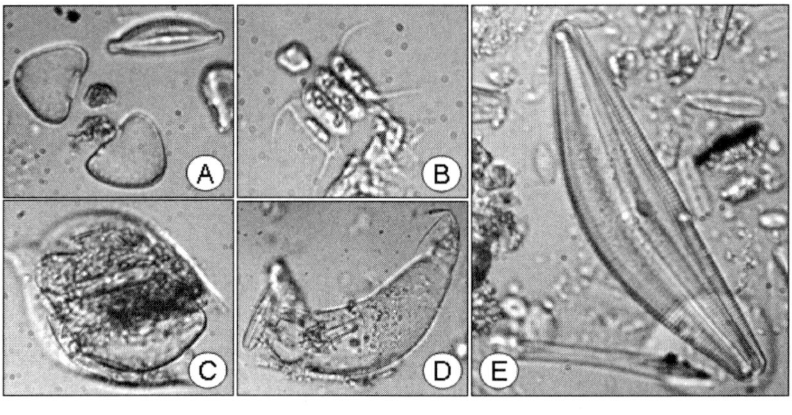

그림 7-4. 위 내용물 플랑크톤 현황. A, *Cosmarium* sp.; B, *Scenedesmus* sp.; C, *Lepadella* sp.; D, *Trichocerca* sp.; E, *Cymbella* sp.

4) 산란기 조사

미호종개의 산란기를 조사하기 위하여 2006년 6월부터 11월 까지 대량서식지를 대상으로 직접 채집하여 암컷의 복부 상태를 확인한 결과 자연 상태에서 산란기가 6월 초~9월 말까지 4개월 정도의 기간으로 확인되었다.

5) 인위적 산란 유도 방법 개발

산란유도를 위해 HCG(human chorionic gonadotropin)는 2, 5, 7.5, 10, 20, 40 IU/g, GnRH-a는 12.5, 25, 50㎍/kg, Ovaprim은 0.0125, 0.125, 0.25, 0.5 ml/kg 의 농도로 실험하였다. HCG는 7.5 IU/g 농도에서 100% 산란이 유도되었으나, 5 IU/g 에서는 산란 시간이 지연되어 20시간 경과 후에 33%의 비교적 낮은 산란율을 보였다. 특히 2 IU/g 농도에서는 전혀 산란이 이루어지지 않았다. GnRH-a는 25, 50㎍/kg 농도에서 16시간 경과 후 산란이 유도 되었으나, 12.5㎍/kg는 산란이 이루어지지 않았다. Ovaprim은 0.25 및 0.5mℓ/kg 농도에서 16시간 내에 산란을 하였고, 0.125mℓ/kg 농도에서는 산란시간이 지연되기는 하였으나 20시간 경과 후 산란이 이루어졌으며, 0.0125mℓ/kg는 산란이 이루어지지 않았다.

6) 포란수, 난경조사 및 난발생, 자치어 발달과정

생식소를 적출하여 질량법으로 계수하여 10 개체를 분석한 결과 평균 포란수는 약 2,750개로 나타났다. 미호종개의 수정란은 난경이 1.1~1.3㎜(평균, 1.2㎜, n=50)로서 투명한 황색을 띈 구형에 가까운 침성점착난이었다.

호르몬 처리에 의해 산란을 유도한 미호종개 친어 암컷의 복부 압박에 의해 얻어진 난은 유리 페트리디쉬에 수거하여 호르몬 처리에 의해 채정된 수컷의 정액을 건식법으로 수정시켰다. 미호종개 수정란은 25℃로 유지한 결과 부화는 24시간이 소요되었다(그림 7-5). 미호종개의 자치어 발달 과정은 그림 7-6에 나타내었다.

부화된 자어는 3일간 난황흡수 기간을 거치고 먹이생물로 부화 후 2일경부터 rotifer를 공급하여 사육하였다. 부화 후 7일경부터는 rotifer와 부화유생을 병행하여 공급하였으며, 20일이 경과하면서 배합사료와 부화유생을 함께 공급하였다(그림 7-7).

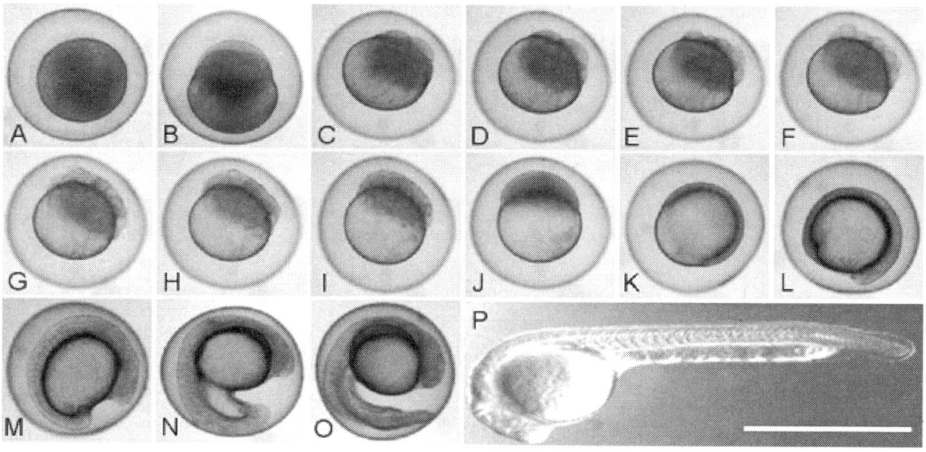

그림 7-5. 미호종개의 난발생 과정. **A**, 수정막 형성, 수정 후 5분; **B**, 배반포 형성, 수정 후 40분; **C**, 2세포기, 수정 후 50분; **D**, 4세포기, 수정 후 1시간; **E**, 8세포기, 수정 후 1시간 20분; **F**, 16세포기, 수정 후 1시간 35분; **G**, 32세포기, 수정 후 1시간 50분; **H**, 64세포기, 수정 후 2시간 5분; **I**, 상실기, 수정 후 3시간 50분; **J**, 포배기, 수정 후 4시간 50분; **K**, 낭배기, 수정 후 6시간 30분; **L**, 수정체 형성, 3–4 체절기, 수정 후 14시간 25분; **M**, 18–23 체절기, 수정 후 18시간 18분; **N**, 26–32 체절기, 수정 후 20시간 10분; **O**, 심장형성, 수정 후 20시간 18분; **P**, 부화자어, 수정 후 24시간, 전장 2.8㎜. Scale bar = 1㎜.

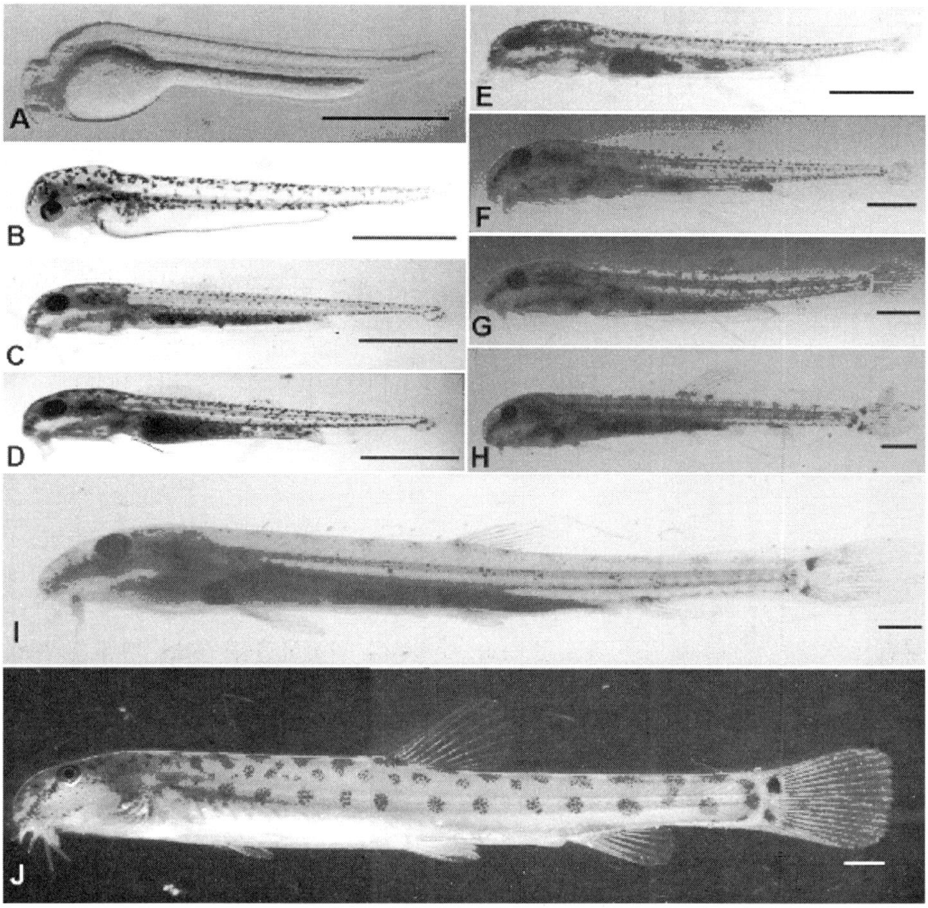

그림 7-6. 미호종개의 자치어의 발달과정. **A**, 부화 1일, 전장 3.6㎜; **B**, 부화 3일, 4.2㎜; **C**, 부화 4일, 4.6㎜; **D**, 부화 5일, 4.75㎜; **E**, 부화 6일, 5.1㎜; **F**, 부화 12일, 8.2㎜; **G**, 부화 14일, 9㎜; **H**, 부화 27일, 12㎜; **I**, 부화 30일, 20㎜; **J**, 부화 35일, 21.8㎜. Scale bar = 1㎜.

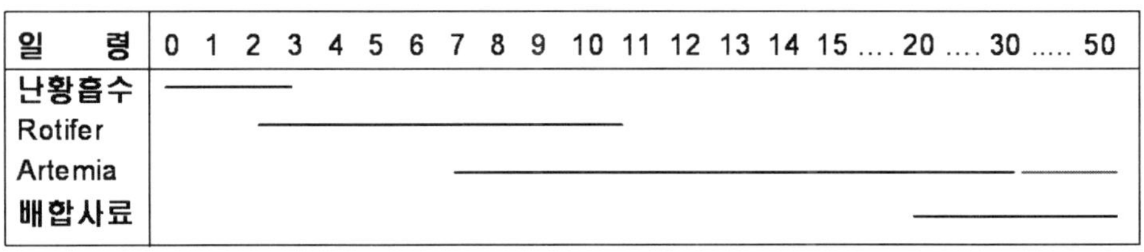

그림 7-7. 자치어 사육일수에 따른 사료공급 체계도.

7) 자연산란 유도방법 개발

인공수정의 경우 복부압박에 의한 난의 손실 또는 난의 상태가 과숙이거나 미숙 상태가 다소 발생하여 낮은 수정률 및 부화율의 문제가 발생하였다. 이러한 문제점을 해결하기 위하여 호르몬 자극에 의한 자연산란 유도를 수행하였다. 암컷은 20IU/g 수컷은 50IU/g 을 HCG를 주사하여 수조에 암 수 각각 1:1~1:4의 비율로 수용하였다. 주사 후 평균 10시간 경과 후부터 자연산란이 이루어졌고, 인공수정 시 낮은 수정률 및 부화율의 문제점이 자연산란을 유도함으로서 인공수정에 비해 높은 수정률(90%)과 부화율(70%)을 보였다. 그러나 암수의 비율에 따른 산란은 큰 차이를 보이지 않았다.

8) 산란행동 관찰

자연산란 유도에 따른 산란 행동을 3회 반복하여 관찰하였다. 산란 행동 관찰을 위해 오후 9시경 암컷 20IU/g, 수컷 50IU/g의 HCG를 각각 주사하여 50L 수조에 수용하였다. 수용 후 8~9시간 경과 후 수컷이 암컷의 배 부분을 강하게 휘감고 산란과 방정이 동시에 일어났으며, 미호종개 수컷이 골질반을 이용하여 암컷의 복부를 압박하는 행동에서 다른 어종과 큰 차이를 보였다(그림 7-8). 산란 행동은 15~25회 반복 하였으며, 산란양은 평균 2,100개로 분석되었다.

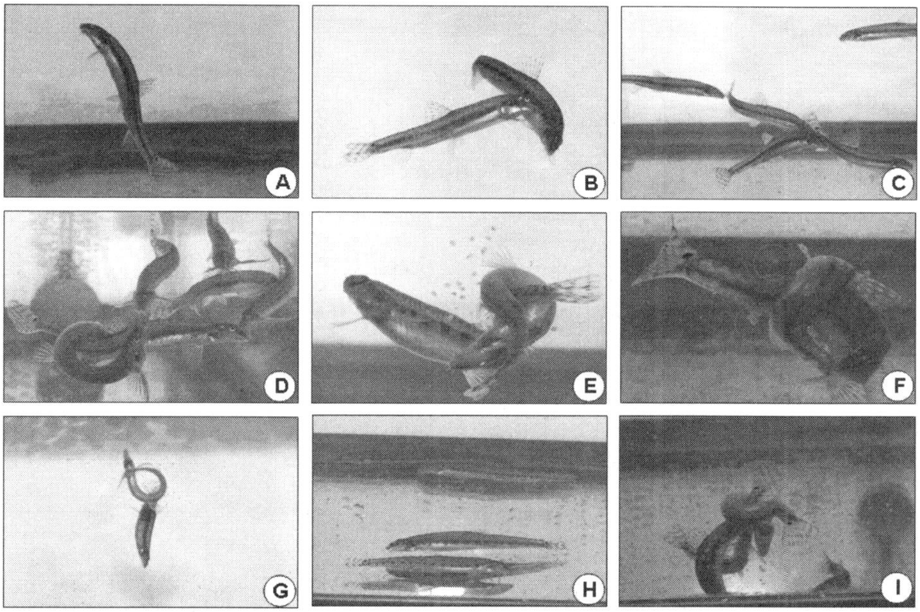

그림 7-8. 미호종개 산란행동. A, 수면상승; B, 암컷의 머리 또는 복부를 자극하는 수컷; C, 암컷을 따르는 수컷; D, 여러 마리의 수컷이 암컷을 따르지만 1마리의 수컷과 산란행동; E, 수컷의 복부 압박에 의한 암컷의 산란(수면 가까이에서 진행); F, 암컷의 산란과 수컷의 방정; G, 암수의 분리; H, 휴식기; I, 수조 바닥에서도 산란행동.

9) 생식소 조직학적 관찰

부화 후 30일을 전후한 자어(평균 전장: 2.0㎝)에서 감수분열 전기단계(meiotic prophase)의 생식세포들이 나타나기 시작하였으며(그림 7-9-좌-A), 부화 후 60일째 자어(평균 전장: 2.67㎝)의 난소내부에는 주변인기 난모세포(perinucleolus oocyte)들이 나타나기 시작하였다(그림 7-9-좌-B). 부화 후 90일째(평균 전장: 3.62㎝) 난소에서는 초기 난모세포가 난소 내에 가득 차기 시작하여 기능적 난소의 형태로 분화하였다(그림 7-9-좌-C). 부화 후 150일째 자어(평균 전장: 4.04㎝)에서는 난소의 크기가 더욱 커지고 핵막 주위에 많은 인이 관찰되는 난모세포의 크기도 더욱 성장하였다(그림 7-9-좌-D). 부화 후 240 및 360일째에는 산란이 이루어져 생물학적 최소형으로 성장하였다(그림 7-9-좌-E, F).

또한 정소의 발달과정을 관찰한 결과 부화 후 30일째 자어(평균 전장: 2.0㎝)의 정소에서 원시생식세포의 확실한 유사분열 단계(mitosis of primordial germ cells)를 관찰함으로서 정소로의 분화를 확인할 수 있었다(그림 7-9-우-A). 이에 반하여 정원세포(spermatogonia)의 활발한 증식은 부화 후 60일째 자어(평균전장: 2.67㎝)의 정소에서 관찰할 수 있었다(그림 7-9-우-B). 부화 후 90일째(평균전장: 3.62㎝) 정소에서부터는 정원세포 및 정모세포가 더욱 분열 증식하였으며 기능적 정소로 성장한 것을 관찰할 수 있었다(그림 7-9-우-C).

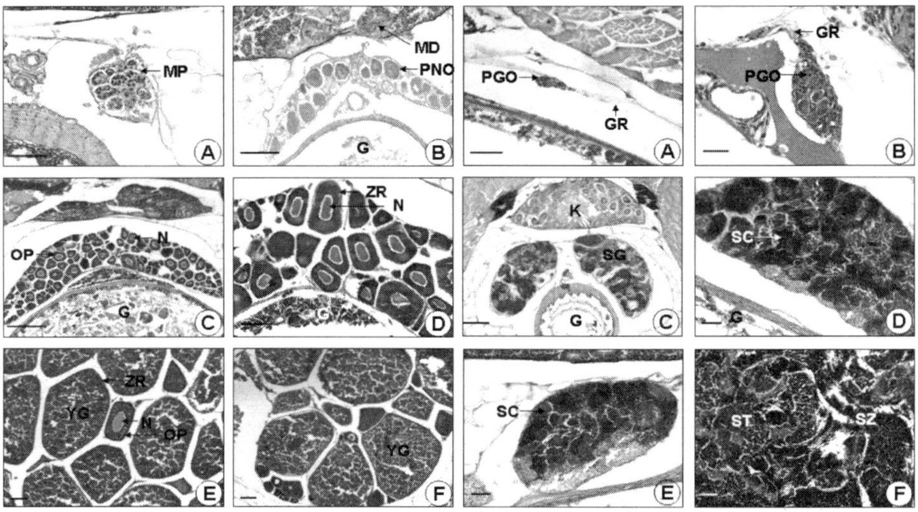

그림 7-9. 사육기간에 따른 미호종개 암컷(좌)과 수컷(우)의 생식소의 발달단계. **A**, 30일; **B**, 60일; **C**, 90일; **D**, 150일; **E**, 240일; **F**, 360일 MP, 감수분열 전기; MD, 중신관; PNO, 주변인기 난모세포; OP, 난원형질; N, 핵; YG, 난황과립; ZR, 방사대; G, 장; PGO, 원생식소; GR, 생식융기; SC, 정모세포; SG, 정원세포; ST, 정세포; SZ, 정자; Scale bar : 25㎛.

10) 연중 다산란 유도

1차 실험은 100%가 산란에 참여하였으며, 산란양은 평균 2,100±87개였다. 산란한 개체를 3주간 사육하여 2차 실험을 수행한 결과 12개체 중 11개체가 산란에 참여하여 산란 유도율은 92%로 나타났다. 그러나 산란양은 1차 실험보다 감소하여 1,726±54개로 1차 실험의 82% 수준으로 분석되었다. 3주 후 3차 다산란 유도를 수행하였으며, 산란율은 10개체가 산란에 참여하여 83%의 산란율을 보였으나, 산란양은 1,228±130개로 1차 다산란유도와 비교 시 약 58% 수준을 보였다. 따라서 다산란유도 결과 산란 후 3주 만에 다시 산란에 참여 할 수 있는 상태로 성숙이 가능하였으나, 산란양은 처음 산란의 58% 수준인 것으로 분석되어 산량양이 크게 줄어드는 결과를 보였다(그림 7-10).

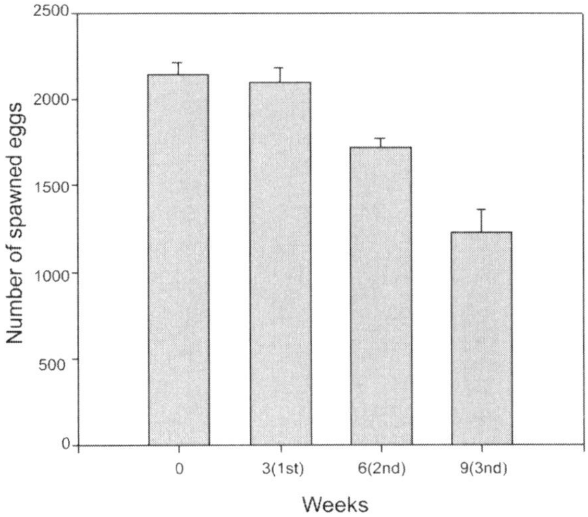

그림 7-10. 다산란유도에 따른 산란율.

11) 종묘생산 기술개발

인공종묘 생산한 치어는 부화 후 3일 경 난황흡수가 종료되는 것으로 분석되어 초기 자어의 먹이생물을 구명하기 위하여 먹이생물 실험을 수행하였으며, 미호종개가 가는 모래 입자에 서식하는 습성을 감안하여 2개월 동안 사육한 개체를 대상으로 비처리군과 가는 모래를 바닥에 처리한 실험군을 대상으로 생존율과 성장률을 분석하였다.

가. 사료선택성

초기 자어의 효과적인 먹이생물을 구명하기 위하여 대하사료, rotifer, yeast, 영양강화제(*Schizochytriurn* sp., *Crypthecodinium* sp.의 동결 건조된 해양미세조류 powder와 *Spirulina*의 1:1 혼합물), 일반사료의 5개 실험군을 대상으로 실험하였다. 실험 결과 rotifer를 공급한 후 부화유생을 공급한 그룹에서 생존율 및 성장률이 가장 높게 나타나, 미호종개의 자어 사육 시 rotifer를 공급한 후 부화유생을 공급하여 사육하는 것이 가장 효과적인 것으로 분석되었다(그림 7-11).

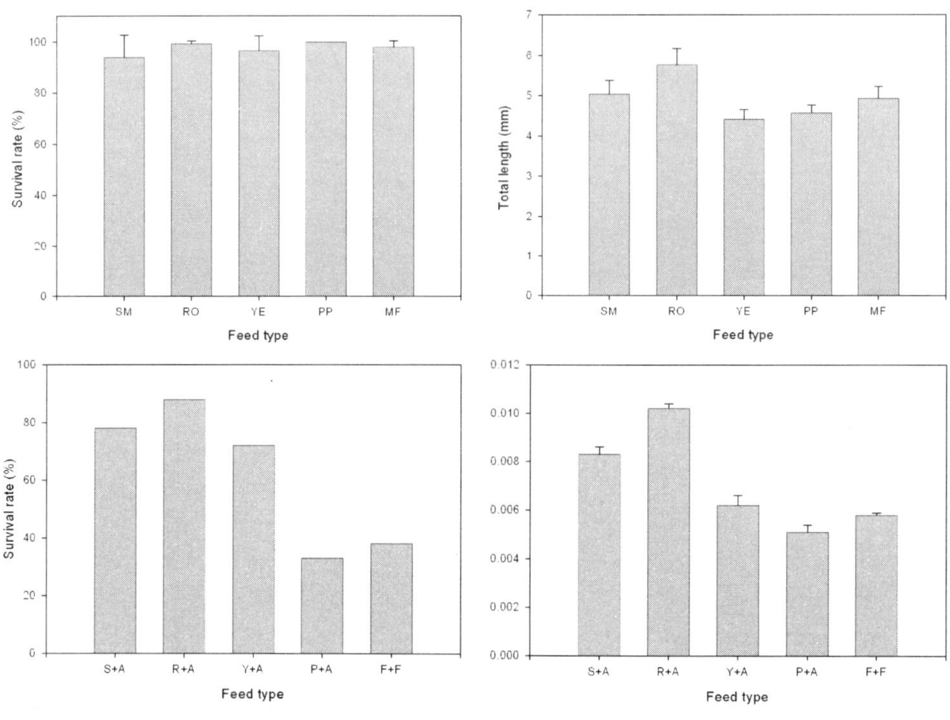

그림 7-11. 먹이생물별 생존 및 성장률.

나. 저질특성

미호종개는 가는 모래에 서식하는 특성을 가지고 있다. 따라서 미호종개 종묘생산 후 사육하는 과정에서 가는 모래 입자를 처리한 실험군과 비처리군에 대하여 성장 및 생존율에 대하여 실험하였다.

실험 결과 비처리군에서의 생존율은 100마리/50L, 250마리/50L, 100마리/100L의 조건에 따라 각각 50, 80, 40%의 생존율을 보였으나, 가는 모래를 처리한 실험군에서는 93, 88, 97%의 높은 생존율을 보였다. 또한 실험조건에 있어 사육 밀도에서도 큰 차이를 보였으며, 밀도가 낮을수록 빠른 전장과 체중의 성장을 확인할 수 있었다. 본 연구 결과 미호종개의 치어 사육 시 가는 모래를 처리하여 사육하는 것이 바람직할 것으로 판단된다(표 7-1).

표 7-1. 가는 모래 처리에 따른 생존율과 성장

저질별	반복구	생존율 (%)	전장 (cm)	체중 (g)
비처리	100마리/50 L	50	2.71 ± 0.25	0.10 ± 0.04
	250마리/50 L	80	2.50 ± 0.38	0.08 ± 0.03
	100마리/100 L	40	4.09 ± 0.40	0.43 ± 0.11
	평균	56.7		
가는모래	100마리/50 L	93	3.16 ± 0.49	0.18 ± 0.08
	250마리/50 L	88	2.92 ± 0.31	0.14 ± 0.05
	100마리/100 L	97	4.70 ± 0.60	0.71 ± 0.26
	평균	92.7		

12) 성장 단계별 생존율 및 성장 특성

부화 후 3일이 지나 rotifer를 공급한 후 부화유생을 공급 전까지인 부화 후 10일 경과 후까지의 생존율은 부화율의 62.64%로 분석되었으며, 부화 후 10일 이후 20일 간 부화유생을 공급한 후인 부화 후 30일 경에는 약 51.37%가 생존하였다. 부화 후 30일부터 사료를 공급하였으며, 60일 후 생존율은 47.23%로 나타났다(표 7-2).

표 7-2. 성장 단계별 생존율.

실험군	산란양	수정률 (%)	부화율 (%)	부화 후 경과일의 생존율			기형률 (%)
				10일	30일	60일	
1차	2,641	93.5	60.5	57.5	40.3	38.4	9.3
2차	2,790	78.8	70.6	69.8	63.6	58.5	8.6
3차	2,587	72.4	61.8	60.6	50.2	44.8	7.5
평균	2,673	81.6	64.3	62.6	51.4	47.2	8.5

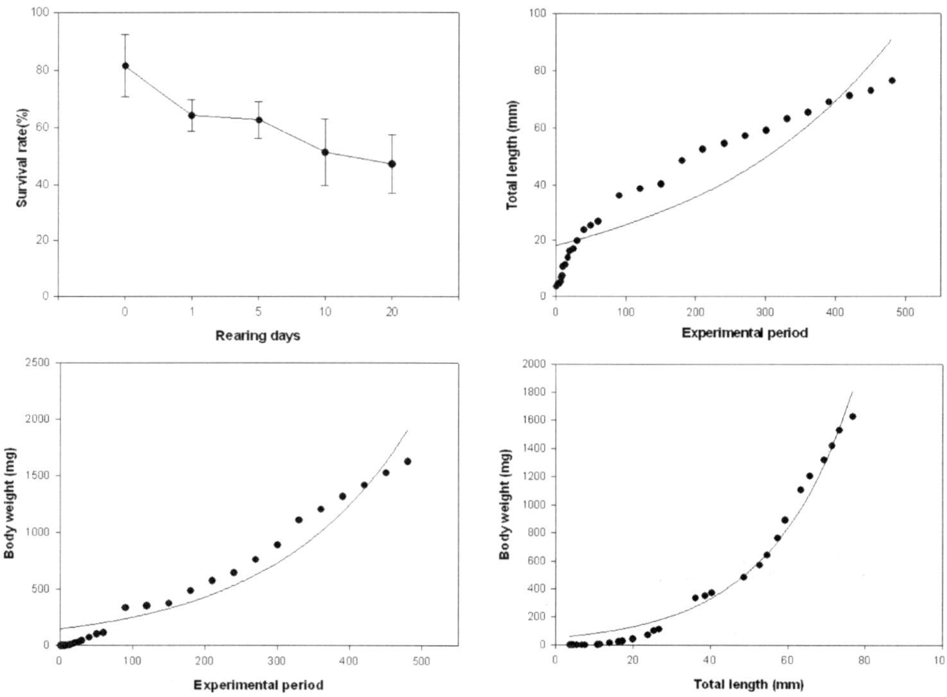

그림 7-12. 성장단계별 성장률 및 성장 특성.

부화 후 1일 자어의 평균 길이는 3.7±0.3mm로 분석되었으며, 부화 10일 경과 후에는 10.3±1.1mm까지 성장하였다. 10일 경과 후에는 평균 체중은 0.0046g

으로 분석되었다. 부화 후 180일 경과 후에는 전장 48.7±4.3㎜, 무게 0.4861g까지 성장하였고, 480일 후에는 전장 76.7±4.6㎜ 체중 1.6303g 으로 분석되었다.

일수에 따른 전장변화는 $L_T = 52.3966(1 - e^{0.1464(t-4.9375)})$의 식으로 나타났으며, 체중변화는 $W_T = 6.4075(1 - e - ^{0.6895(t+49917)})^3$으로 나타났다. 일반적으로 어류는 체장이 성장함에 따라 체중은 지수 관계로 증대되며, 이에 따라 체장 대 체중의 성장 곡선을 분석한 결과 상대성장식은 $W_T = 0.0053{L_T}^{0.2131}$의 관계식으로 나타났으며, $R_2 = 0.9235$로 나타났다(그림 7-12).

13) 최적 발생 수온 조사

수온 25℃를 기준으로 22, 25, 28℃의 부화수온 3구간을 설정하고 3반복 실험을 통해 최적 부화율을 보이는 구간을 선정하였다. 또한 위의 실험은 인공수정 및 자연산란(산란 전 실험 구간의 수온 설정)직후 난을 수거하여 수온별로 실험하였다. 인공수정 이후 22, 25, 28℃의 실험구간에서 부화시간의 차이를 보여 2,155, 1,434, 1,266분이 경과한 후에 부화되었으며 진행률은 각각 50, 20, 5%로 고수온일수록 발생 중 폐사하는 난이 대량 발생하였다. 또한 부화된 개체 중 28℃의 경우 80%가 기형으로 판단되어 인공 수정 시 22℃가 최적 발생수온으로 판단되었다. 자연산란의 경우 22, 25, 28℃에서 부화시간은 각각 2,259, 1,569, 1,423분으로 관찰되었으며, 진행률은 각각 99, 97, 95%로 고수온에서 비교적 낮은 진행률을 보였으나 차이는 크지 않았다. 또한 부화된 개체 중 28℃에서 1%의 기형률을 보여 비교적 낮은 기형률을 보였으나, 최적발생 수온은 22-25℃가 제일 효과적인 것으로 분석되었다. 또한 인공수정 시 낮은 부화율은 인위적인 복부 압박에 의한 난의 손상과 산란행동특성상 여러 회에 나누어 산란을 하는 본종의 특성으로 볼 때 미성숙난의 배출 등의 원인에 의한 것으로 판단되며, 자연산란 유도를 통한 난의 확보 및 수온을 22-25℃로 관리하여 부화시키는 것이 가장 효과적인 것으로 분석되었다(그림 7-13).

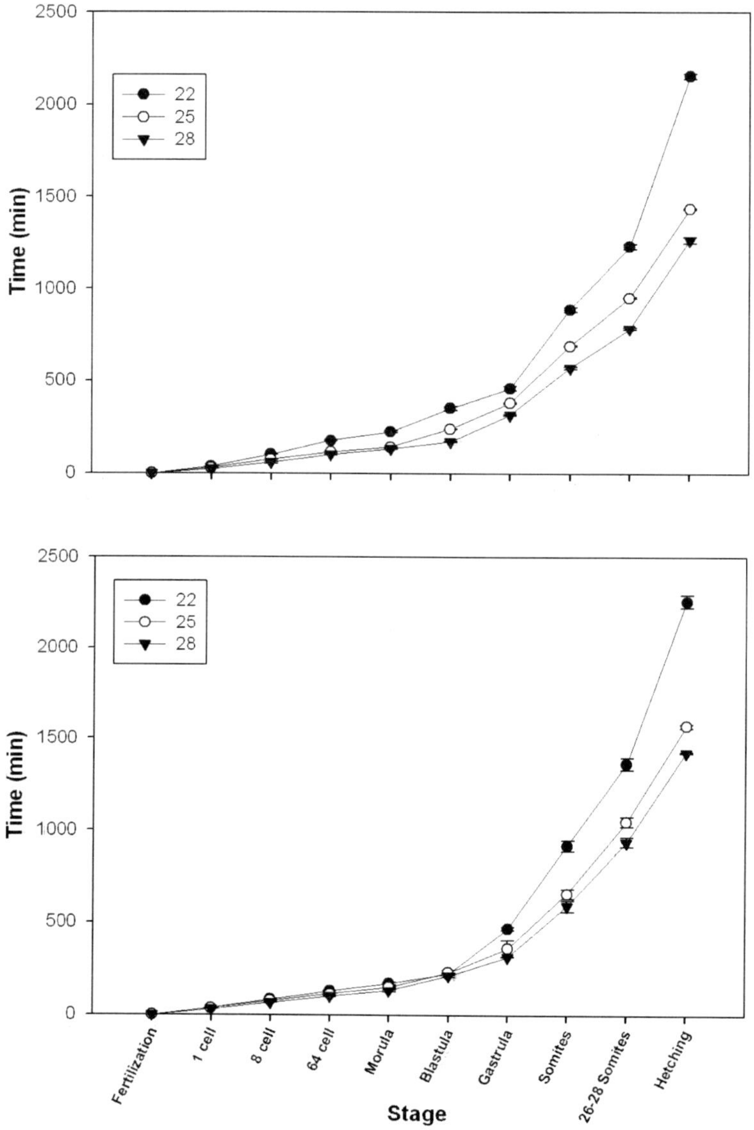

그림 7-13. 인공수정(위) 및 자연산란(아래)에 의한 수온별 발생실험.

14) 초기 생식소 형성 및 성분화

조직학적 방법으로 인공종묘 생산한 치어를 대상으로 초기생식소 형성 및 성분화 과정을 분석하였다. 부화 후 20일까지는 정확한 성분화 양상이 관찰되지 않았으며, 30일경부터 확실한 암수의 구분이 가능하여 20-30일 사이에 성분화가 진행되었다(그림 7-14).

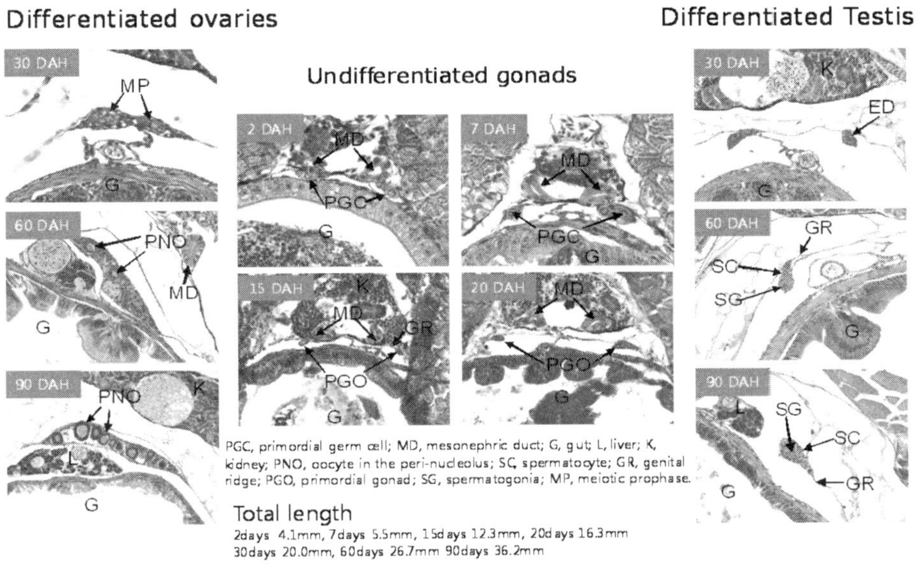

그림 7-14. 초기생식소 형성 및 성분화.

15) 치어 성비 분석

인공종묘 생산한 치어의 성비 분석을 위하여 약 150일간 사육한 개체를 대상으로 형태적으로 성적이형(수컷의 경우 가슴지느러미가 삼각형 형태로 뾰족함)을 기준으로(그림 7-15) 현미경하에서 관찰하고 분석한 결과 암컷:수컷의 비율이 약 3:2로 분석되었다.

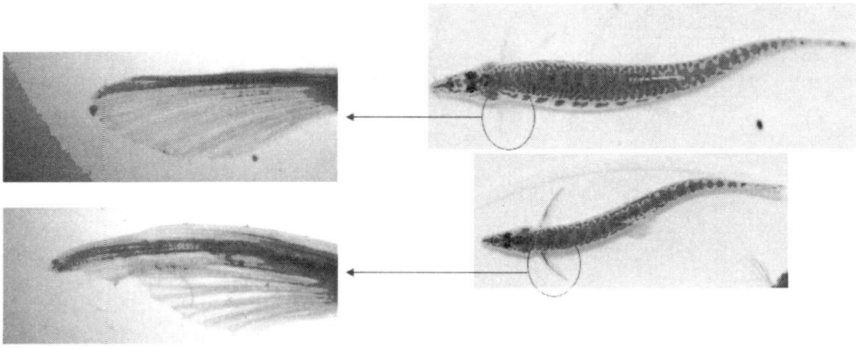

그림 7-15. 가슴지느러미의 암수 차이.

16) 종묘생산 체계도 완성

인공수정 또는 자연산란유도, 수정란 관리, 초기먹이생물 배양, 초기 사육관리, 배합사료 공급, 사육밀도, 질병관리 등 제반 사항을 발달단계별로 체계적으로 정리하여 누구나 손쉽게 종묘생산이 가능하게 체계도를 완성하였다(그림 7-16).

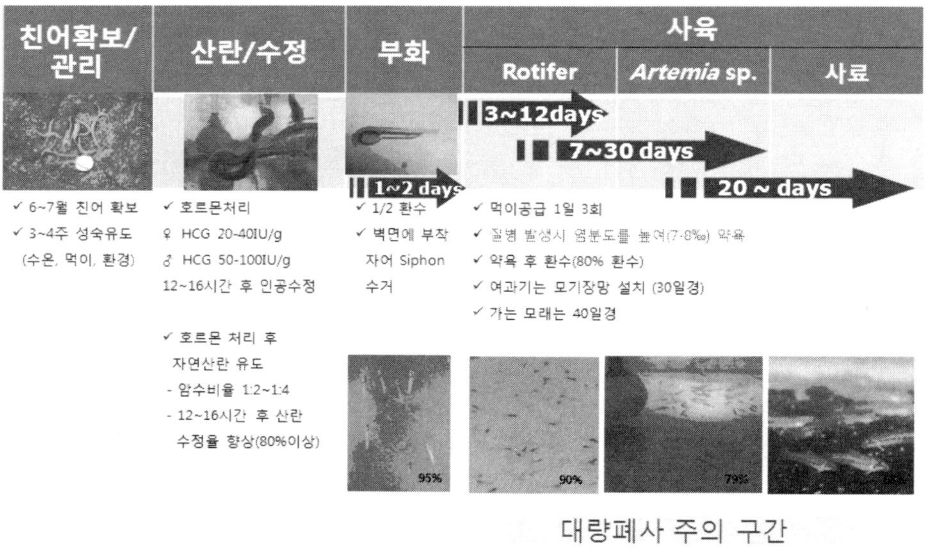

그림 7-16. 종묘생산 체계도.

3. 유전자원 분석 및 보전

1) Total genomic DNA & RNA 확보

유전자원 분석 및 보존을 위하여 채집된 암, 수 성체 미호종개 시료로부터 total genomic DNA를 분리하였다. 생산된 F1 개체 치어를 대상으로 개체별 genomic DNA를 확보함으로써 집단 분석 가능한 마리수로부터 확보한 gDNA를 보관하였다. Total genome외에 발현하는 유전자 소재들을 보관하고 지속적인 이용을 가능토록 하기 위해 미호종개 치어를 대상으로 전어체 total RNA를 분리, 확보하였다(그림 7-17).

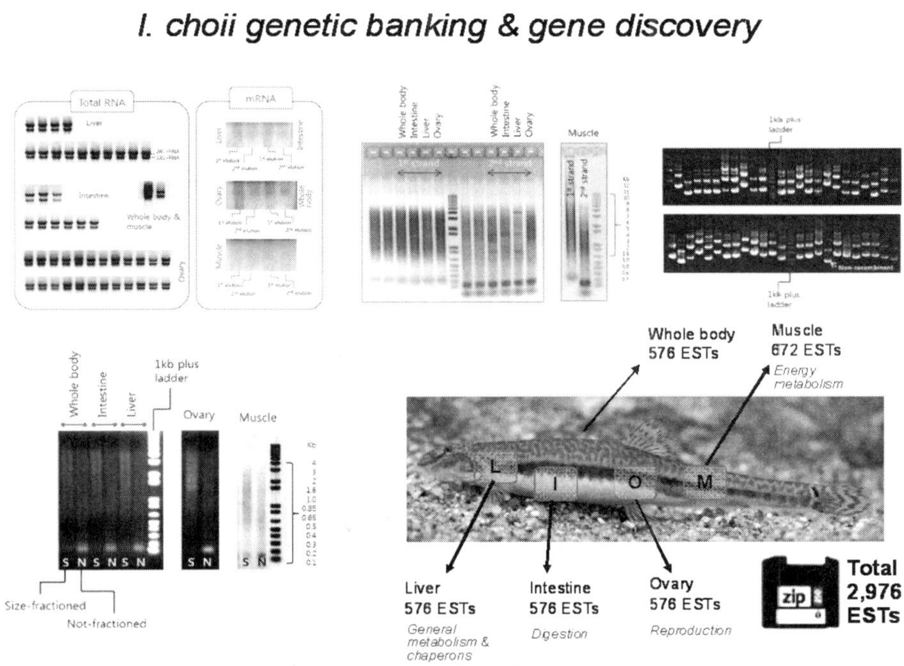

그림 7-17. Total genomic DNA & RNA 확보.

2) 세포유전학적 특성조사

가. 적혈구 크기 분석

미호종개의 적혈구 세포 장경은 9.38±0.2㎛, 단경은 6.41±0.14㎛ 였으며, 표면적은 47.24±1.8$㎛^2$, 부피는 201.92±11.75$㎛^3$ 였다. 미호종개의 적혈구 핵의 장경은 4.92±0.26㎛, 단경은 2.98±0.34㎛ 였으며, 표면적은 11.50±1.19$㎛^2$, 부피는 23.07±4.9$㎛^3$로 나타났다.

나. 염색체 핵형 연구

미호종개의 modal number를 추정한 결과 염색체 수는 2n=50으로 나타나 여타 *Iksookimia* 속 어류와 비슷하였고, 핵형은 6개의 metacentric, 16 submetacentric, 28개의 telo- or acrocentric chromosome로 구성되어 arm number는 72로 나타나 왕종개 70, 참종개와 부안종개 72, 남방종개 74와 비슷하였다. 그러나 이 등(1986)이 제시한 미호종개의 arm number 68과는 차이를 보여 주목되었다.

3) AFLP에 의한 집단 유전학적 분석

각 집단별로 채집된 미호종개 15개체씩을 3개의 primer 조합으로 AFLP를 수행한 결과, E/ACT-M/CAT primer 조합으로 AFLP를 수행한 gel 사진에서 보는 바와 같이 다양성 밴드 수가 극히 적어 다양성이 낮게 나타났다(그림 7-18).

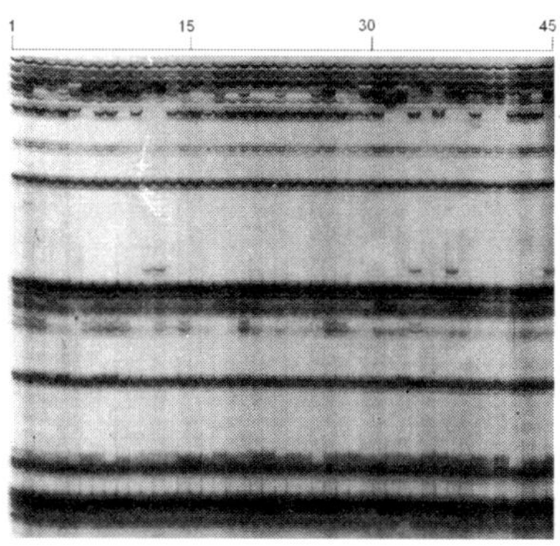

그림 7-18. 미호종개 3집단의 AFLP fingerprint patterns (E/ACT-M/CAT primer).1-15, 갑천; 16-30, 백곡천; 31-45, 지천.

4) 근연종간 분자계통학적 분석

mtDNA를 이용한 분자계통학적 분석 결과 미꾸리과는 크게 하나의 clade를 형성하여 단계통군으로 나타났으며, 다시 크게 2개의 clade로 분지되는 경향을 나타내었다. 또한 미호종개는 크게 분지된 2개의 clade 중 하나의 clade로 독립적으로 형성되어 현재의 분류체계와는 일치하지 않았다. 또한 미꾸리과 어류 6속도 현재의 분류와는 일치하지 않는 결과를 보여주었다(그림 7-19).

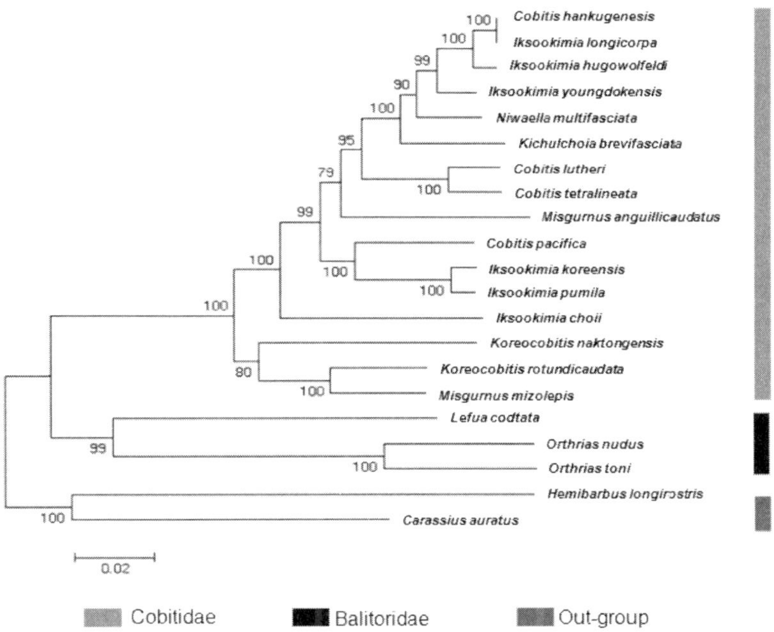

그림 7-19. MEGA program에 의한 cytochrome b + 12S rRNA + D-loop Seguence를 이용한 Neighbor-joining tree.

미꾸리과의 RAG-1 분석 결과 mtDNA 분석에서 가까운 근연관계를 나타내며 속의 구분이 없었던 기름종개(*C. hankugenesis*)와 왕종개(*I. longicorpa*)는 각각의 속과 비교적 가까운 근연관계를 나타내었다. 또한 mtDNA 분석에서 혼재되어 분류되었던 *Iksookimia* 속의 3종(*I. hugowolfeldi, I. longicorpa, I. yongdokensis*) 과 *Kichulchoia, Niwaella*속은 하나의 clade 를 형성하여 가까운 근연관계로 분석되었고 *I. koreensis*와 *I. pumila*가 하나의 clade를 형성하였으나 *I. choii*, *C. pacifica*는 각각의 독립적인 clade를 형성하였으며, *Koreocibitis* 속과 *Misgurnus* 속은 속의 구분이 정확이 이루어져 가까운 근연관계를 보였다. 위의 결과는 Šlechtová *et al.*(2008)이 보고한 남방계와 북방계의 구분에서 남방계에 해당하며 우리나라의 미꾸리과는 6개의 속으로 구분하고 있으나, NCBI에서 확보한 데이터 중 *cobitis* 속에 포함되는 개체가 우리나라의 미꾸리과 어류를 포함하여 남방계의 분석에 사용한 모든 종들이 단진화군을 형성하여 정확한 속의 구분은 불가능하였다(그림 7-20).

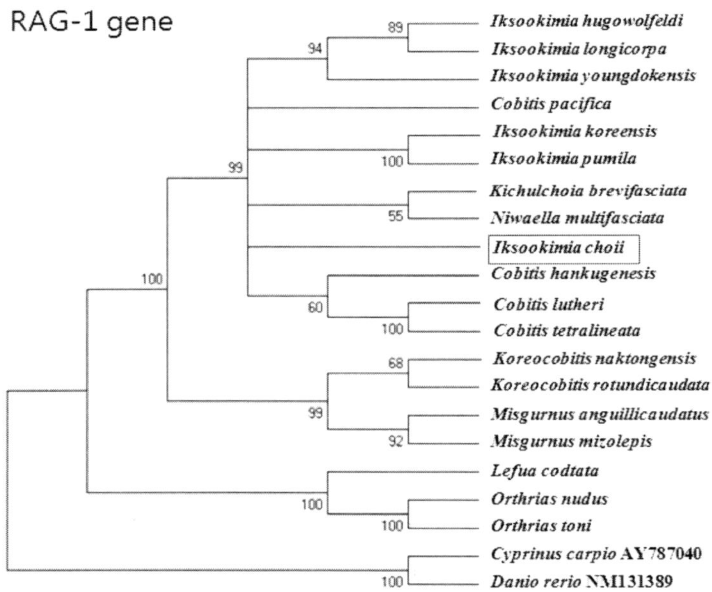

그림 7-20. 미꾸리과 어류 및 종개과 어류 nrDNA rag-1 유전자를 을 이용한 Maximum likelihood tree.

5) Mitogenome full sequenceing

미호종개 전체 미토콘드리아 DNA는 총 16,627 bp로 구성되어 있었고 척추동물의 다른 종들과 매우 유사한 보전적인 구조를 나타내었다 (Kocher and Stepien,

1997). 미호종개 미토콘드리아 genome에는 단백질을 암호화하고 있는 유전자(protein-coding gene)가 13종, transfer RNA를 coding 하고 있는 유전자가 22종, ribosomal RNA (12S 및 16S rRNA)를 coding하는 유전자가 2종, 그리고 non-coding 영역인 D-loop 1개를 포함하고 있었으며 그 위치는 여타 어류 및 척추동물들과 잘 일치하였다(그림 7-21).

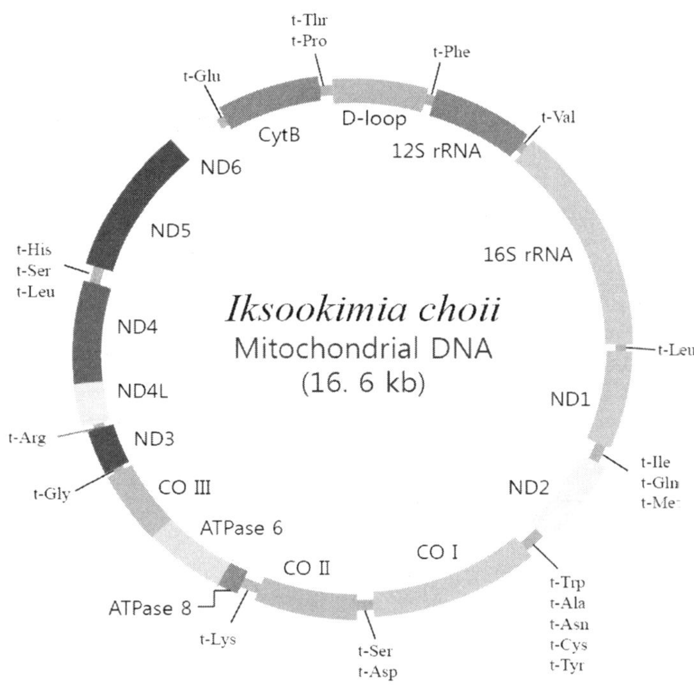

그림 7-21. 미호종개 미토콘드리아 DNA의 구조.

6) Mitogenome 기반의 분자계통 분석

본 연구 결과 종래의 nuclear gene(recombination activating 1 gene)을 이용한 계통 분석 결과와도 잘 일치하는 것으로 나타났으며 Cobitidae clade내에서는 *A. Choirorhynchos* 및 *P. anguillarirs*가 높은 phylogenetic affiliation을 보이면서 *M. nikolskyi*, *C. sinensis*, *C. striata* 및 본 종(미호종개, *I. choii*)로 구성

된 monophyletic group에서 분리되어 있어 남방계(southern lineage)와 북방계(northern lineage)로 구분되는 분류학적 특징과도 잘 일치하는 것으로 나타났다. 하지만 *Iksookimia*에 속하는 본 어종이 *Cobitis* 종들과 강력한 monophyletic clustering을 한다는 점은 매우 흥미로운 결과로서, 본 결과를 바탕으로 할 때 *Iksookimia choii*의 분류학적 위치가 매우 unstable하며 종래 알려진 형태분석 결과를 기반으로 한 분류와도 잘 일치하지 않는 것으로 나타났다. 따라서 본 종을 포함한 *Iksookimia* 속 어류를 대상으로 한 분자계통 측면의 신중한 재조명이 필요함을 잘 시사하고 있다. 최근 rag1 유전자를 이용한 Slechtova 등(2008)의 연구에서도 역시 *Cobitis, Iksookimia, Niwaella* 속에 속하는 어종들이 각각 monophyletic 한 경향을 나타내지 못한 채 polyphyletic 한 구조를 보였는데 본 연구에서 역시 미호종개에 의해 *Cobitis* 두 종이 분리되는 split 현상이 관찰되어, 상기 rag1 유전자를 이용한 결과와 유사한 경향을 나타내었다. 아직 정확한 진화 및 분화 기작은 규명되지 못하였으나 이들 속간의 gynogenesis 또는 androgenesis 등에 의한 mitochondrial introgression 가능성도 배제할 수 없다(그림 7-22).

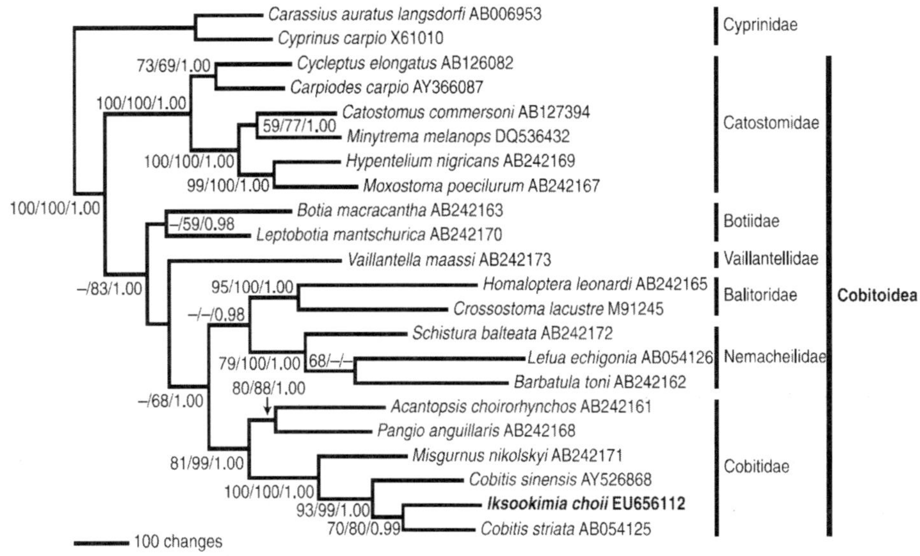

그림 7-22. 미호종개 mitogenome을 이용한 분자계통 분석.

7) 발현유전체 library banking

발현 유전체의 banking과 EST 발굴을 위한 cDNA library들을 구축하기 위해 미호종개의 선발 조직들로부터 total RNA 및 mRNA를 분리하였다. 간(liver), 소화관(intestine), 근육(muscle), 생식소(난소, ovary) 및 전어체(whole body)에서 total RNA를 추출한 결과 모든 조직 및 전어체 시료에서 양질의 RNA가 추출되었음을 알 수 있었으며, MOPS 전기영동을 통해서 28S rRNA 및 18S rRNA의 크기가 잘 보존되어 있어 발현 유전체 banking이 효과적으로 수행되었음을 보여주고 있다. 아울러 excision을 통해서 확보된 phagemid 클론들의 재조합 비율 역시 모든 library들에서 99% 이상으로 나타났으며 그 insert 크기 역시 충분한 길이를 포함하고 있는 것으로 나타났다.

8) 인공증식, 스트레스 및 환경 관련 유전자의 클로닝

유전체 정보 수집을 위한 인공증식 및 환경 스트레스 관련 유전자 중 총 68개의 유전자 full-length cDNA 들을 클로닝하여 이들의 생물정보 분석 및 필요시 분자계통 분석을 수행하였다. 선발된 유전자들은 성장, cell cycle, 에너지, apoptosis 등 cell growth 조절에 관여하는 단백질들, 항산화 기능 등 산화성 스트레스에 반응하는 단백질 들, 환경 오염원에 반응하는 단백질 들, 그리고 general stress 또는 면역관련 단백질들을 암호화하고 있으며 본 유전자 소재 정보는 미호종개의 인공증식 기술을 개선하거나, 환경 스트레스에 처한 미호종개의 생리상태를 세포수준에서 분석하는데 유용한 기반 정보로 이용될 수 있을 것이다. 수행된 유전자 banking은 멸종위기 어류의 단순 유전자 소재 복원뿐만 아니라, 앞으로 멸종 위기로부터 미호종개를 지속적으로 관리하기 위한 보다 효율적인 인공증식 및 사육/관리 기술의 개발, 유용 단백질 소재의 활용 측면에서 더욱더 중요시 될 것이다. 아울러 본 연구를 통해 생태계 내로 인공 방류된 미호종개들의 생태 적응력 평가 및 서식지 오염/생태 스트레스의 평가에도 유용한 기반 소재로 활용될 수 있을 것이다.

9) Microsatellite DNA 분리 및 특성구명

가. Microsatellite DNA 분리

미호종개에서 분리한 20개 microsatellite loci 모두는 polymorphic 하였으며, 대립유전자 수는 8~33개였으며, 관찰치(Ho)와 기대치(He) 이형접합률은 각각 0.69~0.97과 0.76~0.95 이었다. 20개 loci 가운데 18개는 Hardy-Weinberg equilibrium(HWE)을 따랐으며, IC372와 IC518 loci는 HWE를 이탈하였다. 이것은 아마 null allele의 존재에 의해 이탈된 것으로 추정된다. 미호종개 microsatellite loci의 20개 primer set로 Cobitidae 과의 6종에서 cross-amplification을 실시한 결과, IC518과 IC888 locus를 제외하고는 2개 또는 그 이상 종들에서 target locus가 증폭되었다. 따라서 이들 locus들은 미호종개 외에 다른 6개 종에서 이용할 수 있음을 나타낸다.

나. AFLP와 MS 방법에 따른 집단간 분석 비교

AFLP와 MS 분석을 비교한 결과 집단 간 유전적 분화도(*F*st)는 두 방법 간 수치의 차이를 나타내었으나, 모든 집단 간에 유의적 차이($p<0.01$)를 보여 집단 간 분화가 일어났음을 의미하는 것으로 분석되었다. 따라서 미호종개 3집단은 현재 미세한 유전적 분화가 일어나고 있는 것으로 분석되었다.

10) Microsatellite 및 AFLP에 의한 방류어의 유전 다양성 분석

가. Microsatellite에 의한 방류어의 유전 다양성 분석

방류지역에서 채집한 집단(released fry)과 대량서식지에서 채집한 친어집단간의 유전적 다양성을 분석한 결과 방류집단은 친어집단보다 유전다양성이 약간 낮게 나타난 것으로 분석되었다.

나. AFLP에 의한 방류어의 유전 다양성 분석

Microsatellite 분석과 동일하게 대량서식지에서 채집한 친어를 이용하여 종묘생산 후 복원지에 방류한 개체를 재 포획하여 유전다양성의 변화를 AFLP 기법을 이용하여 분석하였다. 대량서식지 친어 집단의 AFLP 분석결과와 방류치어의 유전다양성을 비교한 결과 방류집단에서 약간 낮아지는 경향을 보였으며, microsatellite 결과와도 잘 일치하였다.

11) Microsatellite 에 의한 parentage 분석

미호종개에서 분리된 20개 microsatellite loci 가운데 PCR 증폭 및 genotyping 결과가 아주 양호한 9개 loci에 대해 멘델 유전검정 실험을 수행하였다. 성숙한 미호종개 암컷과 수컷을 각각 1:1, 1:4, 4:4, 6:6, 7:7 비율로 자연산란을 유도하여 총 5개의 가계(A, B, C, D, E)를 만들어 이들 가계에서 생산된 자손 30마리와 친어들을 genotyping 하였다. 9개 loci에 대한 유전검정 결과, 모든 loci가 멘델의 분리 법칙을 잘 따르는 것으로 나타났다(그림 7-23). 따라서 이들 마커들은 미호종개의 집단 분석, 친자 확인, 방류효과 등의 연구에 유용하게 이용될 것이다.

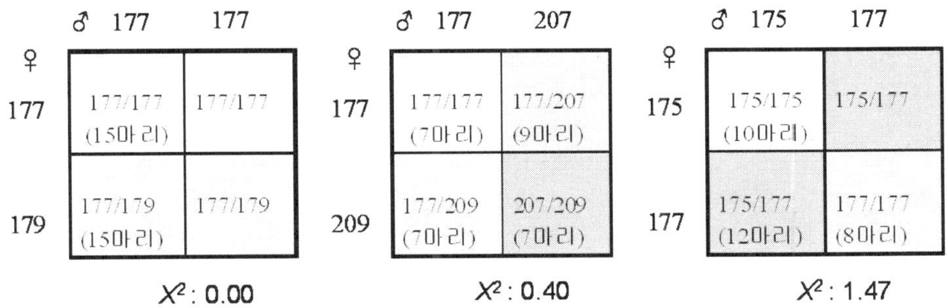

그림 7-23. 인공 교배실험군의 MS marker의 멘델 유전검정.

4. 서식지 복원 및 방류어류 모니터링

1) 복원 후보지 조사 및 선정

미호종개의 서식이 확인된 백곡천, 미호천, 갑천, 지천을 포함하여 30여 곳 중 수량, 저질, 환경 등의 조건을 분석하여 최종 12곳을 1차 선정하였으며 선정된 12지점을 대상으로 정밀 조사하였다.

초평천 상류는 수질, 동서종, 저질 등의 수 환경 평가 항목에서 모두 집단서식지와 생태 조건이 유사하며 생태적인 측면에서 높은 건강도를 나타내고, 미호종개가 서식하지 않아 유전자 오염을 야기할 문제가 없는 초평천 상류를 최종 복원후보지로 선정하였다(표 7-3).

표 7-3. 복원후보지별 최종 평가 순위

Site No.	장 소	종합순위	비 고
1	충북 진천군 (백곡천 상류)	C	집단 서식지 (3차 대량방류지)
2	충북 진천군 (미호천 상류)	11	
3	충북 진천군 (백곡천 하류)	5	하상 및 유량변동이 크고 진천읍 관통
4	충북 진천군 (초평천 상류)	4	수해 공사 (2010년까지)
5	충북 음성군 (초평천 상류)	1	**선정**
6	충북 진천군 (미호천, 초평천 합수부)	9	
7	충북 청주시 (미호천 본류, 팔결교)	10	
8	대전광역시 서구 (갑천)	3	미호종개 서식지
9	충남 청양군 (지천)	2	미호종개 서식지
10	충남 공주시 (유구천)	6	미호종개 서식지
11	충남 천안시 (병천천 상류)	7	유원지 하수
12	청남 천안시 (병천천 본류)	8	아우내 장터 인근

2) 선정 후보지에 미호종개 종묘의 방류

미호종개 서식이 확인되지 않은 최적의 후보지로 선정된 충북 음성군의 복원지에 2차에 걸쳐 4,200마리의 치어(평균 전장 4.1㎝)를 방류하였다. 1차 방류는 1,200마리를(그림 7-24), 2차 방류는 3,000마리를 치어(전장 3-4㎝)를 방류하였다(그림 7-25).

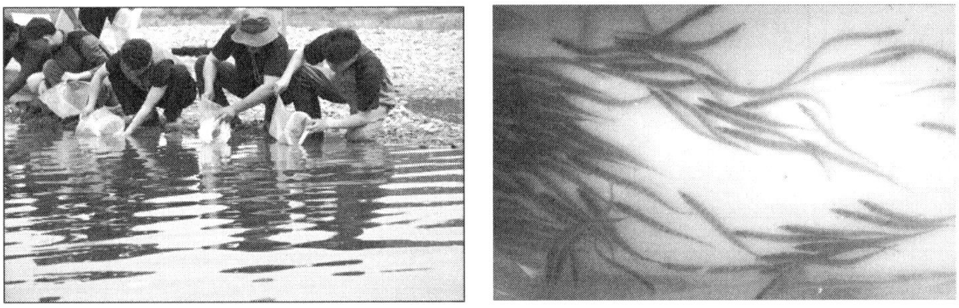

그림 7-24. 미호종개 치어 방류(1차).

그림 7-25. 미호종개 치어 방류(2차).

3) 대량 방류 및 방류어류의 모니터링

방류 이후 지속적인 모니터링을 수행하였다. 방류 후 45일 이후에도 방류개체의 서식이 확인되어 방류 후 환경변화에 적응을 하여 생존하고 있음을 확인하였으며, 1차 방류개체는 방류 후 약 1년 간 성장한 개체에서 포란한 암컷 개체가 4마리 채집되어 방류 후 지속적인 후대생산이 가능한 것으로 분석되었다(그림 7-26). 또한 2차년도에 치어 7,000마리를 미호종개 서식지에 대량 방류하여 자원을 첨가하였다.

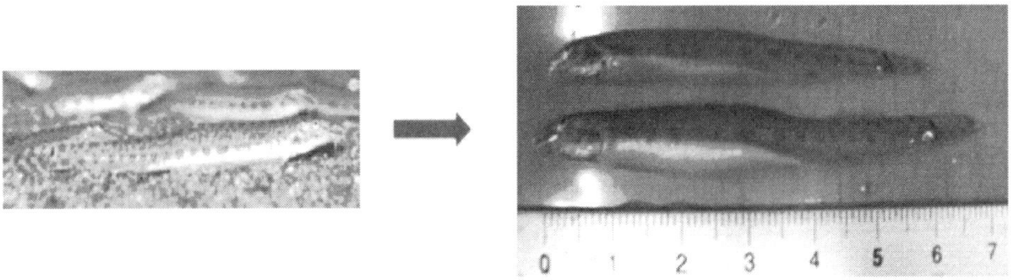

그림 7-26. 방류개체의 성장 및 포란한 암컷.

4) 서식지외 보전기관 분양

1, 2차 인공증식 개체를 대상으로 금강유역환경청에서 멸종위기야생동식물 인공증식증명서를 발급받았으며, 국립수산과학원 중·남부 내수면연구소, 충남·충북 내수면 연구소에 각각 1,000마리의 미호종개 치어를 분양하였다.

참고문헌

이혜영, 이현실, 박창신, 1986. 한국산 기름종개속 전종의 핵형 분석 및 지리적 분포에 따른 다형현상. 한국유전학회지 8(2): 65-75.

Kim, I.-S., 1998. Biodiversity and biogeography of freshwater fishes, order cypriniformes in Korea. proceedings of the first international symposium on the geoenvironmental changes and biodiversity in the northeast Asia. Seoul. Pp.357-361.

Kim, I.-S. and J. Y. Park. 1997. Iksookimia youngdokensis, a new cobitid fish(Pisces:Cobitidae) from Korea with a key to the species of *Iksookimia*. Ichthyol. Res. 44:249-256

Kim, I.-S., J. Y. Park and T.T. Nalbant. 1999. The far-east species of the genus Cobitis with the description of three new texa (Pisces:Ostriophysi: Cobitinae). Trav. Mus. Nat. Hist. "Grigore Antipa," 39: 373-391.

Kim, I.-S., J. Y. Park, Y. M. Son and T.T. Nalbant. 2003. A review of the loaches, Genus Cobitis(Teleostomi:Cobitidae) from Korea, with the description of a new species *Cobitis hankugensis*. Kor. J. Ichthyol. 15(1): 1-11

Kim, I. S and Y. M. Son, 1984. Cobitis choii, A New cobitid fish from Korea. Kor. J. Zool. 27: 49-55.

Kocher, T. D. and C. A. Stepien. 1997. Molecular systematics of fishes. Academic Press, New York.

Nalbant, T. 1993. Some problems in the systemmatics of genus *Cobitis* and its relatives(Pisces:Ostariophysi, Cobitidae). Rev. Roum. Biol, Biol. Anim. 38: 101-110.

Nalbant, T. 1994. Studies on loaches (Ostariophysi, Cobitidae), I. An evaluation of the valid genera of Cobitidae. Trav. Mus. Nat. Hist. "Grigoreantipa," 34: 375-380.

Slechtova, V., J. Bohlen and A. Perdices. 2008. Molecular phylogeny of the freshwater fish family Cobitidae (Cypriniformes: Teleostei): Delimitation of genera, mitochondrial introgression and evolution of sexual dimorphism. Mol. Phylogent. Evol. 47: 812-831.

8장

외국의 멸종위기종 복원프로그램 현황과 시사점

노태호[1)]

들어가는 말

종은 생물학적으로 멸종의 길에 들어서거나 혹은 인위적 교란에 의해 멸종의 위기에 처하기도 한다. 지구상에 존재했던 대부분의 종들은 현재 찾아볼 수 없다. 즉, 이들은 자연적이든 인위적이든 멸종에 이르렀다는 것이며, 생물적 또는 비생물적 환경 변화에 성공적으로 적응하지 못한 결과로 인한 것으로 해석되어진다. 예상치 못한 급격한 대재앙이 지구상에서 일어났을 때, 자연적 멸종은 가속화·대량화된 것으로 추정되고 있다. 이와 같은 연구 결과는 지구의 지질학적 연대기별로 출현하는 화석의 종류들과 현존하거나 근세까지 생존했던 생물군을 비교함으로써 알 수 있다. 과거 지구상에서 번성했던 수많은 식물종과 연체동물문의 복족류 및 절지동물문의 여러 목(order)에 속하는 종들은 화석학적 연구를 통해서만 알 수 있는 생물종들이다. 실제로 파충류에 속하는 종들은 총 12개 목까지 알려져 있으나, 현재 3개 목에 해당하는 생물종만이 지구상에 서식하며 나머지는 멸종되었다.

그러나 현대에 이르러 많은 종류의 생물들은 인간의 활동에 의해 직·간접

1) 한국환경정책평가연구원 / thro@kei.re.kr

적으로 멸종의 위기에 직면하고 있다. 과도한 사냥, 서식처의 파괴, 그리고 해충 방제나 경관사업의 목적 등으로 도입되는 외래 생물종의 유입 등은 인위적 영향의 대표적인 사례이다. 이러한 인간의 활동에 의한 멸종은 특히 척추동물의 종다양성에 중대한 영향을 미치고 있다. 과거 200년 동안 지구 전체적으로 100여 종의 포유류와 160여 종의 조류가 인위적 활동에 의한 영향으로 멸종된 것으로 보고되었으며, 조사 대상을 다른 동물군으로 확대해 보면 이보다 훨씬 더 많은 생물종이 영향을 받거나 멸종되었을 것으로 추산된다.

현대에 있어 우리가 직면하는 멸종현상은 자연적 멸종과는 거리가 멀다는 것이 일반적인 견해이다. 과도한 개발에 의한 서식지의 감소, 교역의 증가로 인한 지리적 격리효과의 상실, 외래종의 유입 등은 인위적 멸종의 원인으로 등장하고 있다. 최근의 생물다양성 감소 원인이 이와 같이 인위적 요인에 기인한다는 인식이 증가하면서 이에 대한 반작용, 즉 생물다양성이 급감하는 추세를 완화하고 대응하기 위한 노력이 세계적으로 확산되고 있다. 대표적인 노력인 멸종위기종의 보존을 위한 접근은 그 규모에 있어 종(개체) 복원수준에서부터 광범위한 서식지 보존을 위한 차원에 이르기까지 과학적, 기술적 그리고 제도적 접근 등을 통해 다양하게 시도되고 있다. 본고에서는 국내외에서 소개된 멸종위기종 관련된 연구와 생물서식지 보전역에 관한 자료에 기초하여 미국을 중심으로 외국의 멸종위기종 복원사업의 현황을 살펴보고 그 시사점을 간략하게 고찰하고자 한다.

1. 멸종위기종과 생물권보전지역

생물권보전지역(Biosphere reserve)은 생물다양성 및 생물자원 보전이라는 측면과 이에 대한 지속가능한 이용을 조화시키기 위해 마련된 프로그램이다. 따라서 생물권보전지역은 그 자체가 개념인 동시에 도구로서의 기능을 함께 지니고 있다고 할 수 있다. 세계 최초의 생물권보전지역은 1976년에 지정되었으며 2005년 기준으로 102개국에 482곳이 지정되어 네트워크를 이루고 있다. 이러한 생물권보전지역은 보전(Conservation), 발전(Development), 지원(Logistic)의 세 가지 상보적인 기능을 충족시켜야 하는 공간역으로 정의된다(그림 8-1). 보전기능이란 유전자원, 종, 생태계, 경관을 보호 · 유지하는 것이며, 발전기능이란 지속가능한 경제 발전과 인간 발전을 촉진하는 것을 의미한다. 지원기능은 시범사업, 환경교육과 훈련, 연구와 모니터링 등을 통해 앞의 두 가지 기능이 용이하게 수행되도록 도움을 주는 기능을 포함한다.

그림 8-1. 생물권보전지역의 세 가지 기능(유네스코 한국위원회, 2002 재인용)

이와 같은 3개 기능을 수행하는 생물권보전지역은 일반적으로 3개의 구역(핵심지역, 완충지역 및 전이지역)으로 이루어지는데 이중 멸종위기종을 위시한 생물종의 다양성 보전, 생태계에 미치는 교란을 최소화한 모니터링, 그리고 비파괴적인 연구와 같이 영향이 적은 이용을 위한 곳이 핵심구역이다. 생물권보전지역의 이러한 구획개념은 보호지역을 생물지리학적 경관의 중요 부분으로 발전시켜야 한다는 생각과 밀접히 연관되어 있다. 멸종 위기에 놓인 종의 수는 활용 가능한 생물자원의 수를 훨씬 초과하며, 이러한 상황은 더욱 빠르게 악화될 것으로 보여 보전의 우선순위를 파악하는 것을 더 어렵게 한다고 보고된 바 있다. 이를 극복하기 위해 구획의 개념과 핵심지역의 보전을 연계하는 것이 중요하다.

이러한 방법 중의 하나로 실천 가능한 것이 생물다양성의 핫스팟(hotspot)을 보전하는 것이며, 핫스팟을 보전하는 것은 멸종위기종의 복원과 병렬적으로 시행되어야 할 사항이다. 마다가스카르 섬의 생물다양성 핫스팟인 마나나라 노르, 브라질의 대서양 삼림의 대규모 생물권보전지역 등은 멸종위기종의 보존과 복원에 있어 매우 중요한 기능을 수행한다. 아메리카 대륙에 있어서는 과테말라의 페텐지역에 위치한 마야 생물권보전지역, 멕시코의 칼락물 지역 그리고 코스타리카의 라 아미스타드(La Amistad) 생물권보전지역 등이 중요한 멸종위기종 보존 및 생물다양성의 보고로서 기능을 수행하고 있다. 미국의 47개 생물권보전지역은 다양한 멸종위기종 복원 프로그램의 시행을 가능케 한 공간역으로 자리 잡았는데, 골든게이트(Golden Gate) 생물권보전지역, 남애팔래치아(Southern Appalachian) 생물권보전지역이 대표적이다.

독일의 엘베강(Elbe River)과 체코의 팔라바(Palava)는 대표적인 유럽의 생물권 보전지역으로 알려져 있다. 철새의 다양성 유지 및 육상무척추동물의 보고인 이들 지역은 장기 모니터링, 취약종과 멸종위기종에 관한 보전과 각종 조치에 대한 정보를 가장 많이 만들어 내는 지역으로 유명하다. 스페인 남부 시에라 네바다(Sierra Nevada)산맥의 경우, 관속식물의 보고인 동시에 희귀종과 멸종위기종의 서식지로서 유명한 보전지역이다. 이 지역에는 116개 분류군이 가장 제한적으로 분포하고 있으며 멸종 위기에 놓여 있는 것으로 보고된 바 있다.

2. 국외 멸종위기종 증식 및 복원프로그램

1) 미국

미국의 멸종위기종 관련 주요 법령으로는 1960년대 말 "멸종위기종법(The Endangered Species Act; ESA)"이 제정된 이후, "청정수법(The Clean Water Act; CWA)", "국가환경정책법(The National Environmental Policy Act; NEPA)", 그리고 "연안관리법(The Coastal Zone Management; CZMA)" 등이 입법, 시행되고 있다. 그 외에도 "어류 및 야생동물보호법(The Fish & Wildlife Coordination Act)",

"철새보전법(The Wild Exotic Bird Conservation Act)"과 보전정책 재원조달 및 주 차원의 보전정책 지원을 목적으로 한 "연방야생동물복원법(The Federal Aid in Wildlife Restoration Act)", "어류 및 야생동물보존법(The Fish & Wildlife Conservation Act)" 등 다양한 자연보전 관련 법령들이 존재한다.

이 가운데 야생동·식물 보전에 있어 중심이 되는 기본 법률이 멸종위기종법이다. 본 법령은 1966년 제정되었고, 1973년 CITES 당사국총회가 개최된 것을 계기로 CITES에서 언급된 식물을 포함하여 1973년 전문 개정되었으며, 1996년까지 여러 차례 개정되었다. 이 법은 멸종위기에 처한 종의 등급화, 지정 및 관리에 관한 규정, 멸종위기종 복원계획의 수립·시행에 관한 규정, 멸종위기종 또는 위협 받는 서식지의 보호를 위한 연방정부의 의무에 관한 규정 및 멸종위기종을 보호하기 위한 일반적 제한행위 등에 관한 내용으로 구성되어 있다.

미국에서는 어류 및 야생동물관리국(Fish and Wildlife Service; USFWS)과 해양어류청 등에서 멸종위기 동물에 관하여 보전연구 및 관리업무를 수행하고 있다. 다양한 프로그램을 통해 1900년대 초반에 멸종위기로 분류되었던 많은 야생동물을 복원하여 멸종의 위협으로부터 벗어나게 한 성공사례가 이들 기관에 의해 수행되었다. 트럼펫고니(Trumpeter Swan)의 경우, 1900년대 초에 73개체였으나 2000년 중반 10,000개체 이상으로 회복되었으며, 들소(American Bison)는 1900년대 초에 1,000개체 이하로 감소하였으나 지속적인 보호활동 및 복원 노력으로 2000년 초 75,000개체 이상으로 회복되었다. 이외에도 해달, 프롱혼 영양, 야생칠면조, 엘크, 아메리카흑곰, 검은발담비, 물수리, 흰머리독수리, 갈색펠리칸, 북방점박이올빼미, 캘리포니아콘돌, 캐나다기러기, 미국흰두루미, 매 등은 성공적인 야생동물 복원사례의 주인공들이다. 이들 종의 복원은 USFWS의 관할구역에서 주로 이루어지며 그 지역은 총 9개 지역으로 되어있으나 실질적인 생태복원이나 이행계획은 1~8지역에서 수행된다(그림 8-2).

그림 8-2. 복원 및 보전프로그램의 시행을 위한 지역설정 및 USFWS 관할지역(USFWS Office of External Affairs, 2009)

미국에 있어 흰머리독수리와 함께 대표적인 멸종위기종 복원사례로 언급되는 것이 회색늑대 복원사업이다. 1973년에 멸종위기종법명(ESA)에 멸종위기종으로 등재된 늑대를 복원하려는 계획은 어류 및 야생동물 관리국(USFWS)에 의해 기획되고 실행되었다(그림 8-3). 1987년에 북부 로키산맥에 있는 늑대개체군의 복원 계획을 완성한 후, 1995~1996년에 캐나다의 알버타 주와 브리티시 콜럼비아 주에서 66마리를 생포하여 35마리는 중앙 아이다호에, 31마리는 옐로우스톤 국립공원에 각각 재방사되었다. 이 멸종위기종 복원계획의 최종목표는 멸종위기종 목록에서 해당 생물종의 이름이 제외시킬 수 있을 만큼 개체군의 규모를 늘리는 것이다. 즉, 스스로 자생할 수 있는 개체군을 확립하는 것과 이로서 멸종위기종법명(ESA)의 보호종 목록에서 늑대를 제외시키고자 함에 그 목표를 두고 있었다. 또한 늑대관리 권한을 각각의 주와 원주민 부족들에게 이양함으로써 첨예한 이해 당사자인 가축농장주와의 대립에 대한 해결방안도 모색하고자 하였다. 3개의 복원지역(옐로우스톤 국립공원, 몬타나주 북서부, 아이다호주 중앙)에 서식하는 안정적 복원 개체군 규모를 3년 간 30쌍의 늑대 개체수로 설정한 생물학적 목표를 계획하였고 2002년 말에 이 목표는 달성된 것으로 인정되었다.

그림 8-3. 1987년 승인된 "북부 로키산맥늑대복원계획보고서" 표지.
(http://ecos.fws.gov/docs/recovery_plan/에서 재인용)

늑대의 안정적 개체군 복원은 성공적으로 진행되었으나, 가축피해에 대한 사회적 논의를 마무리하고 이를 해결하고자 하는 거버넌스 부분에서의 목표는 아직 달성되지 못하였다. 옐로우스톤과 아이다호주 중앙 보호지역에 있는 모든 늑대군을 대상으로 이들을 통제 관리하는 프로그램을 적용하였으나 그 성과는 만족스럽지 못하다. 늑대의 서식으로 나타나는 농가와 일반인의 우려를 해결하고, 야생 유제류의 군집 및 가축에 미치는 영향과 이와 관련한 대립을 최소화할 수 있는 관리의 유연성 확보라는 목표를 설정한 프로그램은 현재도 진행 중이다. 가장 민감한 가축 농장의 사유재산 보호를 위한 방안으로는 농가의 피해를 최소화하는 통제방법이 적용되었는데 치명적이지 않은 늑대 교란장치의 사용에서부터 살상에 이르기까지 다양한 수단의 적용을 고려하고 있다. 이는 사유권 보호를 위한 극단적인 수단의 사용을 인정하되 우선적으로 덜 치명적인 고무총알, 추가적인 사냥견, 가축 울타리 등의 확보와 늑대와 가축을 분리시키기 위한 목초나 대체물의 구입, 그리고 더 많은 순찰요원 및 자원봉사자의 고용 등을 우선적으로 활용하는 방안으로서 어느 정도 효과를 보이고 있는 것으로 분석되었다.

또 다른 복원프로그램의 예로서 미국 북서부 여러 주에 걸친 USFWS Mountain-Prairie Region (Region 6)에서 시행된 캐나다 시라소니 복원을 들 수 있다. 이 종은 2000년 3월 멸종위기종으로 연방정부에 등재되었으며 기후변화에 따른 설상지의 축소로 인한 영향이 높아 2005년도에 복원계획이 마련되고 시행되었다(그림 8-4).

RECOVERY OUTLINE
Contiguous United States Distinct Population Segment of the Canada Lynx

Common Name:	Canada lynx
Scientific Name:	*Lynx canadensis*
Listing Status:	Threatened
Date Listed:	March 24, 2000
Lead Region:	U.S. Fish and Wildlife Service, Region 6. Cooperating regions are Regions 1, 3 and 5.
Lead Field Office:	Montana Field Office 100 N. Park Avenue, Suite 320 Helena, Montana 59601 Telephone: 406-449-5225
Lead Biologist:	Lori Nordstrom, Montana Field Office Telephone 406-449-5225, ext. 208; lori_nordstrom@fws.gov

그림 8-4. 캐나다 시라소니 복원계획 승인서의 일부(http://ecos.fws.gov/docs/recovery_plan/에서 재인용)

이 복원 프로그램 이전에 일련의 복원 계획이 수립되어 시행된 바 있는데, 이 과정을 통해 1999년 이후 캐나다와 알래스카에서 시라소니를 도입하여 콜로

라도 주 핵심재도입지역에 총 204마리의 시라소니를 방사한 것이 그것이다. 그 후 2002년 34마리의 시라소니가 복원지역에 서식하고 있음이 확인되었고, 2003년과 2004년도에 각각 16마리, 39마리의 새로운 개체가 태어난 것이 확인된 바 있다. 현재 진행 중인 2단계 복원계획의 최종목표는 멸종위기종 법령에 의해 작성된 멸종위기종 목록에서 본 종을 제외시키는 것이다. 이를 위해 복원프로그램은 4가지 세부목표를 설정하고 7가지 이행계획을 수립한 바 있다(표 8-1).

표 8-1. 캐나다 시라소니 개체군 복원을 위한 세부목표 및 이행계획

	세부목표
1	핵심지역에서 캐나다 시라소니 개체군이 장기간 서식하기에 충분한 양질의 서식지 확보
2	핵심지역 개체군과 이 지역과 연계된 2차 지역 및 캐나다지역에 서식하는 개체군 간의 유입과 유출이 자유로운 충분한 서식지 확보
3	캐나다 시라소니에 의해 지속적으로 이용될 수 있는 2차 지역의 확보
4	미국과 인접국가에 서식하는 캐나다 시라소니 개체군이 향후 100년간 유지될 수 있는 징후가 공지될 수 있도록 하는 것
	이행계획
1	캐나다 시라소니 개체군의 향후 100년간 유지를 위한 핵심지역 관리책임 설정
2	캐나다 시라소니 개체군이 서식 하는 핵심지역의 기초 현황자료 유지
3	캐나다 시라소니 개체군 분석단위(65~129㎢)에 대한 10년단위 모니터링 실시
4	핵심지역과 캐나다 인접지역 간 시라소니 개체군이동을 촉진하는 서스지 파악
5	2차지역 내 캐나다 시라소니 개체군이 활용 가능한 서식지의 보전
6	캐나다 시라소니 개체군에 있어 제한요인으로 작용하는 개체군 및 서식지 식별
7	목록에서 제외된 이후 수행되어야 할 모니터링 계획 수립

서식지 확보와 타 지역에서의 개체도입 및 방사에 의한 복원이 이행됨에 있어 해당지역의 각 주는 제도적인 측면에서 요구되는 내용을 각 지역사회의 특성을 고려한 이행계획으로 수립, 이를 시행하고 있다. 여기에는 사냥꾼과 가축 농

장주들에 의해 복원 중인 시라소니가 피해를 당하는 사고를 줄이기 위한 계획, 그리고 다양한 사설기관들과 연계하여 토지사용과 관련된 시라소니의 영향에 대해 정보를 수집 하는 것 등이 해당한다. 그러나 본 종의 경우 늑대와는 달리 집단적 특성이 매우 약하고 설원지역에 분포하는 등 농가 및 지역주민에 대한 피해 유발 가능성이 상대적으로 낮아 부수적인 보완책이 요구되는 수준은 그다지 높지 않은 것으로 평가되고 있다.

소형 포유류에 대한 종 복원의 사례로서는 미국 알래스카와 동부 뉴잉글랜드, 그리고 5대호 지역을 통해 캐나다의 남부지역으로 이어지는 곳에 서식하는 북방날다람쥐(Northern Flying Squirrel) 2종에 대한 복원계획을 들 수 있다. 이들은 애팔래치아 산맥을 따라 서부와 동부 노스캐롤라이나, 테네시 그리고 남쪽 펜실베니아에 제한적으로 분포하는 종이다. 이 종들은 1985년 멸종위기종 목록에 멸종위기 및 위험종으로 등재되었고, 주된 감소원인으로는 인위적 교란에 의한 서식지 분할과 이에 따른 개체군의 급속한 퇴조현상이 규명되었다. 산림의 벌채와 과도한 화학물질의 사용, 중금속 등에 의한 오염이 이들의 개체군의 규모를 자생적 능력이하의 수준으로 낮추는 결과를 초래했다는 것이 현재까지 알려진 내용이다. West Virginia주를 포함하는 Region 5에서 1990년 작성한 애팔래치아 북방날다람쥐 2종에 대한 복원계획(그림 8-5)은 2종의 멸종위기 등재 등급을 하향조정하거나 목록에서 제외하는 이원화된 단계별 목표를 설정하고 현재도 진행중에 있다. 이를 위한 명확한 기준이 각각 제시되고 있으며, 이와 함께 구체적인 복원작업내용을 기술하고 있다. 복원을 위한 이행계획으로 볼 수 있는 이 내용에는 7개 분야 14개 항목의 세부적인 사항이 상세하게 기술되어 있다. 본 사례에서 주목하여야 할 점은 복원계획이 미국 내 복원프로그램 가운데 상대적으로 초기사업에 해당하는 것이며, 복원대상종에 대한 생물학적 정보를 매우 제한적인 상황에서 복원을 추진했다는 점이다. 이러한 어려운 점을 극복하는 방법으로 제시한 것이 모든 복원 계획을 조정하는 자문위원회를 구성하고, 이를 통해 생물종에 대한 복원에 필요한 모든 정보교환과 유기적 협력체제를 구성하고 있다는 점이다.

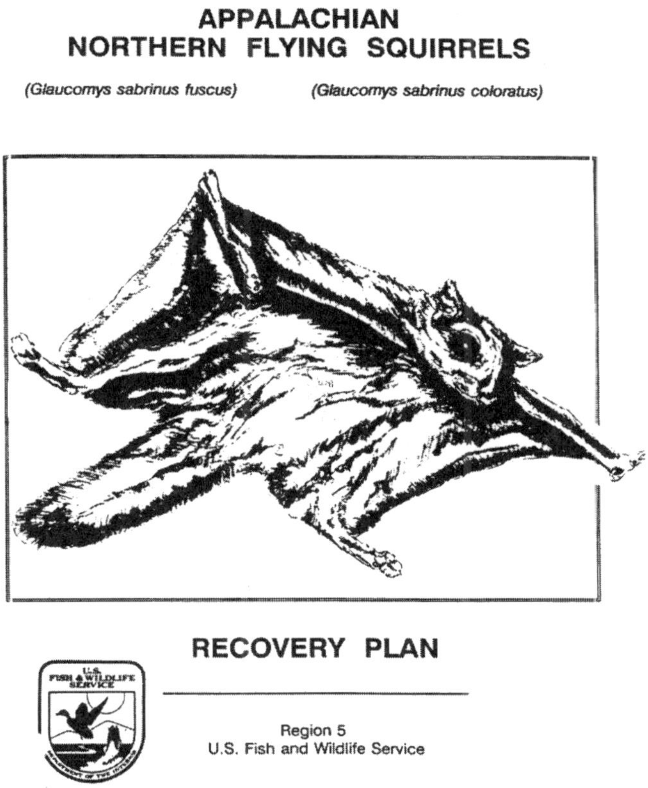
APPALACHIAN
NORTHERN FLYING SQUIRRELS

(*Glaucomys sabrinus fuscus*) (*Glaucomys sabrinus coloratus*)

RECOVERY PLAN

Region 5
U.S. Fish and Wildlife Service

그림 8-5. Region 5에서 준비한 북방날다람쥐 2종의 복원계획서 표지.
(http://ecos.fws.gov/docs/recovery_plan/에서 재인용)

2) 유럽

영국에서는 지난 10년간 멸종위기에 처한 종이 약 2배로 증가하였다. 영국의 "생물다양성 이행계획"에 의하면 1,150종의 고유종과 65곳의 생물서식지가 적극적인 보호를 요하는 상황에 이르렀다고 평가하고 있다. 이는 1997년에 설정된 1차 이행계획에서의 멸종위기종이 577종이었음을 고려할 때 심각한 상태라 할 수 있다. 그러나 이러한 가운데서도 영국은 다양한 복원계획의 시행으로 123종이 멸종위기종 목록에서 제외되는 성과를 이루었다. 대표적인 사례가 아도니스 청나비, 박쥐(Pipistrelle Bat), 그리고 무당벌레거미 복원프로그램 등이라 할 수 있다.

스페인의 경우, 불곰(Brown Bear, *Ursus arctos*)에 대한 복원사업이 북부 산악지역(Cantabrian mountains)에서 시행된 바 있다. 1992년 이 지역에 서식하고 있던 갈색곰 개체군이 불법적인 사냥과 서식지 감소로 인해 2개의 소규모 개체군으로 파편화되어 개체군 유지가 매우 어렵게 되자 스페인 정부는 이종을 93년 보호종으로 지정하였고 4년 후인 97년 멸종위기종으로 상향조정하였다. 복원계획의 최종목표는 2개 지역으로 파편화된 개체군이 충분한 자생력을 지닌 하나의 개체군으로 회복되는데 두고 있으며, 이 목표를 이루기 위한 7가지 부문별 목적을 세우고 총 14가지 이행수단을 설정하여 복원을 추진하고 있다. 이 계획도 다른 계획과 마찬가지로 생물학적 복원방식과 제도적 · 사회적 수단의 병행을 강조하고 있다. 불법적 사냥을 방지하는 것에 가장 우선순위를 두고 있으며 보호를 위한 계몽과 공공교육을 포함하여 서식지 보전과 증식 외의 다양한 수단을 포함하고 있다. 프랑스의 경우에도 불곰의 복원을 위한 노력을 펼치고 있다. 불법적 사냥으로 인해 절멸의 위기에 처한 이들 개체군을 위해 스페인 국경지대인 피레네 산맥 일부지역에 1996~1997년에 루마니아로부터 들여온 3마리의 불곰(암컷 2, 수컷 1)을 이용한 증식을 통한 방사를 실시, 2003년 피레네 산맥 전역에 13~15마리가 3개 지역에 분산되어 서식하는 성과를 이루어내었다.

EU 차원에서는 보다 큰 규모에서의 복원사업이 진행되고 있는데 주로 식물종의 서식지 보전을 통한 현지복원을 추진하고 있다. 키프로스(Cyprus)를 중심으로 지중해 식물(Mediterranean flora)에 대한 보전사업은 멸종위기종에 대한 복원계획을 함께 이행하고 있다. 이 복원사업은 고유종에 대한 서식지 보전을 통해 이루어지므로 동물종과 같은 도입의 방법은 철저히 배제되어 있다. 현지내 보전을 통한 복원의 중요한 예라 할 수 있다(그림 8-6). 현재 유럽의 다양한 멸종위기식물종은 97년 결성된 유럽식물원 컨소시움이 주도하는 "유럽식물원프로그램"에 의한 현지 내 · 외 보전과 복원작업의 대상이다. 현재 유럽지역에 분포하는 모든 멸종위기종과 희귀종의 30%에 해당하는 종들은 한 곳 또는 여러 곳의 식물원에서 보전되고 있다. 그러나 열악한 환경과 제한된 유전자 풀 그리고 충분히 연구되지 못하는 등의 문제점을 지니고 있어 이를 해결하기 위한 방법으로 이 프로그램을 시행하고 있는 것이다. 유럽식물원프로그램은 국제식물원보전기구(Botanic Gardens Conservation International; BGCI)와 국제식물원연맹(International Association of Botanic Gardens; IABG)이 공동주관하여 운영한다. 이들은 재도입, 배아보전 및 단백 질종자관리 등을 통해 멸종위기종의 복원에 주력하고 있다.

그림 8-6. *Arabis kennedyae:* 키프로스의 보전사업에 의해 복원이 추진 중인 다양한 멸종위기종의 일부

3) 아시아

아시아 지역에서는 중국, 일본, 대만 그리고 인도네시아 등에서 멸종의기종 복원사업이 진행되고 있다. 중국은 따오기(Japanese Crested Ibis, *Nipponia nippon*)의 복원에 대해 국가적인 투자를 계속하고 있다. 1981년 싼씨성에서 7마리의 야생 따오기를 발견한 후, 그 지역을 "특별보호구역"으로 지정, 보호하는 한편 그 중 일부를 포획하여 복원에 착수하였다. 이후 따오기 증식센터를 세워 본격적인 인공증식에 성공하였으며, 서식지의 적극적인 보호를 통해 개체군의 규모를 46마리로 높이는데 성공하였다. 또한 중국은 흑룡강성에 있는 동북호림원을 중심으로 호랑이의 보전적 복원을 시행하고 있다. 본래 호림원은 호랑이의 약재사용을 위해 건립되었으나 현재는 보전적 기능에 중점을 두고 유전자 풀을 강화하는데 주

력하고 있다. 중국 내의 동물원에서 사육되는 호랑이의 일부를 지속적으로 재도입함으로써 유전자 풀을 보강하고 있으며 이러한 계획은 '종 보존'을 위해 장기적(30년)으로 준비되어 단계적으로 시행할 예정이다. 이밖에도 중국은 1980년부터 1995년까지 지속적으로 수행한 팬더곰 복원사업을 통해 멸종위기에 처했던 팬더곰의 개체수를 1,200마리로 늘리는 성과를 이루어 내기도 하였다. 이와 함께 멸종위기종인 엘드사슴과 절멸위기종인 사불상사슴의 복원에 성공한 바 있다. 엘드사슴은 1976년 그 개체수가 26마리에 불과하였으나 90년도 복원 노력으로 현재 그 개체수가 1000마리를 넘고 있으며, 1900년 초 멸종된 것으로 알려졌던 사불상사슴은 1985년 40개체를 확보하여 이를 통한 복원으로 1,200여 마리의 개체수로 증가시켜 종을 복원하는데 성공하였다.

일본은 산양(*Naemorhedus crispus*), 흰기러기(*Anser caerulescens*) 및 알바트로스(*Diomedea albatrus*)에 대해 적극적인 복원 노력을 집중하여 왔고, 보호증식사업을 통하여 이들의 개체수가 증가하는 성과를 얻고 있다. 이 중 흰기러기는 러시아, 미국, 캐나다와 공동으로 참여하는 국제보전계획에 의해 복원을 실시하고 있으며, 알바트로스의 경우에는 연구 중심의 복원사업을 추진하고 있다. 번식과 생활사 연구를 통해 복원에 필요한 다양한 정보와 특성을 파악하고 있는 것이다. 일본에 있어 가장 대표적인 복원사업은 황새(*Ciconia boyciana*)의 복원사업이라 할 수 있다. 황새의 인공증식 및 복원은 효고현 도요오카시를 중심으로 수행되었으며 현재 그 개체수의 규모는 100여 마리로 증가된 것으로 알려져 있다. 중국과 러시아에서 개체를 도입, 14개 장소에서 분산되어 인공증식이 진행되었으며 이들을 자연으로 방사하기 위한 프로젝트를 수행하고 있는데 2005년에 암컷 3개체와 수컷 2개체 등 총 5개체가 자연으로 방사되는 성과를 이루어내었다(그림 8-7).

그림 8-7. 일본 효고현 황새복원프로그램을 통해 방사되는 황새개체
(http://www.kankeiren.or.jp/kankyou 에서 재인용)

3. 맺음말

멸종위기종에 대한 복원은 종보존 그 자체 이상의 의미를 지닌다. 미국을 중심으로 펼쳐지는 지속적인 복원계획은 결국 인류의 삶의 질이라는 측면과 밀접한 연관성을 지닌다. 이는 멸종위기에 처한 조류나 포유류와 같은 상위분류군들이 인류의 서식환경을 지표하는 인자이기 때문이다. 그러므로 생물종의 복원은 인류의 지속가능성을 확보하는 가장 근본적인 작업이기도 하다. 따라서 장기적인 관점에서 계획되고 추진되어야 하는 멸종위기종의 복원은 과학적 지식기반위에 지구력과 인내력을 요하는 종합적인 방안이 고려되어야 한다. 앞서 살펴 본 외국의 복원프로그램 성공사례들은 이를 시사하고 있다.

복원 프로그램에 있어 가장 앞서가고 있는 미국의 경우, 2009년 현재 특정 멸종위기종을 관리목록에서 제외시킨 46건의 프로그램을 분석하여 보면 생물종의 복원이 그리 간단치 않음을 보여준다. 총 46건의 프로그램 가운데 복원에 성공한 것은 총 20건(43.5%)으로 절반에도 못 미친다(그림 8-8). 이중 실패하여 멸종에 이른 것은 9건으로 19.5%를 차지하였다. 나머지 36.9%에 이르는 17건은 분류학적 오류로 인해 목록에서 제외되어 분류생태학적 정보의 중요성을 시사한다고 할 수 있다.

Delisting report

Date Species First Listed	Date Delisted	Species Name	Reason Delisted
05/18/1984	06/19/2006	Agave, Arizona(Agave arizonica)	Original Data in Error - Not a listable entity
07/27/1979	06/04/1987	Alligator, American(Alligator mississippiensis)	Recovered
12/06/1979	10/01/2003	Barberry, Truckee(Berberis (=Mahonia) sonnei)	Original Data in Error - Taxonomic revision
02/17/1984	02/06/1996	Bidens, cuneate(Bidens cuneata)	Original Data in Error - Taxonomic revision
08/27/1984	02/23/2004	Broadbill, Guam(Myiagra freycineti)	Extinct
04/28/1976	08/31/1984	Butterfly, Bahama swallowtail(Heraclides andraemon bonhotei)	Original Data in Error - Act amendment

그림 8-8. 멸종위기 관리대상에서 제외된 종에 관한 자료의 일부(출처:US Fish & Wildlife Service 홈페이지 2009)

멸종위기종 복원의 궁극적인 목표는 절멸의 위기에 처한 이들 종을 장기적인 수준에서 개체군 유지의 자생 능력을 되살려 주는 것이다. 이를 통해 멸종위기종 목록에서 제외시키는 것이 마지막 단계라 할 수 있다. 그림 8-9는 복원프로그램이 성공적으로 완료된 이후 법령에 의해 등재된 멸종위기종을 관리 및 보호 대상목록에서 제외시키는 미국의 절차를 도식화한 내용이다. 복원 후 여전히 보호 및 관리가 필요한지를 평가하는 5가지 분석과 검증의 단계를 거치고 사후 모니터링으로 이루어지는 전 과정은 우리의 제도에도 적용이 요구되어지는 부분이다.

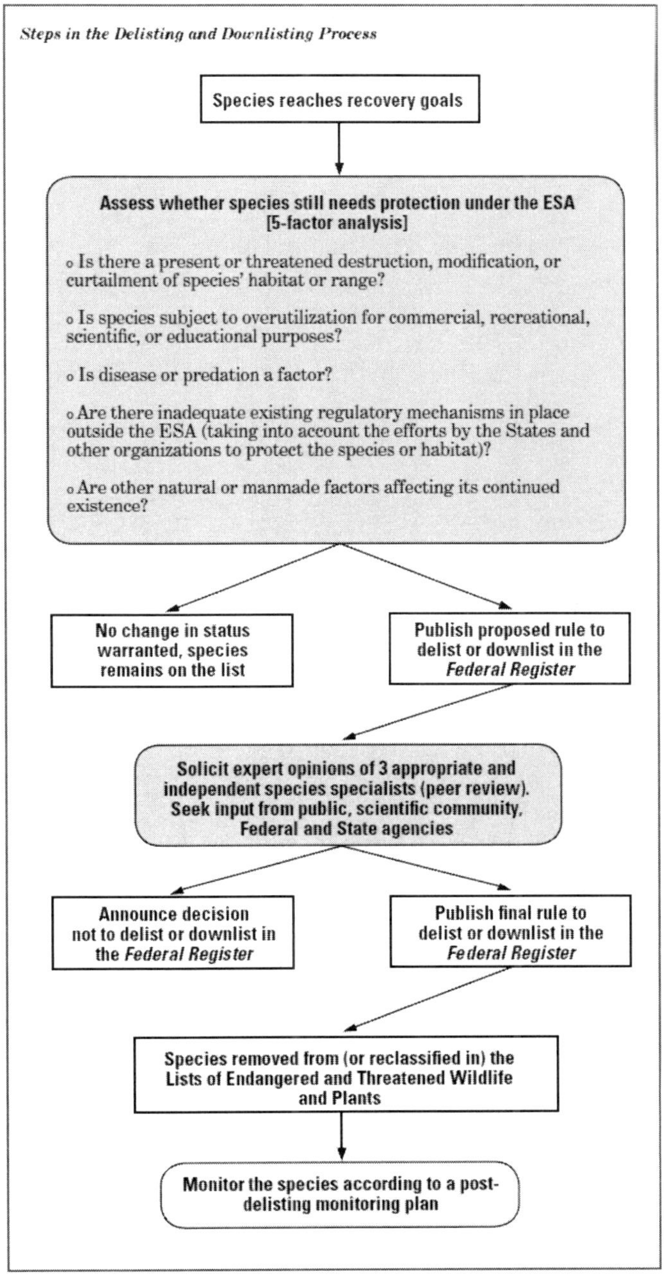

그림 8-9. 복원목표 달성 후 멸종위기종 목록에서 제외하는 결정과 사후 모니터링 계획수립의 절차도(http://www.fws.gov/endangered에서 재인용)

표 8-2. 환경부 차세대과제로 수행된 멸종위기종 종 복원 관련 연구사업

구분	연구과제명	기간
식물	멸종위기 수생식물자원 확보와 대량증식 및 보전 기술 개발	'06~'09
	멸종위기종인 광릉요강꽃과 털복주머니란의 증식·복원 및 서식지 보전기술 개발	'07~'08
	멸종위기종인 섬시호의 종 보전생물학적 연구	'06~'08
	멸종위기종인 풍란의 자생지내외 보전과 지역사회 협력 모델 개발	'03~'09
	희귀자생식물의 훼손 방지대책	'04~'07
	희귀·멸종위기 식물의 증식, 복원 및 보존원 조성기술 개발에 관한 연구	'02~'05
무척추동물 및 어류 무척추동물 및 어류	멸종위기종 곤충류의 대량증식 기술개발 (왕사슴벌레, 붉은점모시나비)	'01~'04
	습지보전 깃대종으로서 멸종위기동물인 물장군과 꼬마잠자리의 보존, 복원 및 증식 기술 개발	'06~'09
	해적생물, 불가사리 퇴치를 위한 나팔고둥(*Charonia sauliae*)의 종 보전 및 증식기법 개발	'02~'05
	환경부 지정 멸종위기 종(게류)의 증식·복원을 위한 연구	'06~'09
	천연기념물 어름치와 다슬기류의 인위적 자원조성 및 생물, 유전자 다양성 모니터링에 의한 하천 생태계 이용 및 관리	'03~'09
	긴꼬리투구새우의 인공증식·복원기법 개발	'06~'09
	보호종 산호자원의 대량증식 및 생태계 복원 기술 개발	'02~'05
	멸종위기어류 미호종개의 유전 다양성 분석, 인공증식 및 생태계 복원기술 개발	'06~'09
	멸종위기에 처한 한국특산어류의 종 보존과 복원 및 증식기술 개발	'02~'05
양서·파충류	IUCN 멸종위기 종인 금개구리의 증식 및 복원 기술개발	'06~'09
포유류	멸종위기종인 사향노루의 서식지 관리 및 인공증식기술 개발	'04~'07
	토종여우(*Vulpes vulpes*)의 인공증식 및 자연생태계 복원기술 개발	'06~'09

우리나라의 경우, 환경부 차세대사업의 일환으로 일련의 복원관련 연구가 시행되어 왔으나 대부분 종 수준에서의 복원 기술의 개발에 집중되어 왔다(표

8-2). 이는 멸종위기종 복원을 위한 국내의 수준이 아직 초보적인 인식단계임을 나타낸다 할 수 있다. 제도적으로 미진한 점은 논의과정을 거쳐 개선하고 그러한 체계를 마련하는 것은 정부의 몫이다. 이를 위해서는 멸종위기종 복원의 단계별 이행 및 검증을 위한 제도적 개선 방향에 대한 연구도 수행되어질 필요가 있다. 무엇보다도 가장 심각한 사항은 이러한 프로그램의 개발과 연구수행에 요구되어지는 전문 인력을 찾아보기 어렵다는 것이다. 대학과 연구소에 있어 복원프로그램의 개발에 참여 가능한 생태 및 분류전문가 풀이 급속히 감소하고 있는 것은 매우 우려스러운 일이다. 전문가가 충분하지 못한 현재의 국내사정에서 볼 때, 우리에게 시급히 요구되고 새로운 분야로 발전시켜야 할 복원 및 보전생물학 분야의 미래가 그리 밝지 못한 것이 현실이다. 생물종의 복원과 생물다양성의 확보를 위해서는 외국의 복원프로그램에서 보듯이 다양한 이해당사자간의 상호협력과 장기적인 발전 계획이 중요하다. 그 가운데서도 전문 인력과 인재양성은 가장 핵심적인 사항이라 할 것이다.

참고문헌

국립공원 멸종위기종 복원센터 http://www.bear.or.kr/

노태호, 송미영. 2007. 지구환경생태학. 한국방송대학교 출판부.

선병윤, 김용식, 김창회, 김철환, 박해철, 송재영, 채병수, 한성용, 현진오. 2005. 멸종위기종 증식·복원에 관한 연구. 국립공원관리공단.

유네스코 한국위원회. 2002. 생물권 보전지역: 인간과 자연을 위한 특별한 장소.

이현우, 이관규, 노백호, 방상원, 안소은, 정흥락, 윤미경. 2005. 야생동식물보호 기본계획 수립을 위한 연구. 환경부.

Blanca,G., Cueto,M., Mart Nez-Lirola,M.J. and Molero-Mesa, J. 1998. Threatened vascular flora of Sierra Nevada(southern Spain). Biological Conservation 85: 269-285.

EUROPA. http://ec.europa.eu/environment/life/index.htm

PALOMERO, G. AYMERICH, M. CALLEJO, A. GARCIA-GAONA J.F. and RASINES, J. Recovery plans for brown bear conservation in the Cantabrian Mountains, Spain. Int. Conf. Bear Res. and Manage 9(2):13–17/

http://ec.europa.eu/environment/life/publications/lifepublications/lifefocus/documents/plants.pdf

http://uk.reuters.com/article/domesticNews/idUKL2822843120070828

http://www.bgci.org/resources/article/0368/

http://www.kankeiren.or.jp/kankyou/en/pdf/002e.pdf

US Fish & Wildlife Service 2009. http://www.fws.gov/endangered/

9장

우리나라 서식지외보전기관

구연봉[1)]

들어가는 말

생물다양성 혹은 멸종위기야생동·식물을 보전하는 가장 좋은 방법은 그 종이 서식하는 서식지 자체를 자연 그대로 보전하는 서식지내(*in situ*) 보전이다. 모든 종들이 건강한 자연생태계 속에서 조화와 균형을 이루며 더불어 살아가는 것이 가장 바람직하기 때문이다. 그러나 야생에서 살아가는 개체군의 크기가 너무 작아서 자연적으로 개체군을 유지하기 어렵거나 자연 상태로 종을 보전하기 어려운 경우에는, 서식지를 보호하여 종을 보존하는 방법이 효과적이지 않을 수 있다. 이러한 경우에 인간이 인위적 조건 아래에서 인위적 관리를 하며 그 생물을 유지시켜 주는 서식지외(*ex situ*) 보전이 그 생물이 사라지지 않도록 하는 유일한 방법일 수 있다.

1) 국립생물자원관 / ybku@korea.kr

1. 서식지외보전기관 기능과 한계

1) 서식지외보전기관이란

서식지외보전기관으로는 동물의 경우 동물원, 수렵장, 수족관 등이, 식물의 경우 식물원, 수목원, 종자은행 등이 있다. 서식지외보전기관의 중요성은 특히 야생에서 절멸한 종의 경우에서 분명하여, 이들 종은 서식지외보전기관이 없었더라면 멸종하였을 것이다. 서식지외 보전을 하며 증식한 개체를 자연에 돌려보내 서식지내 보전을 증대시킬 수 있다. 또한 충분한 개체수를 확보한 후에 적절한 서식지를 조성하여 새로운 개체군을 조성할 수도 있다. 일반적 동·식물을 증식하며 그 종의 기초 생물학적 정보를 얻을 수 있는데, 이렇게 얻은 재배·사육 기술은 멸종위기종의 증식에 도움을 준다. 생물종의 보전에 필요한 이러한 정보로 동물원의 경우에는 수의학, 동물행동학, 유전학 등에 대한 지식이 있다.

2) 서식지외보전기관 기능

서식지외보전기관에서 생물종의 증식은 동·식물의 전시 및 연구를 위해 더 이상 자연에서 그 종을 포획·채취할 필요성을 감소시킨다. 서식지외보전기관은 교육적 측면에서 멸종되어가는 동·식물을 전시하여, 그 종의 보호 필요성을 대중에게 교육하는 역할을 수행한다. 인간에게 중요한 경제적 이익을 주는 가축이나 작물의 희귀 품종을 서식지외에 보전하여, 미래에 품종 개량을 위한 유전자원으로 이용할 수 있다. 서식지외보전기관이 가지고 있는 살아 있거나 죽은 표본은 생물의 분포 등에 대한 정보를 제공한다.

대부분의 동물원은 일반인에 인기가 있는 포유류와 같은 대형 척추동물을 보전하는데 초점을 맞추고 있다. 동물원이 대형 포유류가 아니라 비용이 적게 드는 곤충 등과 같은 생물을 보전한다면 더 많은 생물종을 보전할 수 있을 것이다. 종자은행은 저렴한 비용과 최소한의 관리로 식물의 종자를 휴면상태로 장기간 저장하였다가 향후 필요한 때에 발아시켜 사용할 수 있다. 그러나 정전 또는 장비의 고장 등으로 저장된 모든 종자가 한꺼번에 손상을 입을 수 있다. 세계 식물의

15%에 이르는 식물, 특히 열대식물은 종자은행에 저장하기 힘든 종자를 맺는다. 전 세계가 다수확 품종만을 재배하고 표준화된 농법을 사용하고 있는 상황에서, 종자은행은 농작물의 유전적 변이를 보존하는 효과적 방법으로 미래의 생산력 증대와 같은 작물의 개량에 중요하다. 종자은행과 관련하여 작물의 유전자원을 누가 소유하느냐는 문제는 중요한 논쟁거리의 하나이다.

3) 서식지외보전 한계

서식지외 보전에는 몇 가지 제한적 요소가 있다. 우선 서식지외 보전에는 비용이 많이 든다. 동물원에서 아프리카 코끼리와 검은 코뿔소를 유지하는데 드는 비용이 동부 아프리카 국립공원에서 같은 수의 개체를 보호하는 것보다 50배나 된다. 서식지내 보전은 많은 개체로 구성된 개체군과 군집 및 생태계가 함께 보호되는 반면에, 서식지외 보전은 오직 몇 종의 소수 개체만이 보호된다. 보전 대상종의 유전적 변이를 유지할 수 있는 정도로 개체군의 크기를 유지하고 있지 못하다. 일부 생물종은 서식지외보전기관에서 재배나 사육하기 힘들다. 생활사가 복잡한 무척추동물의 경우 사육하기가 어렵다. 최근에는 조직배양, 인공수정, 인공부화와 같은 기술이 발달하며 이러한 문제를 해결해 가고 있다. 서식지외보전기관에서 사육되는 동물은 야생에서 생존하는데 필요한 행동 습성을 잃을 수도 있다. 많은 생물종이 열대 지역에 분포하는데, 대부분의 서식지외보전기관이 온대지역에 위치하고 있어, 열대지역에 서식지외보전기관을 설치할 필요가 있다.

2. 서식지외보전기관 지정

우리나라를 비롯한 여러 국가에는 많은 서식지외보전기관이 있는데, 본 논문에서는 야생동·식물보호법에 따라 환경부에서 지정하여 운영하고 있는 서식지외보전기관에 한정하여 살펴본다.

1) 관련 법규

야생동 · 식물보호법 제7조, 시행령 제5조 및 제6조, 시행규칙 제6조에는 서식지외보전기관의 지정 목적, 기준 및 절차에 대한 규정이 있다. 법에 따르면 서식지외보전기관은 야생동 · 식물을 서식지에서 보전하기 어려운 경우, 즉 서식지내 보전이 어려운 경우에 서식지외보전기관을 지정하도록 되어 있어, 서식지내 보전이 우선임을 짐작할 수 있다. 환경부에서는 서식지외보전기관의 지정 · 운영 및 관리에 필요한 사항과 서식지외보전기관에 대한 국고지원의 대상 · 범위 · 절차에 관한 지침인 서식지외보전기관 지정 · 관리지침(부록 1)을 만들어 운영하고 있다. 여기에는 지정을 위한 증식 · 복원 대상종, 시설 기준, 보유인력 기준, 지정 절차, 지정 시 검토사항, 서식지외보전기관의 역할, 세부 관리지침, 예산 편성 · 교부 · 정산 및 실적 보고 등에 관한 내용이 담겨 있다.

《야생동 · 식물보호법》

제7조 (서식지외보전기관의 지정 등)

① 환경부장관은 야생동 · 식물을 그 서식지에서 보전하기 어렵거나 종의 보존 등을 위하여 서식지외에서 보전할 필요가 있는 경우에는 관계 중앙행정기관의 장의 의견을 들어 야생동 · 식물의 서식지외보전기관을 지정할 수 있다. 다만, 지정된 서식지외보전기관에서 「문화재보호법」 제7조의 규정에 의한 천연기념물을 보전하게 하고자 하는 경우에는 문화재청장과 협의하여야 한다.

② 환경부장관은 서식지외보전기관에서 멸종위기야생동 · 식물을 보전하게 하기 위하여 필요한 경우에는 그 비용의 전부 또는 일부를 지원할 수 있다.

③ 서식지외보전기관의 지정 및 지정취소에 관하여 필요한 사항은 대통령령으로 정하고, 동 기관의 운영에 관하여 필요한 사항은 환경부령으로 정한다.

《야생동 · 식물보호법 시행령》

제5조 (서식지외보전기관의 지정 등)

① 법 제7조 제1항의 규정에 의한 서식지외보전기관은 다음 각호의 어느 하나에 해당하는 기관으로서 환경부장관이 지정하여 고시하는 기관을 말한다.

1. 동물원 · 식물원 및 수족관
2. 국 · 공립연구기관
3. 「기술개발촉진법」에 의한 기업부설연구소

《야생동 · 식물보호법 시행령》

4. 「고등교육법」 제2조 각호의 규정에 의한 학교와 그 부설기관
5. 그 밖에 환경부장관이 적합하다고 인정하는 기관

② 서식지외보전기관의 지정을 받고자 하는 자는 환경부령이 정하는 바에 따라 환경부장관에게 신청하여야 한다.

제6조 (서식지외보전기관의 지정취소)
환경부장관은 법 제7조 제3항의 규정에 의하여 서식지외보전기관이 다음 각호의 어느 하나에 해당하는 경우에는 그 지정을 취소할 수 있다. 다만, 제1호에 해당하는 경우에는 그 지정을 취소하여야 한다.

1. 거짓 그 밖의 부정한 방법으로 지정을 받은 경우
2. 법 제8조의 규정에 위반하여 야생동물을 학대하는 경우
3. 법 제9조의 규정에 위반하여 불법포획한 야생동물 및 그 가공품 등을 취득 · 양도 · 양수 · 운반 · 보관하거나 알선하는 경우
4. 법 제14조의 규정에 위반하여 다음 각목의 어느 하나에 해당하는 경우
   가. 허가를 받지 아니하고 멸종위기야생동 · 식물의 포획 · 채취등을 하는 경우
   나. 허가를 받지 아니하고 멸종위기야생동 · 식물을 포획 또는 고사시키기 위하여 폭발물 등을 설치 · 사용하거나 유독물 등을 살포 · 주입하는 경우
   다. 허가증 휴대의무 또는 신고의무를 이행하지 아니하는 경우
5. 법 제16조의 규정에 위반하여 다음 각목의 어느 하나에 해당하는 경우
   가. 허가를 받지 아니하고 국제적멸종위기종 및 그 가공품을 수출 · 수입 · 반출 · 반입하거나 승인을 얻지 아니하고 반입목적외의 용도로 사용하는 경우
   나. 허가를 받지 아니한 국제적멸종위기종 및 그 가공품을 양도 · 양수하거나 알선 · 중개, 소유, 점유, 진열하는 경우
   다. 적법한 절차를 거치지 아니하고 국제적멸종위기종 및 그 가공품을 국외에서 포획 · 채취 · 구입하거나 반입 또는 반입을 위한 알선 · 중개를 하는 경우
   라. 신고의무를 이행하지 아니하는 경우
6. 법 제19조의 규정에 위반하여 다음 각목의 어느 하나에 해당하는 경우
   가. 허가를 받지 아니하고 멸종위기야생동 · 식물에 해당하지 아니하는 야생동물을 포획하는 경우
   나. 멸종위기야생동 · 식물에 해당하지 아니하는 야생동물을 포획 또는 고사시키기 위하여 폭발물 등을 설치 · 사용하거나 유독물 등을 살포 · 주입하는 경우
   다. 신고의무를 이행하지 아니하는 경우
7. 법 제21조의 규정에 위반하여 멸종위기야생동 · 식물에 해당하지 아니하는 야생동물을 수출 · 수입 · 반출 또는 반입하는 경우

《야생동 · 식물보호법 시행규칙》

제6조 (서식지외보전기관의 지정)

① 「야생동 · 식물보호법 시행령」 제5조 제2항의 규정에 의하여 서식지외보전기관으로 지정받고자 하는 자는 별지 제1호서식의 서식지외보전기관 지정신청서에 다음의 서류를 첨부하여 환경부장관에게 제출하여야 한다.
1. 시설현황내역서
2. 운영현황내역서
3. 야생동 · 식물 보전계획서
4. 시설 및 운영에 관한 개선계획서(개선의 필요성이 있다고 인정되는 경우에 한한다)

② 환경부장관은 서식지외보전기관을 지정한 경우에는 별지 제2호서식의 서식지외보전기관 지정서를 교부하여야 한다.

제7조 (서식지외보전기관의 운영)

① 서식지외보전기관은 법 제7조 제3항의 규정에 의하여 보호 · 관리하고 있는 야생동 · 식물의 생태적 특성을 고려하여 적합한 서식조건을 유지하여야 한다.

② 서식지외보전기관은 야생동 · 식물의 보호 · 관리에 관한 사항을 별지 제3호서식의 서식지외보전대상 야생동 · 식물 관리대장에 기록하고 이를 보존하여야 한다.

2) 지정 현황

현재 야생동 · 식물보호법에 따라 지정된 서식지외보전기관에는 동물 7개 기관, 식물 8개 기관으로 총 15개 기관이 있다(표 9-1). 2000년 4월 서울대공원, 5월 한라수목원이 지정되었으며, 2009년 평강식물원이 지정되었다. 서식지외보전기관으로 지정할 때 보전대상 야생동 · 식물을 함께 고시하고 있는데, 내역을 보면 모두 멸종위기야생동 · 식물에 해당한다. 법에 서식지외보전기관을 지정하는 목적을 "야생동 · 식물" 보전에 두고 있으나, 서식지외보전기관은 법정 보호종의 보전을 주목적으로 운영하고 있다. 동물의 경우에 서울대공원이 포유류, 조류, 양서 · 파충류의 21종으로 가장 많은 종이 지정되어 있으며, 한국황새복원연구센터는 황새 1종만이 지정되어 있다. 포유류로 지정된 기관은 서울대공원, 삼성에버랜드동물원과 한국산양 · 사향노루종보전회의 3개 기관이며, 조류에는 서울대공원, 삼성에버랜드동물원, 한국황새복원연구센터의 3개 기관이 있다. 양서 · 파충류에는 서울대공원 1개 기관, 어류에는 남부내수면연구소 1개 기관, 곤충에 홀로세생태보존연구소와 곤충자연생태연구센터의 2개 기관이 있다. 곤충을 제외한 무척추동물에는 1개 기관도 지정되어 있지 않은 실정이다.

표 9-1. 서식지외보전기관 지정 현황

지정번호	명칭/관리기관	지정일자/지정종수	보전대상 야생동·식물
1	서울대공원/서울시	'00.4.12/동물 21종	반달가슴곰, 늑대, 여우, 표범, 호랑이, 삵, 수달, 두루미, 재두루미, 황새, 시라소니, 담비, 물범류, 노랑부리저어새, 혹고니, 흰꼬리수리, 독수리, 큰고니, 금개구리, 남생이, 맹꽁이
2	한라수목원/제주도	'00.5.25/식물 13종	나도풍란, 한란, 개가시나무, 갯대추, 만년콩, 삼백초, 지네발란, 순채, 죽절초, 죽백란, 파초일엽, 둥란, 황근
3	(재)한택식물원	'01.10.12/식물 10종	개병풍, 깽깽이풀, 노랑무늬붓꽃, 대청부채, 둥근잎꿩의비름, 미선나무, 순채, 산작약, 연잎꿩의다리, 히어리
4	한국황새복원연구센터/한국교원대	'01.11.1/조류 1종	황새
5	남부내수면연구소/국립수산과학원	'01.11.1/어류 3종	꼬치동자개, 감돌고기, 모래주사
6	여미지식물원/부국개발(주)	'03.3.10/식물 12종	한란, 돌매화나무, 솔잎란, 물부추, 대흥란, 죽백란, 삼백초, 죽절초, 개가시나무, 만년콩, 갯대추, 황근
7	삼성에버랜드동물원/삼성에버랜드(주)	'03.7.1/동물 7종	호랑이, 산양, 검독수리, 두루미, 큰바다사자, 물범류, 재두루미
8	기청산식물원	'04.3.22/식물 10종	섬개야광나무, 큰연령초, 노랑무늬붓꽃, 깽깽이풀, 둥근잎꿩의비름, 망개나무, 섬시호, 섬현삼, 솔나리, 연잎꿩의다리
9	한국자생식물원	'04.5.3/식물 10종	깽깽이풀, 노랑만병초, 산작약, 노랑무늬붓꽃, 개느삼, 홍월귤, 가시오갈피, 순채, 연잎꿩의비름, 한계령풀
10	(사)홀로세생태보존연구소	'05.9.28/곤충 3종	애기뿔소똥구리, 물장군, 붉은점모시나비
11	(사)한국산양·사향노루종보존회	'06.9.21/포유류 2종	산양, 사향노루

표 9-1. 계속

지정 번호	명칭/관리기관	지정일자/ 지정종수	보전대상 야생동 · 식물
12	(재)천리포 수목원	'06.9.21/ 식물 5종	가시연꽃, 노랑붓꽃, 망개나무, 매화마름, 미선나무
13	(사)곤충자연 생태연구센터	'07.3.8/ 곤충 2종	붉은점모시나비, 물장군
14	함평자연생태 공원/함평군	'08.11.18/ 식물 4종	나도풍란, 풍란, 한란, 지네발란
15	평강식물원	'09.8.25/ 식물 10종	가시오갈피나무, 개느삼, 개병풍, 노랑만병초, 단양쑥부쟁이, 독미나리, 솔나리, 솜다리, 조름나물, 황기

3. 서식지외보전기관 성과

1) 서식지외보전기관 역할

서식지외보전기관 지정 · 관리지침에는 환경부와 서식지외보전기관의 역할을 분담하여 규정하고 있는데, 서식지외보전기관의 역할은 아래와 같다.

- 종의 특성을 온전하게 보전할 수 있는 증식기술 개발 및 증식
- 서식지외 보전을 충족할 수 있는 적정한 개체의 보유 · 관리
- 증식 개체를 이용한 서식지 복원
- 공익 목적의 증식 개체 보급
- 멸종위기 후보종에 대한 조사지원
- 인공증식개체의 분양
- 종보전사업 계획 및 실적 관리
- 멸종위기종 보전 교육 · 홍보 등 .

주로 증식, 복원 등 서식지외 보전에 대한 내용이나, 멸종위기 후보종에 대한 조사 및 교육과 홍보를 담당하도록 되어 있다.

2) 현재까지 추진실적

서식지외보전기관은 야생동 · 식물의 보전에 필요한 시설 및 전문 인력을 갖추고, 증식기술 개발, 증식과 복원 등 여러 활동을 하고 있다. 이런 서식지외보전기관의 활동은 환경부에서 직접 수행하기 어려운 많은 부분을 보완해 주고 있다. 서식지외보전기관에서 주로 추진한 사업을 보면 멸종위기야생동 · 식물의 증식과 복원에 치우쳐 있으며, 대부분의 조사 및 증식 · 복원 등의 사업도 멸종위기야생동 · 식물에 대하여 이루어지고 있다. 보전대상 야생동 · 식물은 멸종위기야생동 · 식물을 중심으로 이루어지고 있으며, 멸종위기야생동 · 식물이 아닌 야생동 · 식물은 1종도 포함되어 있지 않다. 서식지외보전기관의 역할 중 하나라 할 수 있는 교육과 홍보라는 측면에서는 비교적 활발한 활동이 이루어지고 있다. 서식지외보전기관이 식물원, 동물원 등으로 이루어져 있기 때문에 가능한 일로 생각되며, 대부분의 기관에서 멸종위기야생동 · 식물을 전시하고 교육프로그램을 운영하고 있다.

서울대공원은 1984년에 동물원이 개원하였고, 1999년에 야생동물 보전센터를 설립하였으며, 2000년 4월에 서식지외보전기관으로 지정되었다. 주로 멸종위기야생동물을 확보 · 증식하여 유전자원을 보존하고, 멸종위기동물의 생태 · 번식 · 유전에 대해 연구하고 있으며, 증식된 개체를 야생에 되돌리는 서식지 복원을 추진하고 있다. 혈액 및 조직의 유전자원을 확보하고, 유전자 분석을 통해 물범과 산양의 근연관계를 확인하고 있으며, 삵 등에 대하여 호르몬 분석을 통해 번식주기를 연구하고 있다. 붉은여우의 번식장을 조성 · 운영하고, 산개구리 등 양서 · 파충류를 증식하여 그중 일부를 서울시내 생태연못에 방사하였다. 최근에는 강원대학교와 협력하여, 국립생물자원관의 "남생이 증식 · 복원 연구" 용역을 수행하고 있다.

한라수목원은 1993년에 개원하였으며, 2000년 5월에 서식지외보전기관으로 지정되었다. 주로 멸종위기야생식물의 분포 특성을 조사하고, 대량증식방법에 대한 연구를 수행하고 있다. 지네발란, 백운란 등의 분포상을 조사하고, 만년콩, 암매 등을 조직 배양하여 증식하고 있다. 또한 개가시나무, 죽절초, 대흥란 등을 증식하여 복원하였다.

한택식물원은 2001년 10월에 서식지외보전기관으로 지정되었으며, 2003년 5월에 정식 개원하였다. 주로 멸종위기야생식물을 확보하여 유지 · 증식하고, 증식한 식물을 이용하여 서식지를 복원하고 있다. 2005년에는 노랑무늬붓꽃을 강원도 정선군과 충청남도 공주시에, 2006년에는 대청부채를 충청남도 태안군에, 2007년에 미선나무를 경상남도 하동군에 복원하였다.

한국황새복원연구센터는 1994년에 텃새로서는 마지막으로 죽은 황새를 복원하기 위하여, 1996년에 설립되었으며, 2001년 11월에 서식지외보전기관으로 지정되었다. 1999년에 일본에서 3개의 수정란을 수입하여 인공부화에 성공하였다. 2008년에 3쌍의 부모에게서 13마리의 새끼가 태어나 개체수는 57개체로 증가하였다. 환경부 '차세대핵심환경기술개발사업'으로 충청북도 청원군에 반 자연적인 시험방사시설에 황새를 시험 방사하여 황새가 야생에서 살아가는데 필요한 서식지 정보를 파악하기 위한 연구를 수행하고 있다. 또한 황새의 재도입에 적합한 지역을 탐색하기 위하여 과거의 황새 번식지를 조사하고 있다.

남부내수면연구소는 국립수산과학원 산하기관이며, 1929년에 설립된 국내 최초의 민물고기 연구소로, 2001년 11월에 서식지외보전기관으로 지정되었다. 내수면 양식기술 개발을 주 임무로 담수어 자원에 대한 연구를 수행하고 있다. 서식지외보전기관으로서 멸종위기야생동물인 꼬치동자개의 인공증식기술을 비롯하여 모래주사, 묵납자루, 잔가시고기 등의 번식과 생산기술을 보유하고 있다. 2008년에 경상남도 거창군에 꼬치동자개를 복원하였으며, 경상남도 진해시와 부산광역시에 잔가시고기를 방류하였다.

여미지식물원은 1989년에 개원하였으며, 2003년 3월에 서식지외보전기관으로 지정되었다. 동양 최대의 온실을 갖추고 있으며, 제주도의 다양한 식물뿐만 아니라 열대 · 아열대 식물의 전시하고 있다. 2004년에 죽절초, 2005년에 황근, 2006년에 삼백초, 2007년에 황근, 2008년에 죽백란을 자생지 등에 복원하고, 복원지에 대한 모니터링을 실시하고 있다.

에버랜드동물원은 1976년에 개장하였으며, 2003년 7월에 서식지외보전기관으로 지정되었다. 야생 서식지와 비슷한 생육환경을 조성하여 운영하고, 큰바다사자를 번식시켜 2008년부터 전시하고 있으며, 두루미의 인공수정 등의 사업을 수행하고 있다.

기청산식물원은 1990년에 설립되었으며, 2004년 3월에 서식지외보전기관으로 지정되었다. 울릉도와 경상북도에 자생하는 멸종위기종의 보전에 중심을 두고 있다. 노랑무늬붓꽃, 섬현삼 등을 복원하고 모니터링하고 있으며, 망개나무, 둥근잎꿩의비름, 섬현삼, 섬개야광나무, 섬시호 등의 자생지에 대해 서식환경을 조사하고 있다.

한국자생식물원은 1999년에 개원하였으며, 2004년 5월에 서식지외보전기관으로 지정되었다. 우리나라 고유의 꽃과 나무들로만 조성된 우리나라 최초의 식물원으로, 깽깽이풀, 산작약, 연잎꿩의다리 등의 자생지에 대해 서식환경을 조사하고, 깽깽이풀 등을 인공증식하고 있다.

홀로세생태보존연구소는 2005년 9월에 서식지외보전기관으로 지정되었다. 애기뿔소똥구리, 붉은점모시나비, 물장군을 확보하여 인공증식하고 있으며, 2007년 삼척에 붉은점모시나비 5쌍을 방사하였고, 2008년에는 연구소 안에 서식지를 조성하여 방사 실험을 수행하였다.

한국산양 · 사향노루종보전회는 2006년 9월에 서식지외보전기관으로 지정되었다. 양구군의 산양 서식현황을 조사하고, 유전자분석을 통한 분류학적 연구를 수행하고 있으며, 양구군 산양증식 복원센터에서 산양 8개체를 사육하고 있다. 사육 중인 산양에 대하여 신체검사, 혈액 및 기생충 검사, 유전자 검사를 수행하였다.

천리포수목원은 미국에서 귀화한 민병갈에 의해 1970년에 설립된 우리나라 최초의 사립수목원으로, 2006년 9월에 서식지외보전기관으로 지정되었다. 국제수목학회가 12번째로 지정한 아시아 최초의 '세계의 아름다운 수목원'이며, 미선나무, 섬시호, 개느삼 등을 증식하여 전시하고 있다. 노랑붓꽃, 깽깽이풀, 망개나무 등의 자생지를 조사하고, 가시연꽃, 미선나무, 매화마름의 생태적 특성을 연구하고 있다.

곤충자연생태연구센터는 2002년에 설립된 영월곤충박물관의 부설기관으로 2007년 3월에 서식지외보전기관으로 지정되었다. 2006년에 러시아 과학원 극동연구소(Far Eastern Branch of the Russian Academy of Sciences) 곤충연구실과 멸종위기 곤충의 복원에 관한 양해각서를 체결하였다. 붉은점모시나비의 새로운 서식지를 발굴하였으며, 지역별 개체의 형태 · 유전적 차이를 분석하고 있다.

함평자연생태공원은 2006년에 개원하였으며, 2008년 11월에 서식지외보전기관으로 지정되었다. 나도풍란, 풍란, 한란 등을 증식하여 전시하고 있으며, 나비 등 곤충을 연계하여 '하늘에는 나비와 잠자리, 땅에는 꽃과 난초, 물에는 수생생물과 물고기'를 주제로 하는 사계절 탐방학습과 생태체험을 실시하고 있다.

평강식물원은 2006년 5월에 개장하였으며, 2009년 8월에 서식지외보전기관으로 지정되었다. 우리나라 최북단에 위치한 식물원으로 아시아 최대 규모의 고산식물 전시장인 암석원과 습지생태를 복원한 습지원 등을 갖추고 있다. 암석원에는 개느삼, 노랑만병초, 솔나리, 솜다리 등이, 습지원에는 가시오갈피나무 등이 전시되어 있다.

2006년 2월에는 서식지외보전기관에서 이루어진 활동과 성과를 모아 "멸종위기 야생동 · 식물의 작은 보금자리"라는 성과보고서를 발간하였으며, 이후에도 성과보고서를 발간하고 있다. 2008년 1월 멸종위기야생동 · 식물을 효율적으로 보전할 수 있도록 지원하는 것을 목적으로 13개의 서식지외보전기관들이 모여 서식지외보전기관협의체를 구성하였다. 이러한 활동을 통하여 각 기관의 성과를 제고하고 발전방향을 모색하고 있다.

4. 서식지외보전기관 발전방향

서식지외보전기관이 생기기 이전에 환경부에서는 멸종위기종의 보전을 위하여 추진한 사업이 그다지 많지 않아, 멸종위기종을 지정을 하고 관리를 하지 않는다는 평가를 받아왔다. 이러한 상황에서 그간 서식지외보전기관이 추진해온 사업을 보면, 서식지외보전기관이 우리나라의 멸종위기종 보전에 기여한 면이 크다고 평가할 수 있다. 서식지외보전기관의 지정이 2000년부터 시작되어 아직 10년도 지나지 않았음에도 어느 정도 자신의 역할을 충실히 수행하고 있으나, 다만 향후 서식지외보전기관의 발전을 위해서는 다음의 몇 가지 고려사항을 검토할 필요가 있다고 생각된다.

우선 더 많은 서식지외보전기관을 지정할 필요가 있다. 현재 지정된 15개 서식지외보전기관으로는 221종의 멸종위기야생동 · 식물을 보전하기에 부족하다. 모든 서식지외보전기관이 221종을 관리한다고 생각하고 산술적으로 계산해 보아도 하나의 기관이 14종 이상을 관리하여야 221종에 대한 관리가 가능하다. 그러나 서울대공원만이 21종에 대해 지정되어 있고, 대부분은 10종 이하의 종에 대해 지정되어 있다. 10종을 하나의 기관에서 관리한다면 22개 이상의 서식지외보전기관이 필요하며, 같은 종을 여러 기관에서 관리하는 경우도 있고 10종 이하를 관리하는 기관이 있다는 것을 감안하며 이보다 많은 서식지외보전기관이 필요하다. 특히 현재 포함되어 있지 않은 분류군을 담당할 서식지외보전기관이 필요하다. 앞서 언급한 바와 같이 곤충을 제외한 무척추동물에 대한 서식지외보전기관이 없다. 법정 보호종에 균류(fungi) 등의 분류군이 포함되어 있지 않으며, 이를 담당할 서식지외보전기관도 지정되어 있지 않다. 조류(algae)의 경우에도 멸종위기야생동·식물로 삼나무말 1종이 지정되어 있고, 이를 담당하는 서식지외보전기관은 지정되어 있지 않은 상태이다. 현재 법정 보호종이 하나도 지정되어 있지 않은 분류군에 대해서도 보호종을 선정하고, 이를 관리할 서식지외보전기관을 지정할 필요가 있다.

야생동·식물보호법에 따르면 서식지외보전기관은 야생동·식물의 서식지외 보전을 위한 기관이나, 실제로 환경부에서는 멸종위기야생동·식물의 보전을 위하여 운영하고 있다. 멸종위기종이 멸종위기종이 아닌 생물종보다 보전순위에서 우선한다는 것을 생각하면, 이러한 운영방향이 올바르다고 할 수 있다. 하지만 서식지외보전기관이 멸종위기야생동·식물만을 관리하는 것보다는 고유종을 포함하여 법정 보호종으로 지정되어 있지는 않으나 보호가 필요한 생물도 함께 관리하는 것이 효율적이라고 생각된다. 이러한 의미에서 서식지외보전기관의 지정을 확대하여야 더 많은 생물종에 보전이 가능하다.

서식지외보전기관을 지정할 때, 보전대상 야생동·식물을 함께 지정하여, 서식지외보전기관으로 지정된 기관이 지정된 생물에 중점을 두어 보전하도록 하고 있다. 서식지외보전기관 지정·관리지침에는 대상종을 지정할 때 여러 개의 기관에 같은 종이 지정되지 않도록 권고하고 있다. 지침에는 2개 기관 이상에서 이미 증식·복원하고 있는 경우에는 대상종을 제한할 수 있다고 규정하고 있다. 실제로 이러한 규정은 엄격하게 적용되고 있지 않으며, 지정된 생물이 아닌 종에 증식·복원 사업을 수행하며 탄력적으로 운영되고 있으나, 생물다양성의 보전을 위해서는 좀 더 탄력적으로 운영할 필요가 있다. 예를 들면 전국에 걸쳐 분포하는 생물의 경우에 각 서식지외보전기관이 그 기관이 위치한 지역의 서식지를 보전하는 것이 합리적이므로, 하나의 종에 대해서 모든 서식지외보전기관이 보전에 참여할 필요가 있다.

생물의 보전에서 서식지외 보전보다 서식지의 보전이 우선하므로, 서식지외 보전방안을 계획할 때에는 정말 이 생물에 대하여 서식지외 보전을 할 필요가 있는지를 면밀하게 검토하여야 한다. 현재 거의 모든 서식지외보전기관에서 증식·복원 사업 외에 분포 및 서식환경 조사 등 서식지를 보전하기 위한 사업을 수행하고 있다. 다만 많은 서식지외보전기관에서 대부분 비교적 증식이 쉬운 종에 대하여 증식·복원을 실시하고, 증식·복원의 필요성에 대해서는 충분한 검토가 이루어지 않은 상황에서 실시되고 있는 경향이 있다. 현재 증식이 곤란한 생물에 대해서 증식 기술을 확립하기 위한 연구와 투자가 필요하며, 서식지외 보전보다 서식지 보전사업을 우선할 필요가 있다. 복원 사업을 하기 전에는 대상종의 자생지를 조사하여 그 결과를 바탕으로 복원 계획을 수립하고, 복원 후에는 복원한 종이 생태계를 이루며 잘 적응하는지 모니터링을 실시해야 한다. 현재 서식지외 보전기관의 사업은 서식지외보전기관에서 수립한 보전 계획서를 환경부에서 검토한 후에 시행되고 있는데, 이 과정에서 관련 전문가의 참여가 필요하다. 가능하면 계획을 수립할 때부터 전문가가 참여하여, 대상종이 우선적으로 보전할 필요가 있는지, 어떤 보전방안이 적당한지, 보전방안에 문제점은 없는지 등을 검토하여야 한다. 또한 서식지외보전기관협의체가 구성되어 서식지외보전기관의 발전방향을 모색하고 있는데, 이외에 다른 유관기관과도 네트워크를 구축하여 각종 정보를 공유할 필요가 있다.

참고문헌

기청산식굴원. 2009. 2008 서식지외보전기관 종보전사업. 기청산식물원.

김진수, 손요환, 신준환, 이도원, 최재천, 리터드 프리맥. 2000. 보전생물학. 사이언스북스.

김종원, 박용목, 이은주, 주기재, 최기룡. 2006. 보전생물학. 월드사이언스.
환경부. 2006. 멸종위기 야생동 · 식물의 작은 보금자리. 환경부 자연자원과.
환경부 · 서식지외보전기관 협의회. 2009. 2009 멸종위기 야생 동 · 식물 보전. 환경부 · 서식지외보전기관 협의회.

부록 1. 서식지외보전기관 지정·관리지침

Ⅰ. 개 요

1. 목적

이 지침은 「야생동식물보호법」 규정에 의하여 지정 · 운영되는 서식지외보전기관의 지정 · 운영 및 관리에 필요한 사항과 서식지외보전기관에 대한 국고지원의 대상 · 범위 · 절차 등을 구체적으로 정함으로써 야생동 · 식물의 서식지외보전을 통한 생물다양성 증진 및 사람과 야생동 · 식물이 공존하는 건전한 자연환경을 확보함을 목적으로 함

2. 관련 근거

○ 「야생동식물보호법」 제7조(서식지외보전기관의 지정)

○ 동법 시행령 제5조(서식지외보전기관의 지정 등) 및 제6조(서식지외보전 기 관의 지정 취소)

○ 동법 시행규칙 제6조(서식지외보전기관의 지정) 및 제7조(서식지외보전기관의 운영)

Ⅱ. 서식지외보전기관의 지정

1. 지정 대상기관

○ 동물원 · 식물원 및 수족관

○ 국 · 공립 연구기관

○ 「기술개발촉진법」에 의한 기업부설연구소

○ 「고등교육법」 제2조 각호의 규정에 의한 학교와 그 부설기관

○ 그 밖에 환경부장관 또는 해양수산부장관이 적합하다고 인정하는 기관

2. 지정 기준

가. 증식 · 복원 대상종

○ 증식 · 복원 대상종은 야생동 · 식물을 그 서식지에서 보전하기 어렵거나 종의 보존 등을 위하여 서식지외에서 보전할 필요가 있는 종을 대상으로 하며, 지정 대상기관은 3년 이상 당해 종에 대한 증식기술 연구 및 증식분야의 경험을 가지고 있어야 함

- 야생식물만을 증식 · 복원 대상종으로 하는 경우에는 5종 이상(멸종위기종 3종 이상, 일반 야생식물 2종 이상) 보유하여야 함
- 야생동물만을 증식 · 복원 대상종으로 하는 경우에는 4종 이상(멸종위기종 2종 이상, 일반야생동물 2종 이상) 보유하여야 함
- 야생식물과 야생동물을 혼합하여 증식 · 복원 대상종으로 하는 경우에는 6종이상(멸종위기야생동 · 식물 3종 이상, 일반야생동 · 식물 3종 이상)을 보유하여야 함
- 다만, 대형포유류 및 대형조류를 증식 · 복원 대상종으로 하는 경우에는 1종 이상을 보유할 수 있음
- 서식지외보전기관 지정시 위의 증식 · 복원 대상종 보유기준을 원칙으로 하되, 대상종의 특성, 인공증식 기술 등을 고려하여 보유기준을 달리 적용할 수 있음

○ 상기 보유종은 관련법의 규정에 적합하게 입수한 종이어야 함

※ 증식 · 복원 대상종이 기 지정된 서식지외보전기관 2개기관 이상에서 이미 증식 · 복원하고 있는 경우에는 지정시 대상종을 제한할 수 있음

나. 시설 기준

○ 동 · 식물 증식 또는 재배시설 1식

○ 온도 · 습도조절시설 1식(온도 · 습도조절시설이 필요한 경우에 한함)

○ 관리 · 운영시설 1식

○ 기타 증식 · 관리에 필요한 장비 및 기구

※ 기타 세부 부지면적 기준 및 시설기준은 「멸종위기야생동 · 식물 인공증식에 관한 규정(환경부예규 2005-261호)」에서 정한 규정 준수

다. 보유인력 기준

(1) 야생동물 증식 · 복원의 경우

○ 아래에 해당하는 자 중 3인 이상 보유

- 수의학을 전공하고 졸업한 자로서 관련 분야에서 5년 이상 종사한 자(포유류, 조류의 경우에는 반드시 1인 이상 포함)
- 동물학, 생물학, 생태 · 생리학 · 산림자원학 또는 축산학을 전공하고 졸업한 자로서 관련분야에서 2년 이상 종사한 자 또는 생물분류기사, 자연생태복원기사
- 기타 동물원 등 증식 · 관련분야에서 5년 이상 종사한 자

(2) 야생식물 증식 · 복원의 경우

○ 아래에 해당되는 자 중 3인 이상 보유

- 「국가기술자격법」에 의한 식물 · 조경 · 원예 · 산림(임업) · 생태 등 관련기사의 자격을 가진 자로서 관련 분야에서 2년 이상 종사한 자
- 「고등교육법」 제2조의 규정에 의한 학교중 수업연한이 4년 이상인 학교에서 산림(임업) · 식물 · 생태 · 원예 · 조경학을 전공하고 졸업한 자로서 관련 분야에서 5년 이상 종사한 자
- 기타 수목원이나 식물원에서 식물의 조성 · 관리분야에서 7년 이상 종사한 자

(3) 야생동 · 식물의 혼합 증식 · 복원의 경우

○ 상기 자격기준에 해당하는 자로서 식물분야 2인, 동물분야 2인 이상 보유

3. 지정 절차 및 검토사항 등

가. 지정 절차

신 청	⇒	1차 현지조사	⇒	관계중앙행정 기관 협의	⇒	전문가조사 (필요시)	⇒	지정 · 고시
신청인		환경부		환경부		환경부		환경부

나. 제출서류

○ 시설현황 내역서
○ 운영현황내역서
○ 야생동 · 식물 보전계획서
○ 시설 및 운영에 관한 개선계획서(개선의 필요성이 있다고 인정되는 경우에 한함

다. 처리기간 : 30일

라. 지정시 검토사항

○ 시설 현황 내역서
- 동 · 식물 사육 · 증식시설의 배치 · 구조 및 면적 보유현황(사진 등 첨부)
- 온도 · 습도 조절시설, 관리시설, 자료보관실, 부대시설 보유현황

○ 운영 현황 내역서
- 보유 인력 및 조직체계
- 보유 인원수, 당해분야에 전문자격을 구비하고 있는지 여부, 상근여부 등
- 동 · 식물의 사육 · 관리 및 증식현황
- 대상종의 확보장소, 확보형태(종자, 포자, 알, 성체 등), 확보시기, 확보수단, 확보과정이 관련 규정에 적합한지 여부
- 보유개체 정보(수량, 성별, 크기, 연(수)령, 개화여부, 결실여부) 및 증식내역(증식시기, 증식방법, 연도별 증식계획량), 복원사례 · 계획 등 기재

○ 야생 동 · 식물 보전계획서

- 보전대상 야생동 · 식물의 명세
- 보호 · 관리를 위한 세부작업지침
  •보전 대상종의 특성, 증식연구기술,
- 보호 · 관리계획

○ 시설 및 운영에 관한 개선계획서(개선계획이 있는 경우에 한함)

4. 지정서 교부 등

○ 지정절차에 따라 검토한 결과 지정기준 등에 적합할 경우 서식지외보전기관으로 지정하고 서식지외보전기관 지정서 교부 및 서식지외보전기관 현판 수여

○ 유역(지방)환경청 등 관계기관에 지정사항 통보

5. 지정 취소

○ 법 제7조 제3항 및 동법 시행령 제6조 규정에 해당되는 경우에는 서식지외보전기관 지정을 취소

○ 서식지외보전기관 지정을 취소한 경우에는 서식지외보전기관 지정서 및 현판을 환경부에 반납

III. 서식지외보전기관의 운영·관리

1. 서식지외보전기관 및 환경부의 역할

서식지외보전기관	환 경 부
○ 종의 특성을 온전하게 보전할 수 있는 증식기술 개발 및 증식 ○ 서식지외 보전을 충족할 수 있는 적정한 개체의 보유 · 관리 ○ 증식 개체를 이용한 서식지 복원 ○ 공익 목적의 증식 개체 보급 ○ 멸종위기 후보종에 대한 조사지원 ○ 인공증식개체의 분양 ○ 종보전사업 계획 및 실적 관리 ○ 멸종위기종 보전 교육 · 홍보 등	○ 멸종위기종 등 국가 생물자원 보전 및 생물다양성 제고 ○ 서식지외보전기관의 종보전사업 관리 및 지원 ○ 서식지외보전기관의 종보전사업 성과평가 및 활용도 제고 ○ 서식지외보전기관간 정보의 유통 · 공유 촉진 ○ 멸종위기종 보호 교육 · 홍보

2. 세부 관리지침

가. 종의 증식에 관한 사항

(1) 종의 증식방법

○ 종의 생태적 특성이 보전될 수 있도록 증식 기술개발 및 증식

- 유전적 고유성 및 다양성 보전
- 유전적 고유성이 다른 잡종과 교배 방지

※ 잡종과의 교배방지를 위하여 필요시 유전자분석 등으로 입증조치 이행

○ 서식지외 보전을 충족할 수 있는 적정 개체의 증식

- 서식지와 동일한 서식환경을 조성하여 양호한 생육상태에서 개체 증식

(2) 종의 보전 및 관리

○ 종의 보호관리를 위한 종별 체크리스트 작성 및 수시점검 실시

○ 외부 동물 등으로 부터의 침입 등에 대비한 사전예방 대책의 수립

○ 종의 서식조건에 적합한 인공증식 · 사육시설의 적정유지

- 온도조절장치, 배양기구, 각종 장비 비치 및 활용

○ 종 관리대장 작성 · 비치

- 대상종의 확보 · 취득 경위, 관리현황 등 주요현황을 별지서식의 관리대장에 작성 · 비치
- 관리대장에는 종의 증식, 폐사, 고사, 질병, 반출 등 발생현황 기록 · 유지
- 관리대장은 식물 및 수산동물의 경우 종별로 작성하고, 육상동물의 경우 개체별로 작성

나. 종의 복원에 관한 사항

(1) 복원사업계획서의 작성 · 제출

○ 증식된 개체의 종 복원시 별지서식의 복원계획서 제출

- 제출시기
  - •멸종위기종의 복원 2개월전 종 복원계획서를 유역(지방)환경청에 제출하여 승인을 득한 후 시행
- 제출내용
  - •복원하고자 하는 대상종 현황, 증식방법, 수량, 복원 대상지역에 대한 서식환경 적합성, 향후 모니터링 계획 등
  - •유전자 분석결과 종 복원에 사용하는 개체가 적정함을 입증해야 할 경우 입증자료를 첨부하여 제출

(2) 복원사업계획서의 검토 · 처리

○ 복원계획서의 타당성 검토

- 제출된 계획서는 「멸종위기야생동 · 식물의 인공증식에 관한 규정(환경부예규 2005-261호)」에 의해 유역(지방)환경청에 구성된 「멸종위기종 인공증식 심사위원회」에서 심의 · 검토
- 검토 항목
  - •대상종, 개체수, 대상지역 선정, 복원방법 등
- 검토결과 통보 및 지원
  - •유역(지방)환경청은 종 복원계획서 검토결과를 서식지외보전기관에 통보하

고 유관기관 협조사항 등에 대하여 지원

○ 종 복원결과 및 성과 모니터링 실시

- 서식지외보전기관은 종의 복원결과 및 성과를 3년 동안 모니터링하여야 하며, 매년 그 결과를 유역(지방)환경청에 제출
  - •필요시 모니터링 기간 연장 가능
- 유역(지방)환경청은 서식지외보전기관으로부터 모니터링 결과를 제출받아 성과 등을 평가하고, 사업추진 과정상의 문제점 및 향후 개선사항 등을 분석하여 환경부에 제출

다. 홍보 · 교육 및 기술연구 개발 등

(1) 홍보 · 교육

○ 시민 홍보, 전시 및 교육 등 강화

- 사업장을 일반인에게 공개 관람
- 자체 홍보계획 수립 · 시행
- 홍보자료 제작(리플렛, 동영상, 책) · 배포, 인터넷 홈페이지 게재 등
- 학생을 대상으로 한 생태 탐방사업 등 교육 · 홍보 실시

(2) 기술연구 및 개발

○ 연구기능 강화 및 번식 방법 등의 연구

- 종의 증식방법, 서식환경 등에 대한 연구 강화
- 문헌조사, 외국사례 조사 등을 통한 선진 증식 · 복원기술 국내 보급 등

(3) 서식지외보전기관 협의회 구성 · 운영

○ 서식지외보전기관은 기관간 증식 · 복원기술, 연구성과 등 정보교환 및 체계적인 증식 · 복원 수행등을 위해 필요한 경우에 서식지외보전기관 협의회를 구성 · 운영할 수 있음

○ 동 협의회 구성 · 운영은 서식지외보전기관간의 자율적인 협의에 의해 추진

Ⅳ. 예산 편성·교부 및 정산

1. 예산지원

가. 법적 근거

○ 「야생동식물보호법」 제7조 제2항
○ 「보조금의 예산 및 관리에 관한 법률」 제4조, 제6조, 제16조, 제27조

나. 기본방침

○ 국고지원 대상은 서식지외보전기관에서 지정대상 멸종위기종의 확보 · 증식 · 복원을 위해 추진하는 사업으로 함
- 타 법령이나 타 기관에서 지원을 받고 있는 서식지외보전기관은 원칙적으로 지원대상에서 제외하되, 사업 목적 등을 감안하여 추가 지원 가능
○ 지원 규모는 총 사업비의 일정비율 보조(정률 보조)를 원칙으로 함(지자체 30%, 민간기관 50%)
- 총 사업비는 증식 · 복원 소요경비로 하되, 원칙적으로 장비구입비와 시설설치비는 제외
○ 예산편성 범위 내에서 지원대상 조정 가능
※ 서식지외보전기관의 전년도 사업실적 및 당해연도 사업계획을 검토 후 예산범위내에서 지원대상 및 금액 결정

다. 지원대상 범위

○ 보전대상 종의 추가 확보, 자생지 조사 및 보호 사업
○ 종의 특성에 적합한 증식 사업
○ 증식된 개체의 유지, 관리 사업
○ 증식기술 개발이 필요한 종에 대한 기술개발 사업
○ 종의 생태 · 분류학적 특성 등을 규명하기 위한 유전자분석 및 관련 연구사업
○ 서식지 복원사업
○ 멸종위기종 보전 관련 교육, 홍보, 생태탐방 사업 등

2. 국고보조금 편성 · 교부

가. 국고지원 절차

익년도 사업계획 제출 (서식지외보전기관) → 지원대상사업 및 규모결정 (환경부) → 예산안 편성 및 결과 통보 (환경부) → 국고보조금 교부 신청 (서식지외보전기관) →

국고보조금 교부 (환경부) → 사업수행 및 예산집행 (서식지외보전기관) → 실적보고서 및 정산보고서 제출 (서식지외보전기관) → 정산 (환경부)

나. 보조금의 편성

○ 사업계획서 제출

- 서식지외보전기관은 매년 3월말까지 익년도 사업계획서를 환경부에 제출

○ 지원대상사업 및 규모 결정

- 대상종의 증식 · 복원 시급성, 사업계획의 적정성, 국고보조신청 금액의 적정성, 국고보조금 운영의 합리적 집행가능성 등을 종합 검토하여 각 기관별 예산 지원 규모 결정

※ 필요시 전문가 검토 의뢰

○ 예산안 편성 및 결과 통보

- 국회에서 심의 확정된 다음 연도의 예산을 지원대상기관에 즉시 통보(매년 연도말)

다. 국고보조금 교부

○ 편성된 예산내역을 근거로 국고보조금 교부신청(서식지외보전기관 → 환경부)

- 교부신청은 사업추진 진척도 등을 감안하여 상 · 하반기로 나누어 학

  •상반기: 매년 2월말(운영기간 : 전년12월~당해 6월)

  •하반기: 매년 7월말(운영기간 : 당해7월~11월)

○ 당해연도에 사업수행 가능여부 등을 중점 검토하여 교부 결정(환경부 → 서식지외보전기관)

3. 국고보조금 집행 · 정산

가. 법적근거 : 「보조금의 예산 및 관리에 관한 법률」 제28조

나. 국고보조금 관리

○ 자금을 배정받은 기관은 별도 계정을 설정하여 예치 · 관리하여야 함
○ 보조금을 교부받아 자체수입이 발생한 기관은 그 수입을 당해 종보전사업에 한하여 사용하고 사용 후 잔액이 발생한 경우에는 정산하여야 함

다. 정산절차

○ 국고보조금을 교부받은 기관은 익년 2월말까지 정산자료를 환경부에 제출
○ 정산자료 작성시 국고보조금 집행내역을 자체 심사한 후 사업비의 합계를 구하고, 동 사업비에 국고보조율을 곱하여 국고보조금 소요액을 산정
- 국고보조금 소요액 산정결과, 지원받은 국고보조금이 실제 소요액으로 확정된 보조금을 초과한 경우 초과액은 반환
○ 환경부는 제출된 정산자료를 기초로 서류심사 등을 실시한 후 국고보조금 정산 확정
- 필요시 현지확인을 통해 심사
- 타용도 사용액 및 잔액은 국고 반환

Ⅴ. 서식지외보전기관의 실적 보고 등

○ 서식지외보전기관은 매년 추진실적을 별지서식에 의거 익년도 2월말까지 환경부에 보고
- 국고보조사업 신청시 제출되는 연도별 추진실적으로 대체 가능
○ 환경부는 매년 연간실적을 평가하여 차기 예산 편성시 반영
- 사업실적이 우수한 기관에 대하여는 예산 추가 지원 및 표창
○ 환경부는 서식지외보전기관의 추진실태 및 국고보조금의 집행상황 등의 확인을 위하여 필요한 경우 지도 · 감독계획을 수립 · 시행

Ⅵ. 지침의 적용시기

○ 이 지침은 2006년 2월 일부터 시행한다.

○ 이 지침 시행이전에 이미 환경부장관으로부터 서식지외보전기관으로 지정받은 기관은 2년이내에 이 지침에서 정한 지정기준(대상종, 부지 및 시설, 보유인력 등)을 갖추어야 함

○ 동 지침에서 정한 사항 이외의 포획·채취, 증식·복원 등에 관한 세부사항은 「멸종위기야생동·식물 인공증식에 관한 규정(환경부예규 2005-261호)」 등 야생동·식물 보호 관련규정을 준수하여야 함

10장

기후변화와 생물다양성 : 한반도 기후변화 생물지표종 청띠제비나비와 남방제비나비의 지리적 분포

김도성[1), 조영복[2)

들어가는 말

생물의 서식 분포는 생태, 지리 및 온도 등의 요소가 복합적으로 작용하고, 종이나 군집의 분화기원 및 분산은 각각의 요소가 정적인 상태를 이루지 않고 기후와 식물의 성장 및 경관변동의 범위에서 역동적 상호작용에 의한다(Grəssitt, 1958; Munroe, 1965). 또한 지구의 기후는 변화하고 지난 세기 동안 온도는 점점 높아지는 경향을 보이며 특히 밤에 운무현상이 잦아지고 기상이변의 빈도가 늘어나고 있어 이러한 반응들은 인간 활동의 영향이 크게 작용하고 있는 것으로 보고되고 있다(Karl *et al.*, 1996; Easterling *et al.*, 2000). 지난날 기후변화를 거치는 동안 대부분의 종들이 기후변화에 반응하여 왔으며, 생존을 위하여 외피를 기후

1) 경북대학교 응용생명과학부 / bremeri2000@hanmail.net

2) 한남대학교 자연사박물관

에 맞게 적응하거나 증가 혹은 감소하고 있다(Woodward, 1987; Davis and Zabinski, 1992; Coope, 1995). 기후변화는 동·식물에 지속적인 영향을 주며, 기후대 내에 서식하는 종이 지리상 분포 또는 미소환경 범위를 벗어난 지역에서는 자연환경의 변화에 대한 부적응과 먹이자원의 부족으로 인해 종이나 군집의 유지가 어렵게 된다(Cox and Moore, 1985; Lamb, 1998; Gilbert and Raworth, 1998).

기후변화에 따른 서식지의 야생종 변화는 첫째, 환경의 변화에 따라서 새로운 장소로 이주, 둘째, 그 장소에 남아 있으나 새로운 환경에 맞추어 생활습성을 변화하거나 유전적 반응, 셋째, 지역적 소멸에 이른다(Parmesan, 2003). 따라서 기후변화 영향에 대한 과학적 이해는 미래정책평가에 중요하다. 지구온난화가 진행되고 있는 상황에서 현재의 자료 수집은 미래 자연군집의 변화에 효과적으로 대응할 수 있으며 나아가 지속적인 기후변화가 일어난다는 가정 하에 기후자료를 다각적으로 관찰해야 한다.

나비를 대상으로 한 시·공간의 분포데이터와 서식지가 잘 연구된 곳에서의 자료는 기후변화에 따른 생물의 상호 유기적 변화에 관한 상관성 정보를 얻어낼 수 있다(Parmesan, 2003). Burton(1998a, 1998b)은 과거 연구물들의 단순 시기적 분포자료의 분석에서 일부 나비와 나방들이 서식지를 북쪽으로 확장하고 있는 흥미로운 사실을 보고하였으며, 또한 그는 260종의 나비가 1850년대 북방한계선의 변화를 보였으며, 190종은 최초로 북서지방까지 서식지를 확장하였다고 보고하였다. 그리고 영국에서는 지난 200년 동안 12종의 나비가 밀도와 분포에서 변화를 보였고 4종은 소멸하였으며, 18종은 주요 서식지에서 소멸위험에 처해있다고 보고된 바 있다(Heath *et al.*, 1984; Warren, 1992; Pollard and Eversham, 1995). 비슷하게 네덜란드에서도 72%(71종)의 나비가 1901년 이래 개체수가 감소하고 있으며, 15종은 아마도 최근에 소멸된 것으로 추정하고 있다(van Swaay, 1995). 이러한 감소 변화는 유럽의 온도 상승과 지역적인 환경 변화에 대한 반응과 완전히 일치하는 것으로 나타나고 있다.

기후변화에 대한 또 다른 징후로 이른 봄에 출현하거나 도래하는 나비는 다른 동물인 새나 개구리의 출현 시기 및 식물의 개화기 등과 같이 빨라지는 경향이 있다. Roy와 Sparks(2000)는 이른 봄에 출현하는 33종의 영국 나비기록을

22년 간 분석한 결과, 26종이 빨리 나타나는 경향을 보이고 이중, 13종은 두드러지게 나타났으며, 큰멋쟁이나비(*Vanessa altlanta*)의 성충은 과거보다 한 달 먼저 출현하고 활동기간이 39.8일 길어졌다. 또한 33종의 나비 중에서 11종의 출현기가 길어지고, 단지 네발나비과의 *Hipparchia semele*만이 짧아지는 경험을 하였다. 이러한 결과는 북쪽의 서식지에서 임의의 다화성 나비들의 새로운 세대가 추가 발생 가능함을 암시한다. 또한 Burton(1998a)은 7종의 나방이 1970년대 보다 1990년대에 11일 빨리 발생한 것을 발견하였다. 이런 생물계절학적인 변화 결과는 같은 출현기 동안 영국의 중부 지역 기온이 봄 1.5℃, 여름 1℃ 높은 것과 일치하고 있다. 결국 지속적인 기후변화에 대한 근본적인 반응은 국부지역 전체에서 먹이식물의 분포와 질(수령, 분포패턴), 미소경관, 유충과 성충의 분산 그리고 암컷의 산란지 선택사이의 상호작용에 의거하는 것으로 분석되고 있다(Parmesan, 2003).

기후변화에 대한 영향을 좀 더 자세히 알아보기 위해서는 종의 서식가능 온도대의 추정이 필요하다. 만일 종의 서식가능 온도의 추정이 가능하다면, 기후변화에 대한 종의 미래 변화를 예측하고 이에 대응할 수 있는 중요한 분석 자료로 활용될 것이다. 우리나라에서의 기후변화에 대한 연구는 최근 매우 활발하게 진행되고 있으나 초보적인 자료수집이 이루어지고 있는 실정이다. 본 연구는 청띠제비나비(*Graphium sarpedon*)와 남방제비나비(*Papilio protenor*)의 서식 분포에 제한을 주는 여러 요소 중에서 온도가 매우 밀접한 변수로 작용하고 있을 것으로 추정되어 이제까지의 채집기록 장소를 근거로 한랭지수와 영하적산일수 그리고 섭식식물의 분포와 비교하여 북방한계선을 추정하였다. 이 결과는 기후 변화에 대한 생물지표종의 서식변화 패턴 연구에 매우 유용한 근거 자료로 제시될 것으로 본다.

1. 기후변화 생물지표종 선정

나비의 기후변화 생물지표종 선정기준은 다화성을 중심으로 연간 온도변화에 따라서 종의 분포 조사가 가능하여야 하며 개체수가 풍부하여 관찰이 용이하고 육안 동정에 있어서 어려움이 없도록 대형종을 선정하였으며 다음 사항에 해당되면 제외시킨다.

① 극도의 서식지제한- 미기후와 한정된 결합, 생물계절학, 국지적 분포의 서식지내에 포함되어 있는 먹이식물의 특성이 요구되는 경우
② 특수성- 인위적 서식지 변형과 특정한 지역의 데이터수집이 요구되는 경우
③ 종의 분포가 먹이식물에 제한받는 경우
④ 서식지 경계가 명확하지 않은 잠재적 서식지를 포함할 경우
⑤ 종이 극심한 서식지 소실을 경험한 경우

위의 사항을 고려하여 기후변화 생물지표종으로 청띠제비나비(*Graphium sarpedon*)와 남방제비나비(*Papilio protenor*)를 선정하였다(그림 10-1, 2).

그림 10-1. 청띠제비나비(*Graphium sarpedon*)

그림 10-2. 남방제비나비(*Papilio protenor*)

2. 나비와 섭식식물 분포

청띠제비나비(*G. sarpedon*)와 남방제비나비(*P. protenor*)는 일본, 중국남부, 대만, 미얀마 및 오스트레일리아 북부에 분포하며, 국내에는 남부지역이 북방한계선이며 남부 해안선을 따라서 채집되고 있다. 나비의 분포는 김(1976), 김 등(1969), 석(1973), Lee(1982), 라 등(1986), 주와 임(1987), 제주도학생과학관(1988), 신(1989), 신과 주(1991), 박(1994), 임업연구원(1996), 박과 김(1997), 박

과 전(1997), 강원대(2000), 국가생물종정보시스템(www.nature.go.kr)의 기록과 조사기간의 채집기록을 참조하였다.

청띠제비나비의 섭식식물은 녹나무과의 녹나무(*Cinnamomum camphora*), 후박나무(*C. thunbergii*), 생달나무(*C. japonicum*), 새덕이(*Neolitsea aciculata*) 및 참식나무(*N. dericea*)이고 남부해안선을 따라서 분포한다. 남방제비나비는 운향과의 산초나무(*Zanthoxylum schimfolium*), 민산초나무(*Z. var. inermis*), 초피나무(*Z. piperitum*), 귤나무(*Citrus unshiu*) 및 탱자나무(*Poncurus tuifoliata*) 등이다. 운향과의 식물은 전 한반도에 분포한다(이, 2003; 국가생물종정보시스템 www.nature.go.kr).

3. 기상자료

기상자료는 기상청(www.kma.go.kr) 기상관측소 중 나비의 채집지역과 채집되지 않은 인접지역인 울릉도, 울산, 부산, 진주, 보령, 부여, 광주, 전주, 목포, 해남, 순천, 통영, 군산, 부안, 강화, 밀양, 포항, 인천, 서산 지역의 2000년부터 2008년도까지의 일일평균온도를 이용한 한랭지수(coldness index)와 영하적산일수를 구하였다.

$$CI = \frac{\sum_{i=2000}^{2008}\left(-\sum_{j=1}^{12}(5-t)\right)}{9} \infty (i = \text{연도}, j = \text{월}, t = \text{월평균 기온})$$

월평균 기온 t는 5℃ 보다 작은 달의 온도로 산출하였고, 영하적산일수는 연중 일일 온도가 영하를 나타내는 일수를 적산하여 9년간 평균값을 구하였다.

4. 남방제비나비와 청띠제비나비의 지리적 분포

남방계열 나비의 북방 서식한계선은 겨울철에 동사하지 않고 휴면이 가능한 지역으로 한정한다. 봄형 발생이 확인된 남방제비나비의 분포지역은 남부지역의 전라도의 부안, 무안, 목포 및 해남지역이며, 경상도는 통영, 부산 및 울산 지역으로 나타났다. 이 지역들을 연결한 한랭지수와 영하적산일수는 -11℃와 38일로 나타난 반면(그림 10-3), 청띠제비나비는 보다 높은 기온대인 전라도의 무안, 목포 및 해남지역과 경상도의 통영, 부산, 울산 및 울릉도 지역에 이르고, 이 지역들의 한랭지수와 영하적산일수는 -6.6℃와 24.3일로 나타났다(그림 10-4).

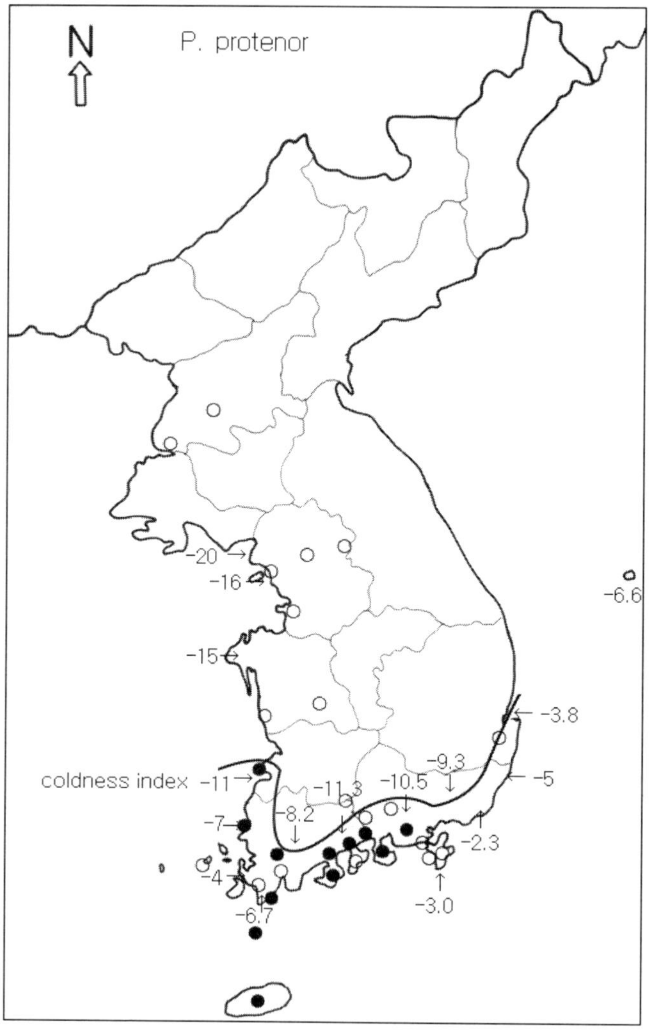

그림 10-3. 남방제비나비의 한반도내 분포도. 한랭지수는 -11℃이다. (●; 봄, ○; 여름)

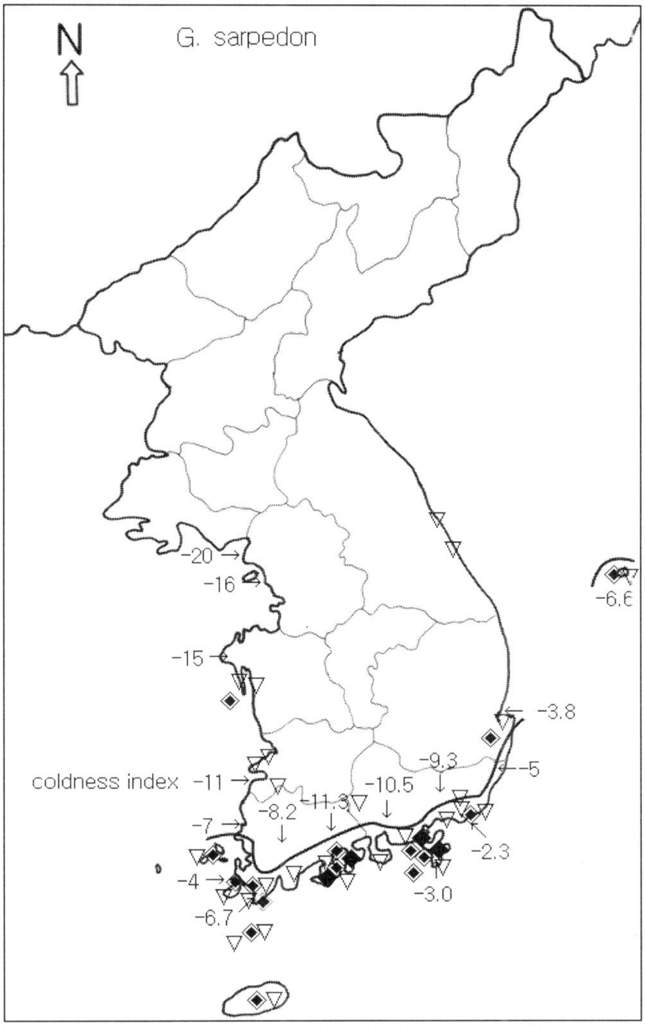

그림 10-4. 청띠제비나비의 한반도내 분포도. 한랭지수는 −6.6℃이다. (◆; 봄, ◈; 여름, ▽; 섭식식물– 녹나무, 후박나무)

남방제비나비는 서해안에서, 청띠제비나비는 동해안에서 북부지역까지 분포하고 있는 것으로 나타나고 있다. 이는 청띠제비나비의 경우 해안선을 중심으로 주로 분포하여 해양성 기후에 잘 적응한 나비로 보이며, 남방제비나비의 경우는 해안선은 물론 내륙의 따뜻한 곳을 선호하는 것으로 나타났다.

이번 조사에서 두 종의 먹이식물 분포의 북방 한계선은 나비보다 더 북쪽에 서식하고 있어 먹이식물보다는 서식지 온도가 종의 분포에 영향을 주는 것으로 나타났다. 여름형의 경우 봄형에 비하여 북상하여 발생하는 것으로 나타나고 있으나 월동은 하지 못할 것으로 추정되어 계절적으로 여름에 이동한 세대가 발생한 것으로 보인다.

5. 나비의 지리적 분포와 기후변화

많은 연구에서 종의 분포조사는 주요 서식 지역을 중심으로 감소원인, 이용방향 및 복원계획 등을 위해서 진행되어 왔다. 그러나 이러한 연구방향의 결과들은 지구 온난화를 해석하는데 있어서 조사의 동시성, 방법의 통일성과 조사지역간의 지리적 연계성에 어려움이 있다.

나비는 최근 환경변화의 교차 효과를 이해하는데 좋은 모델이다. 특히 기후변화는 서식지역의 환경변화를 일으키는 주요인으로 작용한다. 지구 온난화의 환경변화 연구에서 나비 분포도는 비교적 쉽게 자료를 얻을 수 있어 아마도 최적의 연구대상의 일 것이다(Parmesan, 2003). Bretherton(1983)은 실례로 1850년대 이후의 기록부터 현재까지 영국에 분포하는 나비류의 풍부도 변화를 조사하였다. 그는 풍부도가 10년 주기로 변함없이 산발적인 최대값을 보이고 시간이 지날수록 넓게 분포하는 것을 파악하였다.

한랭지수는 식물에 있어서 바로 고사하지 않더라도 일정기간 이상 지속되면 그 종의 생존이 곤란해지는 저온에 의한 분포제한을 정량적으로 나타내는 지수를 말한다. 그러나 곤충과 한랭지수와의 상관관계는 아직 구체적으로 밝혀지지 않았으나 나비류가 유충기에 먹이식물과 불가분의 관계를 맺고 있음을 고려할 때 높은 연관성이 있을 것으로 추론된다. Scriber(1996)는 연간 적산온도를 나비의 분포에 이용하였으며, 저온이 곤충의 월동과 상관관계가 있는지를 조사하기 위해 영하온도를 적산하여 이용하였다. 예로서 유럽산 흰나비과 *Pieris. brassicae*의 북쪽 분포한계는 1월의 기온이 -20℃으로 나타나고, 겨울철 -16~-20℃, 여름은 28℃의 등온선에서 제한 받는 것으로 나타났다(Feltwell, 1982).

이번 조사에서는 나비 2종에 대한 그간의 채집 기록에 의존하여 한랭지수와 섭식식물의 분포와 비교 분석하였다. 특히 여름형의 채집기록은 여름의 고온에 의한 서식이므로 이곳에서의 월동 가능여부에 대해서는 알 수 없었다. 또한 분포에 제한을 주는 요소를 해석하는 방법은 다양하여 상호 관련된 요인들을 분석해야 하며, 또한 온도에 영향을 받는 종의 휴면은 지리적 분포에 제한을 주는 중요한 요소이므로 새로운 환경에서의 평가도 병행해야 한다(Sutherst *et al.*, 1995). 기상학적-즉, 바람과 날씨-인 영향에 의한 이동현상은 특히 장거리를 이동하는 곤충(나비의 경우 바람의 영향이 큼)의 경우는 지리적 분포를 혼란시키기도 한다(Gilbert and Singer, 1975).

다화성 곤충의 경우, 여름철 서식지 범위에 변화를 보인다. 이런 현상은 곤충의 이동요인 중에서 따뜻한 기류의 이동은 곤충을 먼 곳까지 이동 가능하게 해주고 겨울철 월동지로부터 북상하여 일시적으로 서식지를 이루며, 종에 따라서는 20~130km까지 이동하는 것으로 나타났다(Munroe, 1965; Smart, 1976; Hutchins *et al.*, 1987). 그 예로 미국산 *Danaus plexippus* 나비는 여름동안 미국전역과 남부캐나다전역으로 서식지를 넓혔으며(Williams, 1957), 유럽의 작은멋쟁이나비의 경우는 이른 봄 북아프리카에서 발생하여 여름동안 카나리아제도, 마데이라제도, 지중해를 건너 아일랜드, 아이슬란드까지 이동한다(Tolman, 1997). 이러한 계절적 이주 종들은 앞으로 지구 온난화에 따른 서식지가 북상할 가능성이 있어 기후에 관련된 생물지표종으로 활용이 가능할 것으로 보인다.

우리나라에 서식하는 나비들 중에 계절적 이동으로 보이는 종이 최근에 다수 관찰되고 있으며, 일부는 국외에서 여름철 기류에 의한 이동으로 제한된 시기에 국내에 서식하고 있는 것으로 나타나고 이들 중에는 토착화가 감지되고 있다. 따라서 기후온난화에 따른 기온의 상승은 남방계열의 나비는 북상하고 북방계열의 나비는 점차 한반도에서 사라지는 과정을 겪으며 그간 미접으로 취급되었던 종들이 토착화할 가능성이 높은 것으로 예상된다.

참고문헌

강원대학교. 2000. 강원대학교 자연사박물관보 제3집(표본목록집). 강원대학교 자연사박물관.

김창완, 노용태, 박중석. 1969 추자군도의 곤충. 추자군도의 생물상조사보고서. 문화공보부문화재관리국. Pp. 57-66.

김창환. 1976 한국곤충분포도감(I. 나비편). 고려대학교 한국곤충연구소.

라철호, 백선기, 조영관. 1986. 흑산군도의 하계곤충상. 자연보존중앙협의회 6: 197-216.

박규택, 김성수. 1997. 한국의 나비. 생명공학연구소·한국곤충분류연구회.

박중석, 전제식. 1997. 거제도 옥녀봉 및 그 일대의 곤충. 제 2차 전국자연환경조사 219-342.

박중석. 1994. 금오열도의 하계곤충상. 자연보존협회조사보고서 32: 219-321.

석주명. 1973. 한국산 접류분포도. 승적사.

신유황, 주재성. 1991. 진도의 나비목 곤충상에 관하여. 자연보존 75: 35-48.

신유황. 1989 한국곤충도감(I. 나비편). 아카데미서적.

이창복. 2003. 대한식물도감. 향문사.

임업연구원. 1996. 임업연구원소장 곤충표본목록. 129: 20-21.

제주도학생과학관. 1988. 제주도의 나비.

주동율, 임흥안. 1987. 조선나비원색도감. 과학-백과사전출판사.

Bretherton, R. E. 1983. The incidence of migrant Lepidoptera in the British Isles. *In* J. Heath and A. M. Emmet (eds.), Moths and butterflies of Great Britain and Ireland, Vol. 10. Harley books, Colchester. Pp. 9-34.

Burton, J. F. 1998a. The apparent effects of climatic changes since 1850 on European Lepidoptera. Societe Royale Belge d'Entomologie 38: 125-144.

Burton, J. F. 1998b. The apparent responses of Euripean Lepidoptera to the climates changes of the past hundred years. Atripos 5: 24-30.

Coope, G. R. 1995. Insect faunas in ice age environments: Way so little estinction. *In* J. H. Lawton and R. M. May (eds.), Extinction rates. Oxford University Press, Oxford. Pp. 55-74

Cox, C. B and P. Moore. 1985 Biogeography; An ecological and evolutionary approach. Blackwell Scientific Publications.

Davis, M. V. and C. Zabinski. 1992. Changes in geographical range resulting from greenhouse warming: Effects on biodiversity in forests. *In* R. L. Peters and T. E. Lovejoy (eds.), Global warming and biological diversity. Yale University Press, New Haven. Pp. 297-306.

Eastering, D. R., Evans, J. L., Groisman, P. Y., Karl, T. R., Kunkel, K. E. and P. Ambenje. 2000. Observed variability and trends in extreme climate events: A brief review. Bullentin of the American Meteorological Society. 81: 417-425.

Feltwell, J. 1982. Large White Butterfly The biology, biochemistry and physiology of Pieris bressicae (Linnaeus). DR W. Junk Publishers.

Gilbert, L. E. and M. C. Singer. 1975. Butterfly ecology. Ann. Rev. Ecol. Syst. 6: 365-397.

Gilbert, N and D. A. Raworth. 1998. Insects and temperature- Further evidence. The Canadian Entomologist 130: 115-117.

Gressitt, J. L. 1958. Zoogeography of insects. Annual Review of Entomology 3: 207-230.

Heath, J., P. Pollard., and J. A. Thomas. 1984. Atlas of butterflies in Britain and Ireland. Vicking, Penguin Books Ltd., Harmindsworth.

Hutchins, S. H., Smelser, R. B. and L. P. Pedigo. 1987 Insect migration: Atmospheric modeling and industrial application of an ecological phenomenon. Bulletin of the entomological Society of America 34(1): 6-16.

Karl, R. R., Knight, R. W., Easterling, D. R. and R. G. Quayle. 1996. Indices of climate change for the United States. Bulletin of the American Meteorological Society. 77: 279-292.

Lamb, R. J. 1998. Insects and Temperature-Some comments on a general theory. The Canadian Entomologist 130: 111-114.

Lee, S. M. 1982. Butterflies of Korea. Insecta Koreana.

Munroe, E. 1965. Zoogeography of insects and allied group. Annual Review of Entomology 10: 325–344.

Parmesan, C. 2003. Butterflies as bioindicators for climate change effect. In C. L. Boggs., W. B. Watt. and P. R. Ehrlich (eds.), Butterflies: Ecology and evolution taking flight. Chicago. Pp. 541–560.

Pollard, E. and B. C. Eversham. 1995. Butterfly monitoring 2 – interpreting the changes. In A. S. Pullin (ed.), Ecology and conservation of butterflies. Chapman and Hall, London. Pp. 23–36.

Roy, D. B., and H. H. Sparks. 2000. Phenology of British butterflies and climate change. Global change Biology 6: 407–416.

Scriber, J. M. 1996. Tiger Tales: Natural history of native North American Swallowtaills. American Entomologist 42(1): 19–32.

Smart, P. 1976. The illustrated Encyclopedia of the Butterfly World. Charptwell Books Inc.

Sutherst, R. W., Maywald, G. F. and D. B. Skarratt. 1995. Predicting insect distributions in a changed climate. In Harrington, R and NE. Stork (eds.) Insects in a changing environment. Academic press. Pp. 59–91.

Tolman, T. 1997. Butterflies of Britain and Europe. Harper Collins.

van Swaay, C. A. M. 1995. Measuring changes in butterfly abundance in the Netherlands. In A. S. Pullin (ed.), Ecology and conservation of butterflies. Chapman and Hall, London. Pp. 230–247

Warren, M. S. 1992. The conservation of british butterflies. In R. L. H. Dennis (ed.), The ecology of butterflies in Britain. Oxford University Press, Oxford. Pp. 246–274.

Williams, C. V. 1957. Insect migration. Annual Review of Entomology 2: 163–180.

Woodward, F. I. 1987. Climate and plant distribution. Cambridge University Press. Cambridge.

11장

기후변화와 생물다양성 : 온난화로 사라질 북방계식물 100종

현진오[1)]

들어가는 말

지구온난화가 지구상에서 주기적으로 일어나는 자연현상일 뿐 인간에 의한 이산화탄소 배출량 증가 등은 결코 그 원인이 아니며, 온난화가 진행되더라도 생물다양성 감소는 심각하게 일어나지 않을 것이라고 주장하는 이들이 있다. 하지만, 대부분의 생물학자들은 지구온난화는 생물분포에 영향을 미칠 것이며, 궁극적으로 생물다양성 감소를 초래할 것으로 예상하고 있다.

생물분포에 영향을 미치는 여러 요인 가운데 기온은 가장 중요한 요인이라 할 수 있다. 인류를 포함하여 몇몇 생물들은 기온에 대한 적응력이 매우 높아서 극지에서 열대에 이르는 넓은 지역에서 생활할 수 있지만, 대다수 생물들은 특정한 기온에서만 살아갈 수 있게 적응해 왔다. 특정 기온에서만 살아갈 수 있도록 진화해 온 것은 생물종의 생존전략에서 중요한 의미를 지니며, 이를 통해 생물들은 자신의 에너지를 효율적으로 이용한다.

온난화에 의해 지구의 기온이 상승했을 때 생기는 새로운 기후에 대한 생물들의 반응은 두 가지 형태로 나타날 것이다. 자신이 살던 기온과 비슷한 서식조

1) 동북아식물연구소 / megalamen@hanmail.net

건을 찾아 새로운 지역으로 이동하여 생존하거나 그렇지 못한 경우에는 멸종의 길을 걷게 된다. 물론 기온이 같은 곳을 찾아 멀리까지 이동하지 않고, 주변의 다른 곳에서 살아남는 경우도 있을 수 있다. 이런 곳은 기온 이외의 다른 기후요소들이 자신이 살던 환경과 유사한 조건을 제공하는 곳이거나 생리·생태적 생육환경이 유사한 곳임은 물론이다. 과거 빙하기 이후에 기온이 상승했을 때 북방계 식물들 가운데 많은 종이 절멸하지 않고, 빙하기 때의 생육 조건과 유사한 주변의 석회암지대로 피신한 것에서 그 예를 찾을 수 있다. 석회암지대가 보여주는 토양산성도, 극도로 양호한 물 빠짐으로 인해 일어나는 수분 스트레스 같은 조건들이 빙하기 때의 극한 생육환경과 유사한 환경을 제공하기 때문에, 북방계식물이나 고산식물들이 이곳에서 살아남을 수 있었던 것이다.

지구온난화로 인한 지구적 차원에서의 생물다양성 감소는 몇 가지 원인에 의해 일어날 것으로 예상된다(표 11-1). 첫 번째는 극지 자체가 사라지거나 면적이 축소되기 때문에 일어나는 생물다양성 감소다. 추운 곳에 살던 생물들은 지구상에 더 이상 자신에게 알맞은 기온을 제공하는 추운 지역이 없어지기 때문에 멸종에 이르게 되고, 이에 따라서 지구적인 생물다양성이 감소한다.

표 11-1. 온난화에 의한 생물다양성 감소

1. 극지 생물의 다양성 감소
- 지구상에서 동일한 기온대의 서식지 자체가 사라짐
- 남극, 북극, 고산지역(히말라야, 안데스 등)에 서식하는 생물종 멸종
- 적지 않은 동물, 일부 식물이 절멸함(북극곰, 바다사자, 펭귄, 한대성 어류 등)

2. 고착성 생물의 다양성 감소
- 기후변화에 적응하여 새로운 서식지로 이동할 수 없는 생물종 멸종
- 담수어류, 담수무척추동물, 동굴생물, 식물 등이 해당
- 많은 고유종들이 사라지게 됨

3. 먹이연쇄 등 생태계 시스템 붕괴에 의한 다양성 감소
- 원래 서식지에 잔존하거나 새로운 서식지에 이동한 경우에도 지금까지 적응해 온 생태계 시스템과 다르기 때문에 많은 생물종이 사라지게 됨
- 귀화생물처럼 적응력이 뛰어난 생물들은 번성할 가능성이 높음
- 온난화에 의한 생물다양성 감소의 가장 큰 원인

이런 이유로 멸종하는 생물은 대개 동물들이며, 북극이나 남극에 서식하는 종들 중에서 기온에 대한 적응력이 약한 동물들이 여기에 포함된다. 북극과 남극 외에도 고산지역에 서식하는 생물들도 같은 운명을 맞이하게 된다.

두 번째는 쉽게 다른 지역으로 이동하기 어려운 생물종들이 절멸함으로써 일어나는 생물다양성 감소다. 고립된 수계에 서식하는 대부분의 담수어류와 담수 무척추동물들은 온난화에 적응하지 못할 경우에 절멸하게 된다. 특히, 수중 환경에서의 온도 변화는 수생생물들에게 육상에서와는 비교도 안 될 정도로 심각한 영향을 미친다는 것을 감안하면, 수생생물의 생물다양성 감소가 심각한 수준으로 일어날 것임이 분명하다. 또한, 종자 전파에 의존해서 생육지를 옮길 수밖에 없는 식물의 경우에도 적절한 전파수단을 확보하지 못한다면 절멸의 길로 들어설 것이다. 자손을 멀리 퍼뜨릴 수 있는 전파 시스템을 가진 식물들은 그나마 새로운 곳으로 이동하여 생존할 확률이 있지만, 종자 전파를 할 수 없는 많은 식물종은 사라질 운명에 놓이게 된다.

언뜻 생각하기에는 날개가 있어 날 수 있거나 다리가 있어 이동할 수 있는 생물들은 온도가 적당한 새로운 장소로 이동하여 살아남을 수 있을 것처럼 보인다. 하지만, 이들 중에서 다른 생물들과 밀접한 관계를 가져야만 살아갈 수 있는 종들은 어려운 상황에 놓이게 된다. 특히, 그 관계가 어떤 생물종의 생존에 지대한 영향을 미치는 경우라면, 한 생물종이 다른 곳으로 이동해 가는 데 성공했다 하더라도 그곳에서 생존할 수 없게 된다. 예를 들어, 곤충과 먹이식물의 관계를 따져보면, 날개가 있는 곤충이 온도가 알맞은 지역으로 이동했다고 해서 살아남을 수 있는 것이 아니고, 그곳에 자신이 먹고 살아갈 먹이식물이 있어야 한다. 만일 먹이식물이 없는 장소여서 먹이식물도 이동해 와야 하는 경우라면 그 곤충은 생존하지 못할 확률이 더 높다.

결론적으로 지구온난화는 지구의 생물분포에 영향을 미칠 것이며, 북반구 지역에서는 남쪽에 살던 생물들이 북상하는 현상이 일어날 것이다. 또한, 그 변화의 소용돌이 속에서 생물다양성 감소가 필연적으로 수반될 것이다. 온난화된 환경에 맞추어 새로 확장되는 개체군보다 온도변화에 적응하지 못하고 쇠퇴하는 개체군이 더 많을 것이 분명하다.

1. 지구온난화에 따른 한반도 식물상 변화

'지구온난화에 따라 아열대 식물이 북상해 한반도를 뒤덮는다.' 이것은 터무니없이 과장된 시나리오다. 적어도 1백년이나 2백년 내에는 결코 일어나지 않을 일이기 때문이다.

서울에서 귤나무가 재배되는 일은 이보다 더 빨리 생길지 모른다. 자연적으로 생육 공간을 넓혀가는 자생식물이 아니라 사람들이 심어 기르는 것이므로 기온만 맞으면 인위적으로 귤나무 과수원을 조성할 수 있기 때문이다. 하지만, 기온이 아무리 따뜻해지더라도 자연 상태에서 식생 변화가 곧바로 일어나지는 않는다. 서울 근교에서 아열대 식물인 동백나무가 저절로 자리를 잡아 숲을 이루려면, 귤나무보다 훨씬 긴 기간이 필요하다. 어쩌면, 그런 일은 일어나지 않을지도 모른다.

이처럼 온난화의 영향은 자생식물보다 귤나무 같은 재배식물에서 더욱 빨리 나타난다. 귤나무뿐만 아니라 유자, 차나무, 유채, 고구마, 겨울대파, 월동배추 같은 난대성 재배식물들이 중부지방에서도 흔하게 재배될 것이고, 남천, 동백나무, 등수국, 멀꿀, 왕대처럼 추위에 약한 정원수들이 서울과 경기 지방에서 더욱 많이 심겨질 것이다.

우리 땅에 토착하여 스스로 번식하며 살고 있는 자생식물들 중에는 나무보다 풀이 먼저 온난화의 영향을 받아 북쪽으로 생육 영역을 넓힐 것이다. 한해살이풀, 여러해살이풀, 나무의 순서로 아주 서서히 북쪽으로 이동할 것이 예상된다. 이것은 숲의 변화보다는 숲을 이루는 식물종 들에서 변화가 먼저 일어난다는 것을 의미한다. 나무들, 그것도 나무의 군락이 변해야 숲의 변화가 감지될 것이므로, 난대림이 북상하는 현상은 온난화 이후 오랜 세월이 지나서야 가능한 일이다.

2. 지구 온난화에 따른 식물종 변화

기온 상승에 따른 식물종의 변화는 크게 두 가지로 나뉜다. 첫 번째는 귀화식물을 포함한 남부지방의 난대성 잡초들이 북쪽으로 올라와 생육하는 일이 일어난다. 이런 종들은 대개 한해살이풀이거나 두해살이풀로서 여러해살이풀에 비해 생육 영역을 재빨리 넓힐 수 있는 것들이다. 추위에도 어느 정도 견딜 수는 있지만 현재는 남부지방에서 더욱 널리 퍼져 자라고 있는 갓, 광대나물, 자운영, 자주괴불주머니, 큰개불알풀 같은 논과 밭이 잡초들이 중부지방에서도 흔하게 자랄 것이다(그림 11-1). 여기에는 한해살이 또는 두해살이 귀화식물들이 다수 포함된다.

그림 11-1. 지구온난화로 북상이 예상되는 한해살이풀들. 위 왼쪽부터 시계방향으로 자주괴불주머니, 광대나물, 큰개불알풀, 자운영이다.

두 번째는 남한의 산꼭대기에서 명맥만을 유지하고 있는 빙하기잔존식물들이 사라지는 일이 일어난다. 빙하기 때 남하해 살던 이들은 기온이 따뜻해짐에 따라 산꼭대기로 쫓겨 올라가게 되었는데, 온난화에 따라 산꼭대기에서조차 더 이상 살 수 없게 된다. 이것은 우리의 고유 생태계에 영향을 주는 자생식물의 변화이기 때문에 온난화에 따른 생태계 변화에서 간과할 수 없는 매우 중요한 일이다. 북상하여 증가하는 남쪽 식물의 숫자보다 이렇게 사라질 식물종이 훨씬 많을 것이다. 이런 과정에서 멸종할 것으로 보이는 풀은 개제비난, 기생꽃, 나도여로,

닻꽃, 대성쓴풀, 만주송이풀, 손바닥난초, 애기사철란, 장백제비꽃, 큰잎쓴풀 등이다(그림 11-2). 이밖에도 고산성 특산식물인 산솜다리, 한라솜다리, 한라송이풀 등도 없어지게 되는데, 이들 특산식물이 한반도에서 사라지는 것은 지구에서의 멸종을 의미하므로 세계적인 생물다양성 감소를 초래한다.

그림 11-2. 지구온난화로 남한에서 사라질 것으로 예상되는 북방계 풀들. 위 왼쪽부터 시계방향으로 닻꽃, 대성쓴풀, 큰잎쓴풀, 장백제비꽃이다.

풀들이 사는 영역이 심각하게 변화할 즈음, 나무들도 조금씩 변하기 시작한다. 먼저 북방계 나무들이 사라진다. 그 가운데서도 풀처럼 작은 나무들은 먼저 영향을 받는다. 들쭉나무, 시로미, 암매, 월귤, 홍월귤 같은 작은떨기나무(소관목)들이 절멸하게 된다(그림 11-3). 그 다음에는 키가 이들보다 조금 더 큰 떨기나무인 노랑만병초, 눈잣나무, 댕댕이나무, 만병초, 이노리나무 등이 영향을 받기 시작하는데, 여름철 내서성(耐暑性)이 분포의 남방한계선을 결정하는 요인으로 작용하는 노랑만병초나 만병초는 더 큰 타격을 입을 것이다.

이처럼 지구온난화에 의해 1차적으로 영향을 받을 식물들은 산과 들을 가득 메우는 부류들이 아니다. 특별한 곳에만 조금씩 무리를 지어 자라거나 한두 개체씩 자라는 것들이다. 따라서, 이런 변화가 일어나더라도 사람들은 숲의 변화, 즉 식생(植生) 변화를 쉽게 인지하지 못할 것이다.

그림 11-3. 지구온난화로 남한에서 사라질 것으로 예상되는 북방계 작은떨기나무들 위 왼쪽부터 시계방향으로 암매, 들쭉나무, 시로미, 홍월귤이다.

3. 지구 온난화로 사라질 식물들

지구온난화의 영향으로 한반도에서 기온이 상승하면 영향을 받아 쇠퇴할 것으로 예상되는 풀과 나무들을 선정해 보면 표 11-2와 같다. 온난화에 의해 멸종위기에 놓인 이들은 북방계식물들이 대다수를 차지한다. 이들 가운데는 온난화보다 채취, 답압, 생육지 파괴 등 일반적인 멸종요인이 더 크게 작용해 개체수가 감소하는 종들도 있고, 기존의 이런 멸종요인들과 기온 상승이 복합적으로 작용해 멸종될 식물도 많다. 어쨌거나 여기에 제시한 100종의 식물들과 이 목록에 추가될 소수의 식물종들이 한반도에서 온난화에 취약한 식물종임은 누구도 부인할 수 없는 사실이다.

자생식물은 온난화에 의해 새로운 생육지로 확산되는 속도보다 온도변화를 감당하지 못하고 절멸하는 속도가 더 빠를 것으로 예상된다. 따라서, 자생식물을 통한 기후변화 모니터링은 북상해서 새로 출현하는 식물종을 발견해 보고하려는 시도보다 기존 종의 쇠퇴 또는 절멸을 감시하는 것을 우선으로 할 일이다(표 11-3).

표 11-2. 지구온난화에 의해 남한에서 쇠퇴할 북방계식물 100종

번호	식물명	학명	생활형	분포지	기타
1	가는다리 장구채	*Silene jenisseensis* Willd.	다년초	강원(설악산)	
2	가문비나무	*Picea jezoensis* (Siebold et Zucc.) Carrière	교목	강원(설악산), 경남(지리산)	
3	가시오갈피 나무	*Eleutherococcus senticosus* (Rurp. et Maxim.) Maxim.	관목	강원, 충북, 경북	II급
4	개병풍	*Astilboides tabularis* (Hemsl.) Engl.	다년초	강원	
5	개제비난	*Coeloglossum viride* (L.) Hartm. var. *bracteatum* (Willd.) K. Richt.	다년초	한라산	
6	거센털 꽃마리	*Trigonotis radicans* (Turcz.) Steven	다년초	강원	
7	구름병아리 난초	*Gymnadenia cucullata* (L.) Rich.	다년초	강원, 경북, 경남	
8	기생꽃	*Trientalis europaea* L.	다년초	강원(대암산, 설악산, 태백산), 경북(가야산), 경남(지리산)	II급
9	긴잎꿩의 다리	*Thalictrum simplex* L.	다년초	경기, 충남	
10	꼬리까치밥 나무	*Ribes komarovii* Pojark.	관목	강원	
11	꼬인용담	*Gentianopsis contorta* (Royle) Ma	일년초	강원(금대봉)	
12	끈끈이 장구채	*Silene koreana* Kom.	일년초	강원	
13	나도범의귀	*Mitella nuda* L.	다년초	강원	
14	나도씨눈난	*Herminium monorchis* (L.) R. Br.	다년초	강원, 경북	

표 11-2. 계속

번호	식물명	학명	생활형	분포지	기타
15	난장이붓꽃	*Iris uniflora* Pall. ex Link	다년초	강원	
16	날개하늘나리	*Lilium dauricum* Ker Gawl.	다년초	강원, 전북	
17	너도개미자리	*Minuartia arctica* (Steven ex Ser.) Graebn.	다년초	강원(두타산)	
18	넓은잎노랑투구꽃	*Aconitum barbatum* Patrin ex Pers. var. *hispidum* (DC.) Ser.	다년초	강원	
19	넓은잎제비꽃	*Viola mirabilis* L.	다년초	강원(영월)	
20	네귀쓴풀	*Swertia tetrapsetala* Pall.	일년초	전국	
21	노랑만병초	*Rhododendron aureum* Georgi	관목	강원(설악산)	II급
22	눈잣나무	*Pinus pumila* (Pall.) Regel	관목	강원(설악산)	
23	눈향나무	*Juniperus chinensis* L. var. *sargentii* A. Henry	관목	강원(설악산), 제주(한라산)	
24	닻꽃	*Halenia corniculata* (L.) Cornaz	일년초	경기, 강원, 제주	
25	대성쓴풀	*Anagallidium dichotomum* (L.) Griseb.	일년초	강원(금대봉)	
26	댕댕이나무	*Lonicera caerulea* L. var. edulis *Turcz.* ex Herder	관목	강원, 제주	
27	독미나리	*Cicuta virosa* L.	다년초	강원, 전북	II급
28	두메닥나무	*Daphne pseudomezerum* A. Gray var. *koreana* (Nakai) Hamaya	관목	강원, 전북	
29	들바람꽃	*Anemone amurensis* (Korsh.) Kom.	다년초	경기, 강원	
30	들완두	*Vicia bungei* Ohwi	다년초	강원	
31	들쭉나무	*Vaccinium uliginosum* L.	관목	강원(설악산), 제주(한라산)	
32	땃두릅나무	*Oplopanax elatus* (Nakai) Nakai	관목	강원, 전북, 경남	
33	만병초	*Rhododendron brachycarpum* D. Don	관목	전국(제주 제외)	
34	만주송이풀	*Pedicularis manshurica* Maxim.	다년초	강원(설악산)	

표 11-2. 계속

번호	식물명	학명	생활형	분포지	기타
35	멍덕딸기	*Rubus idaeus* L. var. *microphyllus* Turcz.	관목	강원(설악산)	
36	물여뀌	*Polygonum amphibium* L.	다년초	경북, 경남	
37	바람꽃	*Anemone narcissiflora* L.	다년초	강원(설악산)	
38	바위말발도리	*Deutzia prunifolia* Rehder	관목	경기, 강원	
39	배암나무	*Viburnum koreanum* Nakai	관목	강원(설악산)	
40	벌깨풀	*Dracocephalum rupestre* Hance	다년초	강원	
41	부채붓꽃	*Iris setosa* Pall.	다년초	강원, 경북	
42	분홍바늘꽃	*Epilobium augustifolium* L.	다년초	강원	
43	분홍장구채	*Melandrium capitatum* (Kom.) Nakai	다년초	경기, 강원	
44	비늘석송	*Lycopodium complanatum* L.	다년초	강원(설악산)	
45	비로용담	*Gentiana jamesii* Hemsl.	다년초	강원(대암산)	
46	사스래나무	*Betula ermanii* Cham.	교목	전국	
47	산마늘	*Allium victorialis* L.	다년초	강원, 충북, 경북, 경남	
48	산새콩	*Lathyrus vaniotii* H. Lév.	다년초	강원	
49	산솜다리	*Leontopodium leiolepis* Nakai	다년초	강원(설악산)	
50	산솜방망이	*Senecio flammeus* Turcz. ex DC.	다년초	전국	
51	산작약	*Paeonia obovata* Maxim.	다년초	강원	II급
52	산쥐손이	*Geranium dahuricum* DC.	다년초	전국	
53	선제비꽃	*Viola raddeana* Regel	다년초	경남	II급
54	설앵초	*Primula modesta* Bisset et S. Moore var. *hannasanensis* T. Yamaz.	다년초	경남, 제주	
55	세바람꽃	*Anemone stolonifera* Maxim.	다년초	제주(한라산)	
56	손바닥난초	*Gymnadenia conopsea* (L.) R. Br.	다년초	제주(한라산)	
57	솔붓꽃	*Iris ruthenica* Ker Gawl.	다년초	충남	
58	숙은꽃장포	*Tofieldia coccinea* Richards.	다년초	경북, 경남, 제주	

표 11-2. 계속

번호	식물명	학명	생활형	분포지	기타
59	숲개별꽃	*Pseudostellaria sylvatica* (Maxim.) Pax.	다년초	강원(설악산)	
60	시로미	*Empetrum nigrum* L. var. *japonicum* K. Koch	관목	제주(한라산)	
61	아마풀	*Diarthron linifolium* Turcz.	일년초	강원, 충북	
62	암매	*Diapensia lapponica* L. var. *obovata* F. Schmidt	관목	제주(한라산)	I급
63	애기가물고사리	*Woodsia glabella* R. Br. ex Richards.	다년초	강원	
64	애기사철란	*Goodyerar epens* (L.) R. Br.	다년초	강원(설악산), 제주(한라산)	
65	애기자운	*Amblyotropis verna* (Georgi) Kitag.	다년초	대구시, 경북	
66	여우꼬리풀	*Aletris sikkimensis* Hook. f.	다년초	강원(설악산), 경남(가야산)	
67	왕제비꽃	*Viola websteri* Forb. et Hemsl.	다년초	강원, 경기, 충북	II급
68	왜미나리아재비	*Ranunculus franchetii* H. Boissieu	다년초	전국	
69	용머리	*Dracocephalum argunense* Fisch. ex Link	다년초	강원, 충북	
70	월귤	*Vaccinium vitisidaea* L.	관목	강원	
71	이노리나무	*Crataegus komarovii* Sarg.	관목	강원(설악산)	
72	이삭단엽란	*Malaxis monophyllos* (L.) Sw.	다년초	경기, 강원	
73	자주솜대	*Smilacina bicolor* Nakai	다년초	강원, 충북, 전북, 경북, 경남	
74	장백제비꽃	*Viola biflora* L.	다년초	강원(설악산)	
75	제비동자꽃	*Lychnis wilfordii* Maxim.	다년초	강원	
76	제주달구지풀	*Trifolium lupinaster* L. var. *alpinum* Nakai	다년초	제주(한라산)	
77	제주황기	*Astragalus adsurgens* Pall. var. alpine Nakai	다년초	제주(한라산)	
78	조름나물	*Menyanthes trifoliata* L.	다년초	강원, 경북	II급
79	좀개미취	*Aster maackii* Regel	다년초	강원	
80	좀다람쥐꼬리	*Huperzia selago* (L.) Bernh. ex Schrank et Mart.	다년초	강원	

표 11-2. 계속

번호	식물명	학명	생활형	분포지	기타
81	좀미역고사리	*Polypodium virginianum* L.	다년초	강원	
82	좁은잎덩굴용담	*Pterygocalyx volubilis* Maxim.	다년초	강원	
83	참여로	*Veratrum nigrum* L. var. *ussuriense* Lose. f.	다년초	강원	
84	참작약	*Paeonia lactiflora* Pall. var. *tricocarpa* (Bunge) Stern	다년초	강원, 경북	
85	층층둥굴레	*Polygonatum stenophyllum* Maxim.	다년초	강원, 경북	II급
86	콩팥노루발	*Pyrola renifolia* Maxim.	다년초	경북	
87	큰두루미꽃	*Maianthemum dilatatum* (Wood) A. Nelson et J.F. Macbr.	다년초	강원, 경북	
88	큰바늘꽃	*Epilobium hirsutum* L.	다년초	강원, 경북	
89	큰연령초	*Trillium tschonoskii* Maxim.	다년초	경북	II급
90	큰잎쓴풀	*Swertia wilfordii* Kerner	일년초	강원, 경북	
91	키큰산국	*Chrysanthemum lineare* Matsum.	다년초	경기, 경남	
92	털개불알꽃	*Cypripedium guttatum* Sw. var. *koreanum* Nakai	다년초	강원	II급
93	피뿌리풀	*Stellera chamaejasme* L.	다년초	제주	
94	한계령풀	*Gymnospermium microrrhynchum* (S. Moore) Takht.	다년초	강원	II급
95	한라솜다리	*Leontopodium hallaisanense* Hand.-Mazz.	다년초	제주(한라산)	
96	한라송이풀	*Pedicularis hallaisanensis* Hurus.	다년초	강원(설악산), 경남(가야산), 제주(한라산)	
97	한라장구채	*Silene fasciculata* Nakai	다년초	제주(한라산)	
98	해오라비난초	*Habenaria radiata* (Thunb.) Spreng.	다년초	경기, 강원, 경북, 경남	
99	홍월귤	*Arctous ruber* (Rehder et E.H. Wilson) Nakai	관목	강원(설악산)	II급
100	흰인가목	*Rosa koreana* Kom.	관목	강원(설악산)	

II급 : 멸종위기야생식물II급

표 11-3. 기후변화 관련 식물 모니터링 방안

1. 대상
   - 북방계식물(자생종) : 100여 종류(선행연구를 통해 종 확정)
   - 남방계식물(자생종, 귀화식물) : 10여 종류(한해살이풀 등 생육지 확대가 용이한 종을 대상으로 함)
   - 재배식물(농작물, 원예식물) : 20여 종류
2. 방법
   - 북방계식물 개체군 동태를 주기적으로 관찰
   - 남방계식물의 북방한계선 변화양상을 주기적으로 관찰(출현지역 확대 현황 파악)
   - 지역별 재배식물의 종류를 주기적으로 관찰
3. 모니터링 절차
   - 대상종 선정
   - 모니터링 주체 및 방법 결정
   - 종별 모니터링
   - 보고 및 대책마련
4. 결과 활용
   - 생육지 보전방안 수립
   - 자생지외 보전방안 수립(서식지외보전기관의 식재 및 증식)
   - 대체 생육지 조성(석회암지역 등)

쇠퇴 또는 절멸하는 자생식물을 대상으로 모니터링을 하면 온난화의 영향을 효율적으로 감지할 수 있을 것이다. 온난화의 영향을 더 직접적으로 받게 될 자생식물종들을 선정하는 연구를 먼저 수행한 후에, 선정된 종들의 변화양상을 모니터링하게 되면 온난화에 의한 영향을 정량화 할 수 있다. 이때 북방계 자생식물이 쇠퇴하는 것과 함께, 남방계 자생식물과 귀화식물이 북상하는 것을 함께 모니터링하면 더욱 효과가 좋을 것이다. 또한, 재배하는 작물이나 원예식물이 재배북한계선이 어떻게 변하는지 하는 것도 함께 모니터링하면 좋다. 이처럼 북방계식물, 남방계식물, 재배식물의 변화를 모니터링하면 지구온난화에 의한 식물계의 영향을 알 수 있게 된다(표 11-4).

표 11-4. 기후변화 모니터링 대상(북방계식물) 선정시 고려할 점

1. **분포역**
   - 전국에 고루 퍼져 있는 종일수록 좋음
   - 예) 닻꽃(한라산, 설악산, 화악산)
2. **생활형**
   - 일년초 또는 이년초가 좋음. 다년생 및 소관목, 관목, 교목 순으로 좋음
   - 예) 큰잎쓴풀(일년초, 좋음), 대성쓴풀(일년초, 좋음), 월귤(소관목, 좋음), 홍월귤(소관목, 좋음), 가문비나무(교목, 나쁨), 두메오리나무(교목, 나쁨)
3. **다른 멸종위협 요인과의 관계**
   - 기온 상승 이외의 다른 멸종위협 요인이 있는 종은 모니터링하기에 나쁨
   - 예) 채취에 의한 멸종 위험이 높은 털개불알꽃은 모니터링하기에 나쁨
   - 예) 호수 매립에 의한 멸종 위험이 높은 조름나물은 모니터링하기에 나쁨. 이 경우에는 생육지 보전방안을 먼저 수립한 후에 모니터링을 실시해야 함
   - 예) 답압 등 사람에 의한 훼손, 탐방로 확장 등 생육지 자체의 훼손에 의해 멸종 위험이 높은 대성쓴풀은 모니터링 대상으로 나쁨. 생육지 보전방안을 먼저 수립한 후에 모니터링을 실시해야 함
4. **상기 여러 요인을 종합적으로 고려해 선정해야 함**

하지만, 생물은 환경에 대한 적응력이 뛰어나다는 것을 간과해서는 안 된다. 이점은 지구온난화가 일어나도 식물들이 어느 정도 내성을 보이며 생존할 수 있다는 시각과도 일맥상통하는 면이 있다. 필자가 이런 면에서 주목하고 있는 식물 가운데 하나가 북방계 떨기나무인 덤불오리나무다. 북쪽에서 내려와 자라는 이 나무가 설악산에서 더욱 번성하여 조만간 소청봉 일대를 뒤덮을 것으로 예상하고 있다. 이는 분명히 지구온난화에 역행해 일어나는 이상 현상이다. 이런 현상은 북방계 큰키나무들 중에서 몇몇 종은, 덤불오리나무처럼 번성하지는 못하더라도, 새로운 병충해가 발생하지 않는 한 쉽게 멸종하지 않을 것이라는 추정과도 맥을 같이 한다.

한반도에서 북방계식물들이 쇠퇴하는 현상이 심각하게 일어날 경우에 눈여겨보아야 할 식물 생육지는 석회암지대이다. 이곳에는 수많은 북방계식물이 낮은 고도에서 생육하고 있다. 빙하기 이후에 고산에만 살아남은 북방계 빙하기잔존식물들이 온난화 때문에 더 이상 고산지대에 살 수 없게 되었을 때라도, 이들 지역

에서는 살아남을 가능성이 매우 높다. 따라서, 한반도의 식물다양성을 보전하기 위해 보호할 1순위 지역은 바로 석회암지역이다. 삼척, 제천, 단양 등 석회암 폐광지에 자생지외 보전시설을 하루빨리 설치해야 하는 이유도 여기서 비롯된다.

4. 맺음말

지구온난화에 의한 기후변화의 영향은 버섯, 지의류 같은 미생물상의 변화에서 제일 먼저 감지될 것이고, 이와 동시에 이동성이 강한 곤충류, 조류에서도 관찰될 것이다. 식물은 아주 천천히, 그것도 식물종의 변화가 먼저 일어난 한참 후에나 눈에 띌만한 식생 변화가 일어날 것이다. 그럼에도 불구하고, 몇몇 과학자들과 정책 입안자들은 한반도 식생이 지구온난화에 의해 조만간 변할 것처럼 목소리를 너무 높이는 것 같다.

일정 지역에 생육하는 특별한 식물종들의 변화양상을 모니터링하면 지구온난화의 영향을 가늠할 수 있을 것이다. 온난화에 따른 남방계식물의 북상은 번져나가기 쉬운 일년생 잡초, 사람에 의해 경작되는 재배식물(원예식물 포함)을 중심으로 시작될 것이다. 자생식물들이 새로운 장소에 침입하여 정착하는 데는 많은 시간이 걸릴 것이고, 어쩌면 그렇게 심한 양상으로 일어나지 않을 것이다. 따라서, 온난화에 의한 식물 북상은 몇몇 잡초와 재배식물을 제외한다면 그리 드라마틱하지 않을 것으로 예상된다. 이에 반해, 기온 상승 때문에 더 이상 못 살게 되는, 이동하지 못하고 죽게 되는, 북방계식물들은 그 숫자가 눈에 띌 만큼 많을 것이다. 빙하기 이후에 고산지역, 석회암지역 등 몇몇 지역에 좁은 면적으로만 살아남아 있는 북방계식물들은 뚜렷하게 위축되는 모습을 보일 것이다. 기후변화에 대한 식물 모니터링은 바로 이런 식물을 대상으로 하면 좋은 결과를 얻을 수 있을 것이다.

한편, 북방계식물의 쇠퇴는 남한의 식물다양성 감소로 이어질 것이 자명하다. 여기서 제시한 멸종이 예상되는 100종의 식물목록만 보더라도 환경부가 야생동식물보호법에 의해 지정해 관리하고 있는 멸종위기야생식물이 14종류나 포함되어 있다. 이들의 멸종을 막기 위해서는 자생지 관리와 함께 서식지외보전기관을 적극 활용하여 자생지외 보전노력을 기울여야 한다. 또한, 북방계 희귀식물 생육지로서 고산지역과 석회암지대의 중요성을 인식하고, 이들 지역의 생태계 보전을 멸종위기식물의 생육지 보호라는 차원에서 접근해 관심을 쏟아야 한다(표 11-5).

표 11-5. 기후변화에 의한 멸종위기식물 보전방안

1. 멸종위기식물 자생지 환경 조절
2. 대체 생육지 조성
- 고위도 고산지역 활용
- 석회암지역 활용(석회석 폐광산 활용한 자생지외 보전시설 설치 등)

3. 환경부 지정 서식지외보전기관 활용
- 생육지외 보전
- 증식 및 재배방법 개발
- 개체 증식 및 개체 보전

지구적 생물다양성은 모든 국가가 노력해야만 유지할 수 있다. 생물다양성협약 등을 통한 국제협력을 게을리 하지 말아야 한다. 국내 환경정책에서도 한반도 생물다양성 보전을 위해 여러 각도에서 힘을 쏟아야 한다. 생물다양성 현황을 파악하기 위한 노력에 박차를 가해야 하며, 멸종위기종 보전을 위한 연구와 정책이 합리적이고 지속적으로 펼쳐져야 한다.

참고문헌

공우석. 2005. 지구온난화에 취약한 지표식물 선정. 한국기상학회지 41(2-1): 263-273.

국립환경과학원. 2001-2004. 생태 유전적 특성을 고려한 멸종위기 및 보호야생식물의 보전전략 연구 (I), (II), (III), (IV).

동북아식물연구소. 2005. 한국의 멸종위기식물 http://rareplant.info.

문순화, 송기엽, 이경서, 현진오. 1997. 설악산의 꽃. 교학사.

산림청 국립수목원. 2008. 한국 희귀식물 목록집.

이영노. 2000. 한국의 고산식물. 교학사.

현진오. 2001. 한반도 보호식물의 선정과 사례연구. 순천향대학교 박사학위논문.

환경부. 2005. 멸종위기야생동식물 화보집.

12장

한국의 보전생물학 : 현황과 과제

신현철[1]

들어가는 말

최근 매스컴에서 많이 오르내리는 단어 중에 '생물다양성', '멸종위기' 그리고 '지구온난화' 등이 있다. 이들을 얼핏 보면 서로 연관이 없는 것처럼 보이나, 서로서로 밀접한 관련을 짓고 있으며, 특히 우리들의 삶에도 직접적인 연관을 맺고 있다. 서구사회에서 시작된 산업혁명은 인류의 삶에 지대한 공헌을 하였으나, 이러한 이면에는 자신들의 삶의 터전에서 벗어난 수많은 생물들이 있다. 특히 자신만의 삶의 터전에서 벗어나 더 이상 버티지 못하고, 작별을 고하고 사라진 생물들도 부지기수이다.

여우, 늑대, 시라소니, 표범, 호랑이 등은 우리 땅에서는 더 이상 볼 수 없고, 단지 동물원에서만 볼 수 있다. 제주도 서귀포 앞바다에 있는 섬에서 자라던 파초일엽도 우리나라에서 자라던 개체들은 모두 사라진 것으로 알려져 있고, 남쪽 지방에서 흔하게 자라던 나도풍란 역시 야생 상태에서 자라는 개체는 수 년째 찾지 못하고 있다. 그런가 하면 물속에서 벌레를 잡아먹고 살았다는 벌레잡이 말은 우리나라뿐만 아니라 전 세계적으로 지구상에서 절멸한 것으로 알려져 있

1) 순천향대학교 생명과학부 / shinhy@sch.ac.kr

다. 이와는 반대로, 일부 학자나 연구자들에 의해 이렇게 사라져가는 생물들을 보전하기 위한 노력도 경주되고 있다. 우리나라의 반달곰, 미호종개, 풍란 등의 복원 사례는 사라져가는 생물들을 보전하려는 노력, 즉 보전생물학 활동으로 간주된다.

그런가 하면, 지구온난화 현상으로 최근 제주도를 중심으로 남쪽지방에서는 지금까지 알려지지 않았던 새로운 생물들의 분포가 보고되고 있다. 또한 최근까지 300여종의 귀화식물의 분포가 보고되고 있다. 생물다양성이라는 측면에서 보면 매우 긍정적인 평가를 내릴 수도 있을 것이다. 하지만, 귀화식물인 서양민들레는 우리나라 토종 민들레의 삶의 터전을 빼앗으며, 돼지풀과 단풍잎돼지풀은 생태계를 파괴하는 위해생물로 간주되고 있다. 또한 지구온난화로 인하여, 추운 곳에서 자라다가 우리나라까지 내려와서 자라던 소위 북방계 식물들은 자신들의 삶에 심각한 충격을 받고 있다.

1. 생물다양성 논의의 시작

생물다양성에 대한 논의는 1992년 브라질 리우에서 개최되었던 세계정상회담에서 환경, 인구 및 경제발전에 관하여 지구 차원의 환경 선언을 한 이후 본격적으로 시작되었고, 우리나라도 1992년 국제생물다양성협약에 서명하였다. 이 협약의 전문에는 '생물다양성의 고유 가치와 생물다양성 및 그 구성 요소들의 생태적, 사회적, 경제적, 과학적, 문화적, 오락적, 미학적인 가치를 지각하고, 또한 생물다양성이 진화 및 생물권의 유지에 중요성을 인식하며, 생물다양성의 보전이 인류의 공통적인 관심사임을 확인해야 한다'라는 생물다양성협약의 기본 배경을 설명하고 있다. 또한 이 협약의 목적을 '자원과 기술에 대한 권리를 인정하면서 유전자원에 대한 적절한 접근, 관련 기술의 이전 및 적절한 자금 제공 등이 포함된 적절한 분배의 조화 속에 추구되는, 생물다양성의 보전과 그 구성 요소의 지속가능한 이용 그리고 유전자원의 이용에 따른 이익의 공평한 분배'에 두고 있음을 밝히고 있다.

이러한 흐름에 따라, 우리나라에서도 1994년 국내의 생물다양성 관련 연구자 250여명이 참가하여 공개토론회를 진행되었고, 토론회에서 수렴된 자료를 모아 100여명이 집필하여 "한국의 생물다양성 2000"이라는 책이 발간되었다(이 등, 1994). 그리고 2000년 생물다양성의 감소 및 이의 효율적인 보전과 관련된 문제가 국제적인 관심사임에도 불구하고 쉽게 접할 수 있는 한글 교재가 없는 점을 극복하고자 리처드 프리맥(Richard Primack)교수의 저서 "A Primer of Conservation Biology"가 "보전생물학"으로 번역되었다(김 등, 2000). 이 책에는 '한반도의 생물다양성 보전'이라는 독립된 한 장이 있는데, 우리나라의 생물다양성 보전을 위해서 시급한 연구 과제로 1) 생물다양성의 조사 목적과 기본 방향에 대한 원칙이 수립되어야 한다, 2) 한반도의 개략적인 생물다양성 지역 구분이 필요하다, 3) 한반도 전체적인 생물다양성 체계 안에서의 중요 서식지별 특성 구명이 필요하다, 4) 훼손된 생태계의 복원 기술 개발이 필요하다, 마지막으로 5) 희귀 및 절멸위험종의 보전과 산업에 중요한 종의 유전적 다양성의 유지가 필요함을 역설하였다(김 등, 2000).

그런데 생물다양성과 보전생물학에 대한 논의는 한 두 사람이나 몇 분야의 관련자들이 모여 이루어지는 것이 아니라 다양한 학문과 대다수의 전문가가 참여하는 학제간 성격을 띠고 있음에도 불구하고(이 등, 1994), 국내에서는 학제간 성격을 띤 논의보다는 생물다양성이나 보전생물학의 전체적인 틀이 아닌 일부분에 치우진 연구나 논의만이 진행되고 있는 실정이다. 예를 들면, 한국식물전문가그룹(http://ynucc.yeunganm.ac.kr/~llape)에서는 식물의 보전과 관련된 활동을 하였으나, 최근에는 활동이 다소 저조한 상태이다. 한국보호지역포럼(http://www.paforum.or.kr)에서는 생물 종 하나하나보다는 생태계 관점에서 생물다양성에 대한 논의를 하고 있으며, 국제자연보전연맹(International Union for Conservation of Nature and Natural Resources; IUCN) 한국위원회는 국가가 국제자연보호연맹의 회원으로서 주로 유네스코주관의 세계자연유산과 관련된 일들을 하고 있을 뿐이다. 즉, 우리나라 생물다양성과 이를 보전하기 위한 학제간 연구나 토의를 위한 장은 아직 마련되지 못한 채, 일부 단체나 국가에서 개별적으로, 보전생물학의 한 부분과 관련된 일만을 다른 부분과의 연결고리 없이, 진행하고 있는 실정이다.

이러한 점에서 볼 때, 제1장에서 논의한 브라질 TAMAR 프로젝트는 생물다양성 유지를 위한 보전생물학적 학제간 접근 방식의 효율성을 입증하였다고 할 수 있을 것이다. 즉 국가 차원의 생물보호구역의 설정도 중요하지만, 종 수준에서의 지속적인 관리 활동도 필요한 것이다. 특히 지속적인 관리 활동을 위해서는 대학이나 연구소의 전문 인력뿐만 아니라, 현지에서 생활하는 지역주민 및 이를 연계시켜 줄 단체, 즉 지자체나 정부가 반드시 필요한 것이다. 이러한 일을 통하여 지역의 일자리 창출에 기여하고 있는 점은 눈여겨보아야 할 것이다. 우리나라 강화도에서 진행되고 있는 매화마름 사례도 눈여겨 볼 필요가 있다. 비록 규모가 작아서 아직은 국가나 지자체 차원의 행정적인 지원이 미진한 상태이며, 사람들의 관심도 매우 낮은 상태에서 지역 주민들과 연구자, 그리고 이들을 연결해 주는 시민단체에서만 관심을 가지고 있는 것으로 생각된다.

2. 멸종위기종 선정 기준

생태계에서 자신의 삶을 스스로 영위하기 어려운 생물들을 흔히 멸종위기종이라고 한다. 이들 멸종위기종에 대한 규정은 통상 국제자연보전연맹에서 정한 기준에 따라 몇 가지 범주로 구분하고 있다(http://www.iucnredlist.org/static/categories_criteria_3_1). 이 기준을 흔히 〈적색목록 범주와 평가기준(IUCN Red List Categories and Criteria)〉라고 하는데, 1991년 최초 기준(Version 1.0)이 발표된 이후, 2001년 3.1판(Version 3.1)이 발표되었다(그림 12-1). 이 기준에 따르면, 멸종위기종을 멸종(EXTINCT, EX), 야생멸종(EXTINCT IN THE WILD, EW), 극도위협(CRITICALLY ENDANGERED, CR), 위협(ENDANGERED, EN), 취약(VULNERABLE, VU), 위협가능(NEAR THREATENED, NT), 관심(LEAST CONCERN, LC), 자료부족(DATA DEFICIENT, DD), 그리고 미평가(NOT EVALUATED) 등으로 구분하고 있다.

또한, 이들을 구분하는 기준으로, 5가지 평가 기준을 설정하였다. 이들 평가 기준은 1) 개체군의 감소, 2) 지리적 범위(출현 범위 또는 생육지 면적), 3) 성숙 개체가 1만 이하인 개체군에서 크기 감소, 4) 매우 작거나 제한적인 개체군의 크기 또는 생육지 면적, 마지막으로 5) 멸종 가능성에 대한 정량적 분석 결과 등인데, 각각의 평가 기준에 대해 정략적 평가를 수행하도록 권고하고 있다(이 등, 2005). 이에 따라 여러 나라에서 이러한 기준에 따라 적색목록을 발행하고 있으며, 특히 인접한 일본에서는 그대로 따르고 있다.

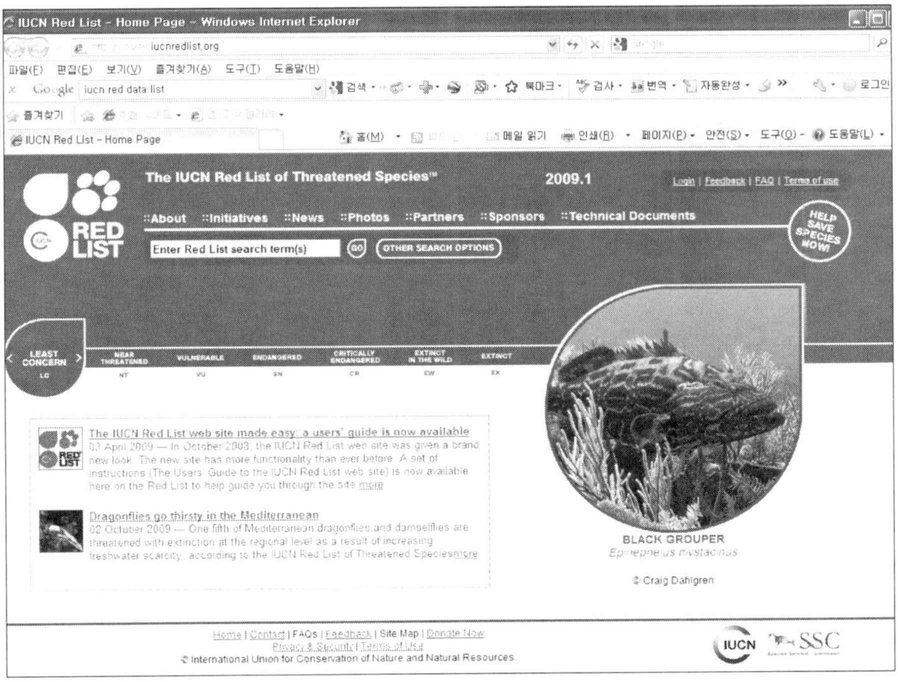

그림 12-1. 국제자연보전연맹의 적색목록 홈페이지.

그러나 우리나라에서는 국제자연보전연맹에서 설정한 평가 기준을 무시하고, 학자들의 자의적 판단이나 국가 기관의 자의적 판단에 의해 멸종위기에 처한 생물들의 범주를 설정하고 있는 실정이다. 특히 식물의 경우, 너무나 많은 범주들이 다양한 사람들에 의해 사용되어 왔으며(이 등, 2005), 동물의 경우 분류군에 따라 다른 범주 개념이 적용되어(한국자연보전협회, 2001) 문제로 제기되었으나, 최근 환경부에서는 멸종위기 야생동식물 I급과 II급이라는 다소 모호한 범주를 사용하여 정리하였다. 이와는 별도로 문화재청에서는 천연기념물이라는 명칭을 일부 멸종위기 동식물에 적용하고 있다. 또한, 평가 기준의 모호성 말고도 멸종위기종을 선정할 때에도 국제자연보전연맹에서 권유한 정량적 분석 결과보다는 학자들의 자의적 판단에 의하고 있는데, 때에 따라 멸종위기종 범주에 들어갔다가, 빠졌다가, 다시 들어가는 경우가 빈번하게 발생하고 있고, 최근에는, 식물을 대상으로 멸종위기종으로 지정된 횟수에 따라 분석하기도 하였다(이 등, 2005).

이러한 문제점들을 제2장과 제3장에서 다루었는데, 추후 멸종위기야생동식물과 관련된 범주를 국제자연보전연맹의 범주와 일치시켜야 할 것이며, 특히 범주에 따른 정량적 분석이 가능하도록 생물 종 하나하나에 대한 정보 수집이 필요할 것이다. 한편, 지금까지와 같이 먼저 범주를 결정하고, 다음에 정량적 분석을 하는 방식이 아니라, 멸종위기종 대상 후보종들을 선정하고, 물론 이때에는 어느 정도 자의적 판단도 있을 수 있을 것이나, 선정된 후보종들을 대상으로 정량적 분석을 시도하고, 이러한 분석 결과를 토대로 멸종위기종을 선정하고, 그 범주를 결정하여야 할 것이다. 또한 이러한 조사가 가능하기 위해서는 조사에 필요한 인력 양성이 선행되어야 할 것이며, 일정한 조사 양식도 마련하여, 수 년을 두고 지속적으로 조사가 수행되어야 할 것이다. 지금처럼 단 기간에 소수의 연구자들의 경험에 의한 멸종위기종 관련 범주의 결정과 선정은 또 다른 잘못을 잉태할 수밖에 없을 것이다.

물론 국가 차원의 멸종위기종 선정을 위해서는 사전에 많은 정량적 조사 결과가 있어야만 하지만, 현실적으로, 이러한 조사 결과가 없는, 우리나라와 같은, 상태에서 멸종위기종 지정을 위해서는 어느 정도 정책적 판단과 결정도 필요할 것이다. 특히 우리나라에만 분포하는 생물 종들이 지니는 고유종으로서의 중요성, 생육지의 안정성, 이용 현황, 그리고 종의 상징성과 지역 주민과의 협력 가능성(이 등, 2005) 등도 멸종위기종 선정에 있어 고려해야 할 것이다. 그러나 궁극적으로는 국제자연보전연맹의 기준에 따른 멸종위기종 선정 및 선정 후 모니터링이 이루어져야 할 것이다.

3. 멸종위기종 복원

멸종위기에 처한 생물들을 복원하기 위한 노력들이 최근 많이 진행되고 있다. 특히 한국환경기술진흥원(현재의 한국환경산업기술원)의 연구비 지원으로 사향노루, 여우, 물장군, 긴꼬리투구새우, 순채, 물부추, 섬시호 등 다양한 멸종위기 동식물에 대한 보전생물학적 연구가 수행되었거나, 수행 중에 있다. 이러한 연구 과제에 대해서는 제4장에서 설명하였고, 한국환경기술진흥원의 연구비 지원으로 이루어진 멸종위기종 복원 사례로, 풍란은 제5장에서, 미호종개는 제7장에서 논의하였다. 이밖에도 독립적으로 국가 차원에서 우리나라 상징이라 할 수 있는 반달가슴곰을 지리산에 복원하기도 하였다. 반달가슴곰의 복원은 제6장에서 논의하였다.

한편, 멸종위기종에 대한 외국에서의 복원 사례는 제8장에서 논의하였는데, 외국에서는 국내와는 달리 멸종위기종 복원을 위하여 멸종위기종과 관련된 복원 계획서(recovery plan) 또는 복원 요약서(recovery outline)를 먼저 제작한 후, 이 계획서에 따라 복원을 위한 세부 목표 및 이행 계획을 수립하여 진행하고 있어, 국내에서의 복원 사례와는 뚜렷한 차이를 보여주었다. 그리고 이러한 복원 계획은 지속적으로 CD 등으로 발간하여 일반인들의 관심을 유도하고 있으나(그림 12-2), 국내에서는 이러한 시도는 거의 없는 것으로 평가된다. 또한, 복원 후 법령에 의해 등재된 멸종위기종을 관리 및 보호 대상 목록에서 제외시키는 절차를 거치고 있으나, 국내에서는 이러한 복원 후 절차에 대해서는 전혀 관심의 대상이 되지 못하고 있는 차이도 있었다.

이밖에도 외국에서는 자생지와 복원지에 대한 명확한 구분을 하고 있으나, 국내에서는 이러한 구분 없이, 자생지에 대량 증식된 개체들을 곧바로 복원하는 경우도 보고되었다. 즉 파초일엽의 경우 일본에서 들여와 대량 증식된 개체들을 우리나라 유일한 파초일엽 자생지였던 제주도 섶섬에 식재한 사례가 있다. 또한, 멸종위기종을 복원하였을 경우, 복원 성과를 파악하기 위한 복원 후 모니터링이 필요함에도 불구하고, 국내에서는 대부분 복원 그 자체를 홍보하기 위한 수단으로서, 원산지를 알 수 없는 개체들을 대량 증식하여 복원한 사례들이 많이 발견되었다. 특히 식물의 경우, 한 번 복원하면서 이식하면 쉽게 제거할 수 없는 상태임을 감안하면, 특정 기술로 대량 증식되어 유전적 다양성이 현저히 떨어진 개체들을 자생지에 복원하면, 자생지에 살아남아 있던 개체들마저 위협에 처하게 되는 점을 감안하여, 복원지와 자생지를 구분해야 할 것이다.

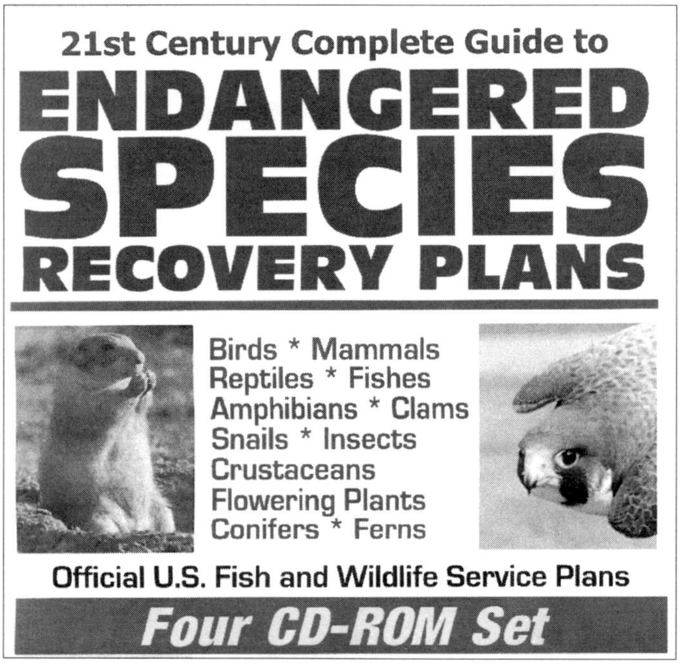

그림 12-2. 미국어류 및 야생동물관리국에서 출판된 멸종위기종 관련 복원계획들이 모아져있는 CD의 표지.

그러나 복원에 적당한 대상지를 찾지 못하거나 복원에 필요한 개체들을 대량으로 생산할 수 없을 경우, 서식지외보전기관에 위탁, 관리하는 것도 한 가지 방법일 것이다. 우리나라에는 동물 7개 기관, 식물 8개 기관 등 15개 기관이 서식지외보전기관으로 지정되어 있다. 서식지외보전기관으로 지정할 때 보전대상 야생동식물을 함께 고시하도록 하고 있어, 서식지외보전기관마다 관리하는 멸종위기종을 파악할 수 있다. 단지, 곤충을 제외한 무척추동물은 아직도 1개 기관도 지정되어 있지 않는 실정인데, 제9장에서 설명하였다.

한편, 복원에 있어서 가장 문제가 되는 부분이 바로 복원 대상 분류군의 분류학적 실체를 규명하는 일이다. 따라서 외국에서는 복원 계획서를 수립할 때 무엇보다도 분류군의 분류학적 실체를 규명하고 있으나(그림 12-3), 국내에서는 이러한 근본적인 문제를 다루지 않는 경우도 파악되었다. 1994년 한국기자협회에서 울릉도에 고추냉이 복원사업을 시도하였는데, 이때 복원한 개체들은 일본에서 들여와 울릉도에서 자라던 것으로 알려져 논쟁의 대상이 된 겨자냉이(*Wasabia japonica*)였으나, 이름을 고추냉이(*Wasabia koreana*)로 불러 혼동을 야기한 적도 있다. 기자협회에서는 겨자냉이를 복원하겠다고 하였으나, 이름을 고추냉이라고 하여, 학자들은 고추냉이를 복원한 것으로 간주한 것이었다. 고추냉이는 원래 광릉에서 처음으로 채집된 식물로 울릉도에서는 채집된 기록이 없는 식물임이 후일 밝혀졌다(신과 김, 2008).

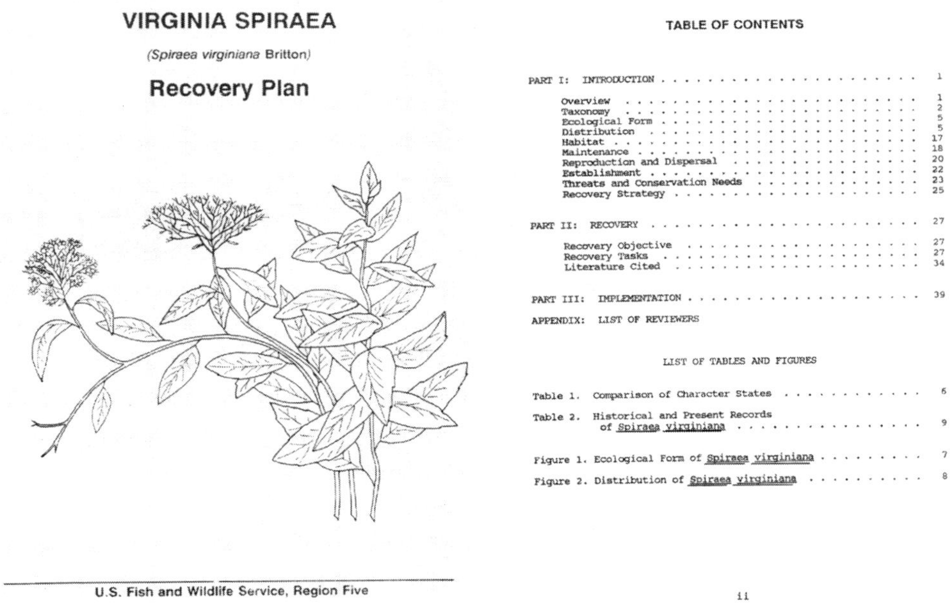

VIRGINIA SPIRAEA

(*Spiraea virginiana* Britton)

Recovery Plan

U.S. Fish and Wildlife Service, Region Five

TABLE OF CONTENTS

PART I: INTRODUCTION 1
Overview 1
Taxonomy 2
Ecological Form 5
Distribution 5
Habitat 17
Maintenance 18
Reproduction and Dispersal 20
Establishment 22
Threats and Conservation Needs 23
Recovery Strategy 25

PART II: RECOVERY 27
Recovery Objective 27
Recovery Tasks 27
Literature Cited 34

PART III: IMPLEMENTATION 39

APPENDIX: LIST OF REVIEWERS

LIST OF TABLES AND FIGURES

Table 1. Comparison of Character States 6
Table 2. Historical and Present Records of Spiraea virginiana 9
Figure 1. Ecological Form of Spiraea virginiana 7
Figure 2. Distribution of Spiraea virginiana 8

ii

그림 12-3. 미국 어류 및 야생동물관리국에서 출판한 멸종위기종의 복원 계획서 표지(왼쪽)와 목차(오른쪽). 목차에서 복원 소개하는 부분의 2번째가 분류학적 실체를 규명한 부분이다.

4. 기후온난화

최근 기후온난화에 대한 논의가 왕성하다. 물론 기후온난화에 따라 우리나라에는 분포하지 않던 새로운 생물자원들이 늘어날 수도 있을 것이며, 이러한 점은 특히 해양생물과 조류를 중심으로 많은 종들이 새롭게 밝혀지고 있다. 그러나 기후온난화에 따른 그늘은 주로 추운 곳에서 살다가 우리나라까지 내려와 자라던 소위 북방계 생물에게는 치명적인 악영향이 될 수 있을 것이다. 즉, 나비의 경우 기후온난화에 따라 남방계열의 나비는 북상하는 반면, 북방계열의 나비는 점차 한반도에서 사라지는 과정을 겪게 될 것인데, 제10장에서 남방제비나비와 청띠제비나비를 중심으로 논의하였다. 상대적으로 동물은 기후변화에 따라 같이 이동하면 되니까, 별 문제가 없을 것으로 생각할 수도 있지만, 우리 땅에서 살아오던 동물들이 우리 땅에서 사라지는 것이 문제가 될 것이다.

한편 기후온난화에 따라 식물들, 특히 북방계 식물들이 쇠퇴하게 될 것으로 예상되며, 이들이 앞으로 우리나라의 주요 멸종위기종으로 될 가능성이 높을 것이다. 제11장에서 논의된 바에 따르면, 기후온난화에 의해 약 100여종이 멸종위기에 처할 것으로 예상되는데, 이 중에는 국가적으로 보호하고 있는 멸종위기야생식물이 14종류나 포함되어 있어, 이러한 예상을 간접적으로나마 입증하는 것으로 보인다. 범지구 차원의 기후 변화에 따라 사라져가는 동식물을 인간의 힘으로 얼마나 유지할 수 있는 지를 물어보기 전에, 우리와 함께 살아왔던 생물들을 보전하기 위해서 현재 우리가 어떤 일을 해야 할 것인지에 대하여 먼저 고민해야 할 것이다.

5. 앞으로의 과제

우리나라에서 진행되고 있는 보전생물학 관련 연구나 사업들을 보전생물학의 저자인 프리맥(Primack, 2004)이 제안한 보전생물학자의 역할과 비교하여 검토할 필요가 있을 것이다. 즉, 프리맥은 보전생물학자들은 1) 강의실뿐만 아니라 일반 대중의 인식을 변화시키기 위해 노력해야 하며, 2) 본인의 연구뿐만 아니라 국가

정책입안자와 지자체장들을 설득해야 하며, 3) 동료들이 보전생물학에 관심을 가지도록 해야 하며, 4) 지역 주민들에게 인센티브를 제공하는 방법들을 고민해야 하며, 마지막으로 5) 보전프로그램의 책임감있는 경영자와 같은 역할을 수행할 것으로 권유하고 있다.

그런데, 국내에서 진행되고 있는 보전생물학 관련 연구나 사업들은 모두 연구자 자신의 욕구 충족을 위하거나, 또는 단체의 홍보성 행사로 전락하고 있다. 특히 최근 많은 사람들이 연구하고 있는 멸종위기종 유전다양성 연구는 보전생물학 연구에 있어 가장 기본적인 연구이지만, 유전다양성 연구로만 끝나고, 이어진 후속 연구가 부족하기에, 멸종위기종의 생존과 직결되지 못하여, 멸종위기종이 연구 재료로서의 역할만을 담당하는 것으로 평가된다. 앞으로의 연구나 사업은 앞서 말한 프리맥 교수의 보전생물학자 역할에 충실하도록 해야 할 것이며, 이밖에 다음의 몇 가지 사항들에 대하여 고민하여야 할 것이다.

1) 체계적인 멸종위기종 선정과 동시에 복원계획 수립

국가차원의 멸종위기종 선정에 신중을 기해야 할 것이다. 멸종위기종 선정이 몇몇 연구자들의 느낌으로 진행되어서는 안 될 것이며, 엄밀한 조사 결과에 의존해서 진행되어야 할 것이다. 이를 위해서는 멸종위기종 후보종을 조사하여, 결정한 다음, 수 년에 걸친 조사 결과를 토대로 멸종위기종으로 선정, 지정해야 할 것이다. 이때 중요한 문제는 선정된 멸종위기종에 대한 정확한 분류학적 실체가 규명되어야 할 것이다. 또한 기후온난화와 관련하여, 과거의 분포 기록에 대한 정확한 정보가 확보되어야 할 것이다. 그리고 멸종위기종 선정과 동시에 복원 계획을 수립하여, 순차적으로 복원 사업을 진행하여야 할 것이다. 현재 진행되고 있는 멸종위기종 선정과 복원 사업은 자칫 사업을 위한 조사나 연구로 끝나게 될 것이다.

또한 프리맥 교수가 지적하였듯이, 복원 계획서를 작성할 경우, 멸종위기종이 분포하는 지역 주민들에게 줄 수 있는 인센티브를 먼저 생각하여, 지역 주민들 스스로 멸종위기종을 보전할 수 있도록, 교육과 홍보를 진행하여야 할 것이다. 지금처럼 지역 주민들의 삶에서 벗어난 멸종위기종의 복원은 아무런 의미가 없을 것이다. 그리고 멸종위기종 복원 후 모니터링 및 제도적 뒷받침이 이어져야 할 것이다. 멸종위기종이 성공적으로 복원되어 개체수가 자연 상태에서 점진적으로 증가한다면, 적어도 증가하기 전까지는 복원된 개체라도 멸종위기종과 같은 대우를 해주어야 할 것이며, 증가하였다면 멸종위기종 목록에서 제외하도록 해야 할 것이다.

2) 지자체 보호종의 선정과 보전

국가 차원의 멸종위기종 선정 및 복원도 중요하지만, 특정 생물의 분포역의 가장자리에 있는 지자체에서의 보전 노력이 필요할 것이다. 생물들은 국가나 지자체 개념을 지니고 있지는 않겠지만, 이들을 보전하려는 사람들은 특정 국가나 특정 지역이기에, 지자체 차원에서의 멸종위기종 선정과 보전이 필요한 것이다. 본 책에서는 지자체 보호종에 대한 설명이 누락되어 있으나, 야생동식물보호법에 따르면 시도의 관할 구역 안에서 그 수가 감소되는 등 멸종위기야생동식물에 준하여 보호가 필요하다고 인정되는 야생동식물을 시도보호야생동식물로 지정, 고시하도록 되어있다. 이에 따라 우리나라에서는 서울, 인천, 울산 등 극히 소수의 지자체에서 보호종을 선정하여 보전하려고 노력하고 있다. 그러나 이들 지자체 보호종 역시 국가 차원의 멸종위기종 선정과 비슷한 방식으로 진행되고 있어 또 다른 문제를 야기하고 있을 뿐만 아니라, 시도보호야생동식물 지정시 1) 개발 사업과 마찰 발생 가능, 2) 보호 지역 지정 등 후속 관리 조치에 드는 비용 발생, 그리고 3) 보호야생동식물 관리를 위한 조직과 인력의 필요성 등의 문제도 야기하고 있다. 그럼에도 불구하고, 지역생물주권 강화라는 차원에서 희소성, 지역적 분포, 학술성, 경제성 등의 가치를 평가하여 지자체 보호종은 시급히 지정, 보전해야 할 것이다.

3) 보전생물학에 대한 새로운 이해

보전생물학이란 오늘날 우리가 직면하고 있는 생물다양성 붕괴의 위협에 대응하여 발전한 종합적인 학문으로, 보전생물학의 목적은 1) 종 및 군집 그리고 생태계에 대한 인간 활동을 명확히 이해하는 것이고, 2) 종의 절멸을 막기 위한 실질적인 보전 방법을 발전시키고, 가능한 범위 내에서 절멸의 위협에 처해있는 종들이 다시금 생태계에서 기능을 발휘할 수 있도록 재건시키는 것이다(김 등, 2000). 전통 학문으로는 오늘의 생물다양성이 처한 심각한 상황에 전혀 대처할 수 없기 때문에 새롭게 보전생물학이 등장하게 된 것이다. 이러한 보전생물학은 경제적 요인들을 이차적 문제로 여기고, 오히려 장기간에 걸친 생물 보호를 기본 관심사로 삼기에, 전통 학문과는 근본적으로 성격이 다를 수밖에 없을 것이다(김 등, 2000).

따라서 보전생물학을 바라보는 관점은 전통 학문이라는 관점에서 바라보면 안 될 것이다. 지금까지 사람들은 만물의 영장으로서 자연을 착취의 대상으로 간주하여 왔다. 즉 자연은 인간을 위해 존재하는 것으로 간주하여 왔던 것이며, 전통 학문은 이러한 인간 활동을 뒷받침하기 위해 존재하였던 것도 사실이다. 그러나 보전생물학은 이러한 관점을 버리고 자연을 바라보는 새로운 관점을 지니기를 요구하고 있다. 즉, 자연과 인간은 모두 환경을 이루는 요소 중의 하나이며, 특히 자연계에 존재하는 모든 생물들은 인간과 동등하게 살아갈 권리가 있음을 인정하는 것이다. 생물들이 살아 갈 수 없는 환경이라면 인간도 살아 갈 수 없는 환경임을 인식하는 것이 보전생물학을 바라보는 관점이어야 할 것이다.

참고문헌

김진수, 손요한, 신준환, 이도원, 최재천. 2000. 보전생물학. 사이언스북스.

신현철, 김영동. 2008. *Wasabia koreana* Nakai(십자화과)의 분류학적 실체에 대한 고찰. 한국식물분류학회지 38: 223-231.

이인규, 김계중, 조재명, 이도원, 조도순, 유종수. 1994. 한국의 생물다양성 2000. 민음사.

이현우, 정흥락, 노태호, 권영한, 김철환, 현진오, 장인수. 2005. 보호대상 식물종에 대한 환경영향평가기법 개선방안 연구. 한국환경정책평가연구원.

한국자연보전협회, 2001. 멸종위기야생동식물 및 보호야생동식물의 지정현황 분석 및 개선방안에 관한 연구.

Primack, R.B. 2004. A primer of conservation biology, 3rd ed. Sinauer.

찾아보기

A~Z

ㄱ

ㄴ

ㄷ

ㄹ

ㅁ

ㅂ

ㅇ

ㅈ